中国草业统计

2001—2005

全国畜牧总站　编

中国农业出版社

图书在版编目（CIP）数据

中国草业统计．2001—2005／全国畜牧总站编．—北京：中国农业出版社，2017.11
ISBN 978-7-109-22988-4

Ⅰ.①中…　Ⅱ.①全…　Ⅲ.①草原资源－统计资料－中国－2001—2005　Ⅳ.①S812.8-66

中国版本图书馆CIP数据核字（2017）第117942号

中国农业出版社出版
（北京市朝阳区麦子店街18号楼）
（邮政编码 100125）
责任编辑　赵　刚

北京通州皇家印刷厂印刷　　新华书店北京发行所发行
2017年11月第1版　　2017年11月北京第1次印刷

开本：720mm×960mm　1/16　　印张：24.25
字数：437千字
定价：160.00元

编 辑 委 员 会

编　写　组

主　　编：李新一　王加亭

副 主 编：刘　彬　董永平

编写人员（以姓氏笔画为序）：

王加亭　尹晓飞　乔　江　刘　杰

刘　彬　刘士杰　齐　晓　杜桂林

李新一　辛玉春　陈志宏　邵麟惠

罗　峻　赵恩泽　柳珍英　董永平

薛泽冰

编 者 说 明

为了准确地掌握当前我国草业发展形势，便于从事、支持、关心草业的各有关部门和广大工作者了解、研究我国草业经济发展情况，全国畜牧总站认真履行草业统计职能，将2001—2005年各省、自治区、直辖市草业统计年报整理汇编，并参照《草原基础数据册》和其他有关统计资料，编辑出版《中国草业统计》（2001—2005），供读者作为工具资料书查阅。

本书内容共分四个部分。第一部分为草原保护建设统计；第二部分为草业生产统计，包括牧草种植与草种生产、多年生牧草生产、一年生牧草生产、牧草种子生产、商品草生产、草产品加工企业生产、农闲田面积、农闲田种草、飞播种草、牧草种质资源收集保存和草品种审定登记等情况；第三部分为草原生物灾害统计，包括草原鼠害发生与防治、草原虫害发生与防治等情况；第四部分为其他统计。

本书所涉及的全国性统计指标未包括香港、澳门特别行政区和台湾省数据。书中部分数据合计数和相对数由于单位取舍不同而产生的计算误差，未作调整。数据项空白表示数据不详或无该项指标数据。

2001—2005年的草业统计数据，此前一直作为内部资料参考。此次应有关部门和草业工作者的需求，正式出版发行，由于时间间隔较长，加之水平有限，个别数据可能出现偏差或错误，敬请读者批评指正。

2017年6月

目　　录

第一部分

草原保护建设统计

1-1　全国草原保护建设情况

单位：万亩*、万元

年　份		2001	2002	2003	2004	2005
草原总面积		578 505	578 625	578 946	579 248	579 242
其中可利用面积		463 083	463 034	463 390	463 732	463 784
草原承包面积	累计	251 170	256 413	262 372	267 422	324 338
	承包到户	175 652	180 308	185 356	188 418	219 012
	承包到联户	58 414	58 857	59 308	60 836	61 020
	其他承包形式	17 104	17 248	17 707	18 168	44 306
禁牧休牧轮牧	合计	20 069	56 978	75 634	102 890	111 656
	禁牧	14 626	33 222	44 985	51 369	50 806
	休牧	3 740	17 212	21 566	44 072	51 201
	轮牧	1 703	6 545	9 084	7 449	9 648
围栏面积	累计	24 553	31 144	38 435	45 254	56 586
	当年新增	3 883	7 024	7 307	9 284	12 079
改良面积	年末保留	12 296	17 577	20 328	18 980	19 677
	当年新增	2 573	3 258	4 172	3 316	2 991
草原鼠害	危害面积	65 780	65 338	61 128	59 400	58 074
	治理面积	7 794	11 896	11 640	9 869	9 280
草原虫害	危害面积	36 397	35 974	41 082	45 228	29 273
	治理面积	4 720	7 018	7 224	7 587	4 925
草原火灾面积		194	73	121	35	88
地方投资	财政投入	44 070	55 297	58 263	46 619	42 678
	群众自筹	36 213	38 595	56 310	71 629	59 398

* 亩为非法定计量单位，1亩≈667平方米。

1－2 2001 年各地区

地区	草原总面积	其中可利用面积	草原承包面积				禁牧休牧轮牧			
			累计	承包到户	承包到联户	其他承包形式	合计	禁牧	休牧	轮牧
天津	225.0	150.0								
河北	7 523.6	6 514.5	2 015.7	1 390.4	327.0	298.4	2 533.8	2 533.8		
山西	6 828.0	6 145.1	900.0	370.1	530.0		237.4	200.0	26.5	11.0
内蒙古	118 206.7	95 386.6	75 705.0	69 894.0	3 768.0	2 043.0				
辽宁	5 083.0	4 858.0								
吉林	8 763.0	6 568.5	2 206.5	2 133.0		73.5	838.5	58.5	780.0	
黑龙江	6 500.0	5 000.0	4 500.0	1 890.0	1 215.0	1 395.0				
江苏	359.9	285.0	17.6	15.0		2.6				
浙江	1 039.8	289.8								
安徽	2 490.0	2 370.0								
福建	204.8	195.7								
江西	6 663.5	5 771.3								
山东	2 850.0	2 250.0	858.0	120.0	270.0	468.0	120.0		120.0	
河南	6 650.0	6 057.0	3 900.0	2 310.0	735.0	855.0	4 050.0	1 500.0	1 650.0	900.0
湖北	9 525.0	7 605.0								
湖南	9 559.0	8 499.0	3 260.0	3 072.5	165.0	22.5	395.5	7.5	197.5	190.6
广东	4 963.1	4 079.6								
广西	13 047.0	9 750.0	102.3	65.0	3.0	34.4	96.0	9.0	18.0	69.0
重庆	3 237.0	2 874.0								
四川	31 313.0	26 978.0	24 491.3	15 404.1	5 844.3	3 242.9				
贵州	6 430.0	5 475.0	4 920.0	750.0	4 170.0		420.0	75.0	120.0	225.0
云南	22 900.0	17 800.0	80.1	18.5	25.9	35.7				
西藏	123 000.0	82 500.0								
陕西	8 167.0	6 700.0	3 400.0	3 400.0			8 167.0	8 167.0		
甘肃	28 483.4	25 734.5	10 869.2	6 715.1	3 966.0	188.1	3 210.8	2 075.0	828.3	307.5
青海	54 700.0	47 400.0	42 500.0	28 506.0	11 404.0	2 590.0				
宁夏	3 905.0	3 796.0	3 240.0	486.0	2 754.0					
新疆	85 888.2	72 050.0	68 204.3	39 112.7	23 236.4	5 855.3				
全国	578 505.0	463 083.0	251 170.0	175 652.0	58 414.0	17 104.0	20 069.0	14 626.0	3 740.0	1 703.0

草原保护建设情况

单位：万亩、万元

围栏面积		改良面积		草原鼠害		草原虫害		草原火灾面积	地方投资	
累计	当年新增	年末保留	当年新增	危害面积	治理面积	危害面积	治理面积		财政投入	群众自筹
201.8	46.4	506.3	59.7	1 120.0	220.0	1 200.0	195.0	1.4	300	1 073
9.5	1.0	156.0	69.0	1 940.0	787.0	1 820.0	402.0	1.4		
15 756.3	2 674.8	3 352.8	897.3	9 856.4	2 192.7	20 977.6	2 776.3	167.7		
95.3	26.9	220.3	29.6	230.0	122.0	320.0	145.0		1 303	228
695.3	120.0	286.1	61.4	750.0	260.0	750.0	240.0	0.7	1 170	900
392.4	60.1			2 200.0	195.0	1 210.0	170.0	13.0	2 854	1 860
5.6	0.1			0.3	0.3				60	
									200	800
		10.2	2.2						1 900	
4.9		4.0	2.0						2 130	2 130
7.5	1.5	24.8	3.2	50.0		80.0	2.0		680	450
				12.0		12.9			200	
21.5	7.5	230.0	55.6	708.0		662.0			160	70
19.6	3.4								1 880	139
60.0	2.0	125.6	3.0	45.0	12.0	65.5	8.0		100	410
									210	496
27.6	2.0	36.6	12.3	4.0	1.0	20.0	2.0		680	8 050
4.5	1.1	56.9	12.5						137	120
987.0	313.5	931.0	320.0	4 020.0	700.0	860.0	50.0		1 000	650
4.5	2.0	45.0	6.0			4.5	4.5		1 800	
57.0	2.0	8.0		10.5	7.6	120.1	100.1		521	1 190
	26.9			18 000.0	1 000.0	1 390.0	63.8			
				1 270.0	205.0	980.0	70.0			
1 024.5	38.4	3 305.0	689.0	6 488.1	336.9	2 475.0	331.0	2.1	8 014	2 113
3 997.0	430.0	1 662.0	117.0	14 575.9	1 717.7	3 009.4	160.1	1.0	17 272	15 534
32.6	25.1			4 500.0	37.0	440.0				
1 149.0	98.0	1 336.0	233.0	4 300.0	1 550.0	3 890.6	1 435.7	6.2	1 500	
24 553.0	3 883.0	12 296.0	2 573.0	65 780.0	7 794.0	36 397.0	4 720.0	194.0	44 070	36 213

1-3 2002年各地区

地区	草原总面积	其中可利用面积	草原承包面积				禁牧休牧轮牧			
			累计	承包到户	承包到联户	其他承包形式	合计	禁牧	休牧	轮牧
天津	225.0	150.0								
河北	7 523.6	6 514.5	2 052.8	1 662.0	290.3	100.5	2 833.6	2 833.6		
山西	6 828.0	6 145.0	1 000.1	420.0	580.1		264.9	230.0	24.0	11.0
内蒙古	118 206.7	95 386.6	78 201.0	72 123.0	3 831.0	2 247.0	34 278.9	17 149.1	12 459.0	4 670.9
辽宁	5 083.0	4 858.0								
吉林	8 763.0	6 568.5	2 268.0	2 182.5	10.5	75.0	2 035.1	690.0	1 345.1	
黑龙江	6 500.0	5 000.0	4 500.0	1 890.0	1 215.0	1 395.0				
江苏	397.5	154.5	20.3	19.1		1.2				
浙江	1 039.8	289.8								
安徽	2 490.0	2 370.0								
福建	204.8	195.7								
江西	6 663.5	5 771.3								
山东	2 850.0	2 250.0	858.0	120.0	270.0	468.0	120.0		120.0	
河南	6 650.0	6 057.0	4 200.0	2 475.0	765.0	960.0	4 320.0	1 560.0	1 777.5	982.5
湖北	9 525.0	7 605.0								
湖南	9 559.0	8 499.0	3 350.5	3 155.0	170.5	25.0	411.5	7.5	208.5	195.5
广东	4 966.4	4 082.9								
广西	13 047.0	9 750.0	146.4	117.5	9.0	20.0	184.5	27.0	33.0	124.5
重庆	3 237.0	2 874.0								
四川	31 315.0	26 980.0	24 491.3	15 404.1	5 844.3	3 242.9				
贵州	6 430.0	5 475.0	4 920.0	750.0	4 170.0		600.0	150.0	225.0	225.0
云南	22 900.0	17 800.0	109.5	20.5	38.2	50.8				
西藏	123 000.0	82 500.0								
陕西	8 167.0	6 700.0	3 400.0	3 400.0			8 167.0	8 167.0		
甘肃	28 416.2	25 667.3	12 950.6	8 464.1	4 269.0	217.5	3 763.1	2 407.5	1 020.0	335.6
青海	54 700.0	47 400.0	42 500.1	28 506.3	11 403.6	2 590.2				
宁夏	4 049.0	3 940.0	3 240.0	486.0	2 754.0					
新疆	85 888.2	72 050.0	68 204.3	39 112.7	23 236.4	5 855.3				
全国	578 625.0	463 034.0	256 413.0	180 308.0	58 857.0	17 248.0	56 978.0	33 222.0	17 212.0	6 545.0

草原保护建设情况

单位：万亩、万元

围栏面积		改良面积		草原鼠害		草原虫害		草原火灾面积	地方投资	
累计	当年新增	年末保留	当年新增	危害面积	治理面积	危害面积	治理面积		财政投入	群众自筹
									10	
343.2	124.4	567.8	54.6	1 185.0	301.5	1 150.5	270.0	0.7	1 350	3 375
19.5	10.0	160.1	73.1	2 017.5	401.1	1 931.7	678.0	0.3		
20 862.0	5 526.1	3 766.8	801.8	10 031.3	1 945.7	17 932.7	3 548.4	1.7		
78.5	6.5	219.6	18.0	225.0	120.0	450.0	180.0		2 767	1 356
821.3	126.0	366.0	80.0	705.0	405.0	750.0	240.0	3.0	1 300	1 000
473.9	81.5			2 000.1	470.1	2 330.1	280.1	15.0	1 481	1 860
				1.1	1.1				75	
									300	1 000
		21.2	6.1							
4.9		3.0	1.0						1 300	1 000
7.5	0.0	27.5	5.4	80.0		120.0	5.0		560	2 130
45.0	45.0			12.0		12.9			200	
24.7	4.4	251.4	65.1	719.0		681.0			155	55
23.5	4.4								400	1 036
62.0	2.0	126.6	1.1	30.0	10.5	85.0	16.5		150	600
									220	410
30.5	2.9	36.6	12.3	4.0	1.0	20.0	2.0			
8.5	4.0	61.5	4.7						2 920	415
1 251.0	264.0	1 376.0	789.7	4 399.5	800.1	897.0	49.5		1 000	750
7.5	3.0	50.0	5.0			2.3	2.3		2 900	
60.0	3.0	8.0		12.6	8.9	179.8	148.0		1 283	385
				14 000.0	924.0	1 000.5	42.0			
				1 800.0	204.0	270.0	99.0			
1 110.0	85.1	3 587.0	890.0	4 999.2	917.7	1 835.0	233.1	5.0	9 081	3 457
4 478.0	481.4	5 309.6	147.3	14 576.3	3 385.8	2 084.2	221.4	25.4	26 344	19 766
43.1	10.5			3 750.0	255.0	510.0	10.5			
1 389.0	240.0	1 639.0	303.0	4 790.6	1 744.0	3 731.7	992.0	21.6	1 500	
31 144.0	7 024.0	17 577.0	3 258.0	65 338.0	11 896.0	35 974.0	7 018.0	73.0	55 297	38 595

1－4 2003年各地区

地区	草原总面积	其中可利用面积	草原承包面积				禁牧休牧轮牧			
			累计	承包到户	承包到联户	其他承包形式	合计	禁牧	休牧	轮牧
天津	225.0	150.0								
河北	7 523.6	6 514.5	2 058.0	1 924.8	104.3	29.0	7 523.6	7 523.6		
山西	6 828.0	6 145.0	1 200.0	550.1	650.0		294.0	260.0	27.0	7.1
内蒙古	118 206.7	95 386.6	81 988.5	75 430.5	4 207.5	2 350.5	41 843.5	18 690.5	16 298.0	6 855.1
辽宁	5 083.0	4 858.0								
吉林	8 763.0	6 568.5	2 198.0	1 631.0	255.0	312.0	2 280.2	1 307.3	973.0	
黑龙江	6 500.0	5 000.0	4 500.0	1 890.0	1 215.0	1 395.0				
江苏	359.9	152.3	13.4	10.4		3.0				
浙江	1 039.8	289.8								
安徽	2 490.0	2 370.0								
福建	204.8	195.7								
江西	6 663.5	5 771.3								
山东	2 850.0	2 250.0	858.0	120.0	270.0	468.0	120.0		120.0	
河南	6 650.0	6 057.0	4 275.0	2 520.0	780.0	975.0	4 350.0	1 575.0	1 785.0	990.0
湖北	9 525.0	7 605.0								
湖南	9 559.0	8 499.0	3 396.2	3 192.3	177.4	26.5	431.5	8.0	215.0	208.5
广东	4 969.4	4 085.9								
广西	13 047.0	9 750.0	253.5	171.0	12.0	70.5	358.5	64.5	46.5	247.5
重庆	3 237.0	2 874.0								
四川	31 354.0	27 019.0	24 491.3	15 404.1	5 844.3	3 242.9	1 440.0	780.0	660.0	
贵州	6 430.0	5 475.0	4 920.0	750.0	4 170.0		840.0	225.0	225.0	390.0
云南	22 900.0	17 800.0	400.2	116.0	173.6	110.6	159.8	39.9	69.8	50.0
西藏	123 000.0	82 500.0								
陕西	8 167.0	6 700.0	3 500.0	3 500.0			8 167.0	8 167.0		
甘肃	28 566.8	25 817.9	14 375.4	10 041.0	4 055.4	279.0	4 161.3	2 679.0	1 146.8	335.6
青海	54 700.0	47 400.0	42 500.1	28 506.3	11 403.6	2 590.2				
宁夏	4 215.0	4 106.0	3 240.0	486.0	2 754.0		3 665.0	3 665.0		
新疆	85 888.2	72 050.0	68 204.3	39 112.7	23 236.4	5 855.3				
全国	578 946.0	463 390.0	262 372.0	185 356.0	59 308.0	17 707.0	75 634.0	44 985.0	21 566.0	9 084.0

草原保护建设情况

单位：万亩、万元

围栏面积		改良面积		草原鼠害		草原虫害		草原火灾面积	地方投资	
累计	当年新增	年末保留	当年新增	危害面积	治理面积	危害面积	治理面积		财政投入	群众自筹
547.5	201.8	632.3	67.4	1 158.0	497.4	1 314.9	974.0	0.1	400	1 821
29.6	1.0	212.0	93.0	1 772.0	561.0	2002.0	561.0	1.1		
24 652.4	3 790.4	4 530.2	975.2	11 355.2	2 307.9	20 731.5	2 811.1	89.4		
55.4	6.3	206.4	12.0	547.0	358.0	311.9	221.6		2 421	1 800
953.1	131.9	470.6	104.6	970.0	530.0	895.0	495.0	2.9	1 478	831
533.0	59.2			1 102.0	400.0	2 000.0	187.7	12.0	1 100	3 050
				5.3	5.3				50	
									600	900
		53.3	7.0						860	1 100
0.4		0.8	0.2						1 600	1 400
7.5		32.7	2.6	120.0		120.0	5.0		800	1 300
45.0				12.0		12.9			200	
26.6	4.1	310.8	109.5	725.0		682.0			105	200
28.1	3.3								754	2 462
63.7	1.7	130.2	6.0	27.5	8.2	65.0	13.0		200	800
									215	450
35.0	4.5	59.7	4.1	38.8	10.0	80.0	18.9		1 135	8 256
12.3	3.8	68.3	6.8						680	660
2 601.0	1 342.5	2 150.0	1 492.4	4 413.0	505.0	1 182.0	50.0		2 440	900
25.1	17.6	55.0	5.0			15.0	12.0		2 424	3 885
233.7	173.7	8.0		119.6	85.6	137.3	125.8		1 339	322
				7 042.4	1 422.6	900.0	120.0			
				1 310.0	206.0	448.0	95.0			
1 205.0	95.0	3 997.1	824.0	8 584.5	455.0	2 277.0	120.0	9.5	9 587	2 028
5 167.7	689.6	5 422.3	112.8	11 042.8	1 289.5	3 606.0	195.0	0.4	27 376	24 146
503.1	460.0			2 700.0	290.0	370.0	19.0		1 000	
1 710.0	321.0	1 989.0	350.0	8 083.2	2 708.2	3 931.5	1 199.7	5.6	1 500	
38 435.0	7 307.0	20 328.0	4 172.0	61 128.0	11 640.0	41 082.0	7 224.0	121.0	58 263	56 310

1-5 2004年各地区

地区	草原总面积	其中可利用面积	草原承包面积				禁牧休牧轮牧			
			累计	承包到户	承包到联户	其他承包形式	合计	禁牧	休牧	轮牧
天 津	225.0	150.0								
河 北	7 523.6	6 514.5	2 101.5	1 980.5	90.5	30.6	7 523.6	7 523.6		
山 西	6 828.0	6 145.0	1 500.0	700.1	799.9		336.9	300.0	29.0	8.0
内蒙古	118 206.7	95 386.6	84 108.0	76 986.0	4 434.0	2 688.0	61 414.5	19 599.8	36 765.6	5 049.1
辽 宁	5 083.0	4 858.0	366.6	366.6			935.6	856.5	79.1	
吉 林	8 763.0	6 568.5	2 514.0	1 927.5	261.0	325.5	2 191.4	948.9	1 242.5	
黑龙江	6 500.0	5 000.0	4 500.0	1 890.0	1 215.0	1 395.0	610.0	610.0		
江 苏	319.2	151.2	15.9	9.3		6.6				
浙 江	1 039.8	289.8								
安 徽	2 490.0	2 370.0	165.0	165.0						
福 建	204.8	195.7					0.3			0.3
江 西	6 663.5	5 771.3								
山 东	2 850.0	2 250.0	858.0	120.0	270.0	468.0	120.0		120.0	
河 南	6 650.0	6 057.0	4 470.0	2 550.0	894.0	1 026.0	4 650.0	1 650.0	1 920.0	1 080.0
湖 北	9 525.0	7 605.0								
湖 南	9 559.0	8 499.0	3 459.5	3 244.0	186.7	28.9	439.7	8.6	220.0	211.2
广 东	4 964.3	4 080.8								
广 西	13 047.0	9 750.0	301.5	262.5	18.0	21.0	505.5	184.5	129.0	192.0
重 庆	3 237.0	2 874.0					38.2	38.2		
四 川	31 456.0	27 121.0	24 491.3	15 404.1	5 844.3	3 242.9	2 539.5	1 080.0	1 459.5	
贵 州	6 430.0	5 475.0	4 920.0	750.0	4 170.0		975.0	375.0	150.0	450.0
云 南	22 900.0	17 800.0	396.9	113.5	151.0	132.4	141.1	60.3	80.8	
西 藏	123 000.0	82 500.0					130.1	60.0	70.1	
陕 西	8 167.0	6 700.0	3 500.0	3 500.0			8 167.0	8 167.0		
甘 肃	28 711.7	25 962.8	15 809.3	10 344.0	5 107.5	357.8	6 065.0	3 800.0	1 806.6	458.4
青 海	54 700.0	47 400.0	42 500.1	28 506.3	11 403.6	2 590.2	1 600.1	1 600.1		
宁 夏	4 316.0	4 207.0	3 240.0	486.0	2 754.0		3 665.0	3 665.0		
新 疆	85 888.2	72 050.0	68 204.3	39 112.7	23 236.4	5 855.3	842.0	842.0		
全 国	579 248.0	463 732.0	267 422.0	188 418.0	60 836.0	18 168.0	102 890.0	51 369.0	44 072.0	7 449.0

草原保护建设情况

单位：万亩、万元

围栏面积		改良面积		草原鼠害		草原虫害		草原火灾面积	地方投资	
累计	当年新增	年末保留	当年新增	危害面积	治理面积	危害面积	治理面积		财政投入	群众自筹
703.5	156.3	223.5	20.1	828.0	347.1	783.0	689.7	0.1	1 000	3 294
50.0	20.5	150.0	55.1	1 560.0	423.0	1 329.0	22.4	1.0		
25 239.5	4 623.1	3 214.1	709.7	12 429.0	2 458.2	22 943.0	3 186.5	12.0		
67.9	12.6	239.3	68.6	610.0	280.0	617.0	209.0	2.0	2 713	2 233
1 063.5	111.0	581.1	110.6	750.0	600.0	1 565.0	555.0	2.6	1 803	414
537.0	72.0			740.0	300.0	3 585.0	290.0	6.0	1 880	7 400
2.9	2.9								90	
									600	
2.6	2.6	11.6	2.8						385	4 840
0.3	0.3	8.2	3.7						800	720
7.5		73.4	42.6	135.0		150.0	8.0		1 800	2 600
45.0				12.0		12.9				
29.9	5.3	339.5	74.6	707.0		705.0			190	70
15.0	3.6								1 517	2 039
73.4	9.8	135.3	7.0	42.0	12.6	55.0	15.0		300	1 200
		3.1	3.1						141	1 846
14.7	4.7	50.1	11.3	38.7	14.0	120.0	30.0		1 379	4 557
14.7	2.4	72.0	3.7						999	410
2 952.0	351.5	2 230.0	348.0	4 418.0	654.9	1 188.0	51.0		2 350	1 200
30.0	5.0	60.0	5.0			24.0	24.0		3 920	5 800
473.7	240.0	8.0		70.2	59.7	165.7	139.3		1 458	334
1 684.5				7 000.0	500.0	2 036.0	34.8			
				1 850.0	350.0	560.0	205.0			
2 455.1	1 250.0	4 117.1	914.0	5 951.0	230.0	2 395.0	113.0	2.1	9 792	19 365
5 477.5	309.8	5 465.8	43.5	15 064.0	1 021.0	2 207.0	489.7	2.7	11 302	13 308
953.1	450.0			856.0	295.0	1 335.0	142.0		1 000	
3 361.0	1 651.0	1 998.0	893.0	6 339.0	2 324.0	3 452.0	1 383.0	6.5	1 200	
45 254.0	9 284.0	18 980.0	3 316.0	59 400.0	9 869.0	45 228.0	7 587.0	35.0	46 619	71 629

1－6　2005 年各地区

地　区	草原总面积	其中可利用面积	草原承包面积				禁牧休牧轮牧			
			累计	承包到户	承包到联户	其他承包形式	合计	禁牧	休牧	轮牧
天　津	190.0	135.0								
河　北	7 523.6	6 514.5	2 671.7	2 560.5	111.2		2 893.4	2 893.4		
山　西	6 828.0	6 145.0	1 600.1	700.1	900.0		407.0	350.0	30.0	27.0
内蒙古	118 206.7	95 386.6	86 311.7	78 772.5	4 549.5	2 989.7	69 233.0	20 656.5	41 788.4	6 788.1
辽　宁	5 083.0	4 858.0	312.3	312.3			1 093.8	906.6	187.2	
吉　林	8 763.0	6 568.5	2 467.5	1 855.5	279.0	333.0	2 109.5	1 182.8	926.7	
黑龙江	6 500.0	5 000.0	4 511.0	1 901.0	1 214.0	1 396.0	2 100.0	1 810.0	200.0	90.0
江　苏	269.6	139.5	12.9	8.7		4.2				
浙　江	1 039.8	289.8								
安　徽	2 490.0	2 370.0	165.0	165.0						
福　建	204.8	195.7								
江　西	6 663.5	5 771.3								
山　东	2 850.0	2 250.0	858.0	120.0	270.0	468.0	120.0		120.0	
河　南	6 650.0	6 057.0	4 485.0	2 565.0	894.0	1 026.0	4 725.0	1 650.0	1 950.0	1 125.0
湖　北	9 525.0	7 605.0								
湖　南	9 559.0	8 499.0	3 584.1	3 269.7	280.1	34.4	519.8	9.0	225.3	285.5
广　东	4 982.0	4 098.5								
广　西	13 047.0	9 750.0	405.0	297.0	25.5	82.5	577.5	256.5	172.5	148.5
重　庆	3 237.0	2 874.0					36.4	36.4		
四　川	31 459.0	27 124.0	33 578.4	24 491.3	5 844.3	3 242.9	3 840.0	1 380.0	2 460.0	
贵　州	6 430.0	5 475.0	4 920.0	750.0	4 170.0		1 020.0	345.0	225.0	450.0
云　南	22 900.0	17 800.0	400.2	109.8	130.8	159.5	100.2	60.1	40.1	
西　藏	123 000.0	82 500.0	44 550.0	18 750.0		25 800.0	800.0	500.0	300.0	
陕　西	8 167.0	6 700.0	3 500.0	3 500.0			8 167.0	8 167.0		
甘　肃	28 678.7	25 929.8	16 060.5	10 779.0	4 957.5	324.0	7 617.0	4 448.3	2 576.3	592.5
青　海	54 700.0	47 400.0	42 500.1	28 506.3	11 403.6	2 590.2	2 523.9	2 382.0		141.9
宁　夏	4 407.0	4 298.0	3 240.0	486.0	2 754.0		3 665.0	3 665.0		
新　疆	85 888.2	72 050.0	68 204.3	39 112.7	23 236.4	5 855.3	108.0	108.0		
全　国	579 242.0	463 784.0	324 338.0	219 012.0	61 020.0	44 306.0	111 656.0	50 806.0	51 201.0	9 648.0

草原保护建设情况

单位：万亩、万元

围栏面积		改良面积		草原鼠害		草原虫害		草原火灾面积	地方投资	
累计	当年新增	年末保留	当年新增	危害面积	治理面积	危害面积	治理面积		财政投入	群众自筹
801.8	264.2	413.9	189.9	880.0	296.5	432.0	224.4	0.2	1 200	3 360
70.5	24.0	168.0	59.0	1 580.0	547.9	1 307.0	22.4	1.2		
29 620.2	4 837.4	3 466.6	619.2	13 517.0	2 939.5	11 688.0	1 433.3	50.7	1 882	
66.2	17.4	399.3	171.7	624.0	130.8	420.0	240.4	0.2	1 443	1 142
1 165.1	101.6	684.9	103.8	640.0		151.0	92.3	4.5	289	1 180
617.0	134.0			1 300.0	300.0	1 220.0	102.0	15.6	1 902	7 100
				1.8	1.8				70	
									500	
11.6	9.0	17.4	9.5						1 060	5 160
0.6	0.3	10.0	0.8	5.4	0.4	1.0	0.2		282	282
7.5		74.8	3.5	170.0		170.0	10.0		850	2 600
45.0				13.0		12.5		0.1	100	
27.4	2.0	362.6	78.6	710.0		710.0			270	105
6.8	2.0								525	1 313
83.0	9.6	140.7	10.8	37.0	10.0	32.0	5.0	3.0	350	1 000
		5.7	2.6						103	1 340
19.4	4.8	46.5	18.2	55.2	20.8	150.0	50.0	3.3	664	3 590
15.8	1.2	73.4	1.4						410	100
4 251.0	1 299.0	2 350.0	415.0	4 309.3	330.0	1 248.0	184.8		2 800	1 500
48.0	18.0	65.0	5.0			1.7	0.2		4 000	5 736
688.8	215.1	8.0		81.7	64.2	190.6	149.6		1 310	559
2 021.0	296.7			4 000.0	500.0	436.0	30.0			
				1 625.0	210.0	420.0	137.0			
3 555.0	1 170.0	4 342.5	1 025.3	4 295.0	218.0	2 950.0	215.0	1.8	10 367	18 200
6 706.0	1 228.4	5 518.1	52.3	14 271.0	1 049.8	2 963.0	410.8		10 102	5 131
1 403.1	450.0			2 300.0	390.0	700.0	65.0		1 000	
5 356.0	1 995.0	1 530.0	225.0	7 659.0	2 270.0	4 070.0	1 552.9	7.7	1 200	
56 586.0	12 079.0	19 677.0	2 991.0	58 074.0	9 280.0	29 273.0	4 925.0	88.0	42 678	59 398

1-7 2001年266个牧区及半牧区县

地区	草原总面积	可利用草原面积	累计种草保留面积				当年新增种草面积			
			合计	人工种草	改良草地	飞播种草	合计	人工种草	改良草地	飞播种草
全国	171 322.8	134 440.4	7 548.2	3 131.5	3 840.8	575.9	1 706.3	876.1	748.2	82.0
河北	1 540.2	1 141.3	206.7	148.3	47.3	11.2	49.0	27.4	15.3	6.4
山西	89.8	75.0	23.3	18.0	4.0	1.3	2.7	1.3	0.7	0.7
内蒙古	69 464.7	54 028.2	3 342.4	1 097.0	1 837.2	408.2	1 076.0	509.5	501.4	65.2
辽宁	316.1	316.1	131.3	58.4	65.4	7.5	25.9	18.0	7.3	0.6
吉林	1 426.3	1 076.9	278.4	117.1	139.5	21.8	61.0	24.9	34.7	1.4
黑龙江	1 417.0	1 370.0	486.0	166.0	256.0	64.0	75.0	26.0	46.0	3.0
四川	16 197.2	13 968.4	414.5	239.9	174.6		102.6	66.6	36.1	
西藏										
甘肃	12 108.8	11 396.0	396.4	137.3	249.4	9.7	95.8	60.8	34.0	1.0
青海	38 576.3	25 977.8	1 302.6	722.4	551.0	29.3	71.2	56.3	11.2	3.8
宁夏	1 159.9	1 090.7	316.6	200.2	116.4		49.0	41.7	7.3	
新疆	29 026.7	24 000.0	650.0	227.0	400.0	23.0	97.9	43.7	54.3	

备注：引自《中国畜牧业统计》。

草原建设利用基本情况

单位：千公顷、吨

累计退耕还草面积		累计草原围栏面积		草种田面积	当年种子产量（吨）	累计落实草原承包面积		当年打贮草总量
总面积	当年新增	总面积	当年新增			总面积	其中：有偿使用面积	
		14 289.4	2 276.4	208.0	9 067	118 836.5	44 129.5	15 317 477
		134.4	30.0	18.0	153	637.5	409.5	319 500
		9.3	1.1	0.5	75	17.5	7.0	15 000
		10 057.7	1 635.5	145.8	965	49 140.2		6 229 820
		18.0	6.4	2.0	770	30.3	16.5	135 687
		371.0	62.0	7.3	220	1 075.0	1 075.0	221 200
		160.0	36.0	2.4	540	1 417.0	1 417.0	1 060 000
		276.0	114.4	22.5	6 039	11 601.3	10 688.7	1 653 088
		841.9	88.8	5.5	203	18 126.9	2 689.6	179 268
		1 873.8	250.6	0.8	66	15 375.9	9 119.3	2 414
		47.3	12.7	0.7		683.5		201 500
		500.0	38.9	2.5	36	20 731.4	18 707.0	5 300 000

1－8 2002年266个牧区及半牧区县

地 区	草原总面积	可利用草原面积	累计种草保留面积				当年新增种草面积			
			合计	人工种草	改良草地	飞播种草	合计	人工种草	改良草地	飞播种草
全 国	243 985.8	193 855.0	13 054.1	3 850.9	8 615.7	587.5	5 031.5	1 351.7	3 567.1	112.7
河 北	1 540.4	1 268.3	255.1	165.9	74.7	14.5	58.3	31.9	21.1	5.3
山 西	89.8	75.0	23.3	18.0	4.0	1.3	12.0	1.3	10.0	0.7
内蒙古	69 464.7	54 028.2	4 177.1	1 668.6	2 029.4	479.1	1 483.4	935.4	449.0	99.0
辽 宁	316.1	316.1	199.9	109.2	90.7		47.9	40.9	7.0	
吉 林	1 426.3	1 076.9	382.2	175.7	184.7	21.8	84.6	39.4	45.2	
黑龙江	1 756.0	1 496.0	309.1	87.4	206.8	14.9	39.3	18.0	21.3	
四 川	16 366.2	14 161.9	1 125.7	205.9	919.8		213.2	43.7	169.5	
西 藏	69 140.4	50 808.0	56.1	34.6	21.5		11.4	10.5	0.9	
甘 肃	11 191.7	9 641.0	1 826.2	222.5	1 595.5	8.2	413.3	63.2	348.9	1.2
青 海	35 328.8	30 682.4	3 747.9	769.2	2 946.7	32.0	2 516.5	103.0	2 407.0	6.5
宁 夏	1 110.2	1 029.7	339.5	219.4	120.1		22.9	19.2	3.7	
新 疆	36 255.2	29 271.5	612.0	174.5	421.8	15.7	128.7	45.2	83.5	

备注：引自《中国畜牧业统计》。

草原建设利用基本情况

单位：千公顷、吨

累计退耕还草面积		累计草原围栏面积		草种田面积	当年种子产量（吨）	累计落实草原承包面积		当年打贮草总量
总面积	当年新增	总面积	当年新增			总面积	其中：有偿使用面积	
676.3	571.2	19 237.0	4 427.3	207.5	26 472	143 359.5	76 020.9	21 859 014
39.8	23.4	188.8	61.7	3.5	100	1 626.2	421.1	973 156
	1.3	9.3	1.1	1.7	150	1.4	1.4	16 800
434.3	434.3	13 330.7	3 614.7	141.8	11 148	50 689.3	11 370.3	7 373 111
47.9	17.8	19.8	1.8	3.9	930	50.1	30.0	194 000
39.6	20.4	440.2	69.2	8.2	2 410	1 182.0	1 182.0	292 100
		97.0	15.0	7.4	967	1 564.7	1 564.7	380 000
52.8	26.3	908.9	137.9	11.6	3 971	11 465.7	4 481.8	1 643 199
1.1		696.5	54.6	0.4	11	27 099.5	23 205.9	298 597
7.8	2.7	722.8	49.5	9.7	714	7 865.9	5 150.8	213 165
		2 158.5	308.5	12.7	5 792	20 342.2	9 452.6	274 044
14.8	13.6	60.6	8.8	0.7	230	365.3		5 159 480
38.2	31.4	603.9	104.5	5.9	50	21 107.2	19 160.3	5 041 362

1－9　2003年266个牧区及半牧区县

地区	草原总面积	可利用草原面积	累计种草保留面积				当年新增种草面积			
			合计	人工种草	改良草地	飞播种草	合计	人工种草	改良草地	飞播种草
全　国	247 656.9	195 286.5	13 094.6	3 505.3	8 902.7	686.6	2 689.5	1 149.4	1 437.3	102.8
河　北	1 457.4	1 136.0	289.8	149.7	119.8	20.3	60.1	21.1	30.3	8.6
山　西	993.1	75.0	26.6	20.3	5.0	1.3	3.3	2.3	1.0	
内蒙古	70 920.0	55 033.9	4 502.5	1 334.6	2 670.2	497.7	1 379.6	725.1	565.6	88.9
辽　宁	316.1	316.1	134.5	56.7	70.7	7.1	18.0	14.5	3.5	
吉　林	1 426.3	1 076.9	417.8	165.8	230.2	21.8	75.2	29.7	45.5	
黑龙江	1 417.0	1 370.0	486.0	166.0	256.0	64.0	75.0	26.0	46.0	3.0
四　川	16 815.2	13 966.2	962.2	179.4	782.9		90.9	29.1	61.8	
西　藏	69 175.1	50 144.2	163.8	56.6	107.2		48.9	7.5	41.4	
甘　肃	13 661.2	11 794.1	1 320.3	242.0	1 069.3	9.0	552.7	55.8	496.6	0.3
青　海	35 121.1	30 498.6	3 750.0	770.0	2 948.0	32.0	110.9	108.9		2.0
宁　夏	1 120.0	1 120.0	323.7	134.3	166.5	22.9	111.8	61.8	50.0	
新　疆	35 234.3	28 755.5	717.4	230.0	476.9	10.5	163.1	67.5	95.6	

备注：引自《中国畜牧业统计》。

草原建设利用基本情况

单位：千公顷、吨

累计退耕还草面积		累计草原围栏面积		草种田面积	当年种子产量（吨）	累计落实草原承包面积		当年打贮草总量
总面积	当年新增	总面积	当年新增			总面积	其中：有偿使用面积	
1 209.2	328.1	21 236.7	4 064.0	302.4	27 812	161 879.9	81 940.2	23 615 395
68.5		141.6	26.4	7.0	2 080	926.5	422.4	1 365 953
12.0		9.3		3.0	160	17.5	7.0	12 000
610.8	176.5	14 378.0	2 425.7	228.2	10 401	50 913.3	11 110.3	8 839 582
52.9	6.5	10.6	1.5	4.3	1 215	29.3	29.3	197 440
65.4		513.9	73.7	8.4	623	1 274.8	1 247.8	429 307
182.4	67.2	160.0	36.0	7.8	2 340	1 417.0	1 417.0	2 230 000
22.9		1 290.0	596.2	15.8	7 246	10 041.3	9 549.4	1 688 416
		827.4	16.2	0.2	4	37 418.8	33 754.6	194 133
29.0	16.1	803.3	63.3	10.1	812	6 696.7	4 559.4	1 947 329
		2 159.2	456.5	9.3	1 208	28 333.0		200 780
134.3	61.8	213.0	173.0	0.9	35	1 008.0		1 076 300
31.1		730.3	195.5	7.3	1 687	23 803.8	19 843.1	5 434 155

1－10 2004年266个牧区及半牧区县

地 区	草原总面积	可利用草原面积	累计种草保留面积				当年新增种草面积			
			合计	人工种草	改良草地	飞播种草	合计	人工种草	改良草地	飞播种草
全 国	246 711.5	195 153.2	10 999.9	3 647.1	6 557.6	795.2				
河 北	1 482.2	1 201.7	304.8	150.6	120.6	33.6				
山 西	93.1	77.2	26.7	21.4	4.0	1.3				
内蒙古	70 920.0	55 033.9	4 372.5	1 832.0	1 928.5	612.0				
辽 宁	316.1	316.1	162.6	89.1	66.5	7.0				
吉 林	1 426.3	1 076.9	522.0	213.0	287.2	21.8				
黑龙江	1 417.0	1 370.0	515.4	172.4	262.5	80.5				
四 川	16 815.5	14 009.7	978.0	222.0	756.0					
西 藏	69 155.1	50 538.8	686.8	24.1	662.7					
甘 肃	13 661.2	11 794.1	1 948.8	250.2	1 689.3	9.3				
青 海	35 121.1	30 498.6	261.5	242.3		19.2				
宁 夏	1 120.0	1 120.0	306.6	169.5	137.1					
新 疆	35 183.9	28 116.2	914.2	260.5	643.2	10.5				

备注：引自《中国畜牧业统计》。

草原建设利用基本情况

单位：千公顷、吨

累计退耕还草面积		累计草原围栏面积		草种田面积	当年种子产量（吨）	累计落实草原承包面积		当年打贮草总量
总面积	当年新增	总面积	当年新增			总面积	其中：有偿使用面积	
2 327.7	585.1	27 993.1	4 397.4	381.0	44 390	160 023.7	46 336.5	17 456 137
38.9	4.0	196.2	13.1	8.9	2 357	911.2	377.6	1 908 920
2.0	2.0	9.3		3.0	156	17.5	7.0	18 800
1 150.6	108.5	16 234.1	2 881.1	278.9	8 151	51 237.5	10 723.0	710 488
26.3	2.2	12.0	1.4	4.7	1 313	74.7	74.7	273 146
104.2	18.2	578.1	64.2	18.3	314	1 305.7	1 305.7	890 000
29.4	67.2	160.4	36.1	7.0	2 000	33.8	33.8	2 100 000
61.6	3.8	1 781.9	344.7	26.8	7 695	8 499.9	8 056.0	1 947 722
1.2		963.7	4.9		1	35 906.8	4 758.7	163 622
568.1	4.8	1 590.0	78.7	10.8	910	6 896.0		1 972 463
62.9		3 651.6	206.6	14.2	20 141	28 333.0		327 281
35.7	35.7	213.0	42.9	1.1	380	807.6		685 724
246.8	338.7	2 602.8	723.7	7.3	973	26 000.0	21 000.0	6 457 971

1-11 2005年266个牧区及半牧区县

地区	草原总面积	可利用草原面积	累计种草保留面积				当年新增种草面积			
			合计	人工种草	改良草地	飞播种草	合计	人工种草	改良草地	飞播种草
全国	247 029.7	197 340.6	11 552.2	3 290.9	7 419.0	842.3	2 212.2	829.3	1 286.3	96.6
河北	1 521.4	1 200.9	346.9	148.1	177.7	21.1	77.8	28.5	48.6	0.7
山西	94.0	77.2	25.0	19.7	4.0	1.3	3.3	3.3		
内蒙古	70 849.5	54 586.8	4 084.2	1 264.2	2 112.9	707.1	879.2	458.9	328.2	92.1
辽宁	316.1	316.1	191.2	63.1	121.1	7.0	41.1	10.5	30.6	
吉林	1 426.3	1 076.9	630.7	259.8	349.1	21.8	108.7	46.8	61.9	
黑龙江	1 417.0	1 370.0	706.4	252.7	403.2	50.5	106.4	31.8	74.6	
四川	16 789.8	13 888.4	1 101.9	261.2	839.3	1.4	94.7	29.0	64.3	1.4
西藏	69 155.1	50 538.8	731.3	30.1	701.2		1.2	1.0	0.2	
甘肃	13 661.2	11 795.1	1 994.7	296.2	1 695.9	2.6	482.6	50.4	431.6	0.6
青海	35 121.1	30 498.6	238.0	188.0	34.6	15.4	99.9	64.0	34.6	1.3
宁夏	1 072.3	991.8	439.6	212.5	227.1		133.0	43.0	90.0	
新疆	35 605.9	31 000.0	1 062.3	295.3	752.9	14.1	184.3	62.1	121.7	0.5

备注：引自《中国畜牧业统计》。

草原建设利用基本情况

单位：千公顷、吨

累计退耕还草面积		累计草原围栏面积		草种田面积	当年种子产量（吨）	累计落实草原承包面积		当年打贮草总量
总面积	当年新增	总面积	当年新增			总面积	其中：有偿使用面积	
2 942.8	709.0	30 289.9	5 951.1	359.2	31 423	151 366.4	40 085.5	17 616 772
68.6	8.5	303.9	62.7	7.5	1 646	868.5	377.0	1 953 121
15.3	3.3	9.3		3.5	170	15.0	8.0	28 500
2 185.3	645.8	16 038.6	2 946.0	122.9	8 591	47 523.8	3 785.3	831 073
7.4	1.5	12.4	4.2	4.9	1 209	30.3	30.3	165 700
100.1	16.5	641.3	63.2	18.4	350	1 305.0	1 305.0	1 261 000
165.9	7.6	267.3	67.3	3.2	772	1 417.0	1 417.0	2 485 000
161.8	4.3	2 336.3	528.2	150.0	7 766	8 303.2	6 898.4	2 075 659
		975.1	11.4	18.2	0.4	30 925.8		157 620
19.3	2.8	2 336.0	82.0	9.8	876	7 183.3	4 781.3	1 903 723
		3 970.5	818.9	13.1	9 182	28 333.0		42 378
169.5		513.0	300.0		542	2 160.0		1 338 400
49.6	18.7	2 886.2	1 067.2	7.7	320	23 301.5	21 483.2	5 374 597

第二部分

草业生产统计

一、牧草种植与草种生产情况

2－1　全国牧草种植与草种生产情况

单位：万亩、吨

年　份			2001	2002	2003	2004	2005
年末保留种草面积	合计		25 339.1	29 349.9	33 108.9	33 712.1	32 270.0
	人工种草		14 435.6	17 328.7	19 298.0	20 910.0	19 029.2
	改良种草		9 418.5	10 448.3	12 173.5	10 993.3	11 321.8
	飞播种草		1 485.0	1 572.9	1 637.4	1 808.8	1 919.0
当年新增种草面积	合计		8 233.5	9 789.7	11 374.8	11 670.9	10 930.7
	一年生牧草		3 380.5	4 384.3	5 379.4	5 832.2	6 040.0
	多年生牧草	小计	4 853.3	5 458.2	5 995.4	5 838.7	4 890.7
		人工种草	2 555.9	2 969.3	3 218.1	2 826.1	2 544.4
		改良种草	2 126.5	2 265.4	2 578.3	2 836.4	2 158.3
		飞播种草	170.9	223.4	199.0	176.2	188.0
牧草种子田面积			235.5	278.4	280.8	410.3	330.7
种子产量	合计		127 558	94 889	126 316	172 468	145 674
	多年生		56 689	66 614	85 052	108 724	100 118
	一年生		70 869	28 275	41 264	63 744	45 556

2-2 2001年各地区牧草

地 区	年末保留种草面积					
	合计	人工种草	改良种草	飞播种草	合计	一年生牧草
天 津	6.0	6.0			3.0	
河 北	1 176.1	791.3	332.0	52.8	470.2	293.3
山 西	513.0	357.0	156.0		125.0	28.0
内蒙古	9 654.8	5 575.5	3 352.8	726.5	2 999.9	652.4
辽 宁	200.4	200.4			45.1	4.3
吉 林	657.6	657.6			154.6	44.5
黑龙江	998.5	485.5	423.0	90.0	257.7	114.5
江 苏	20.9	20.9			4.8	
浙 江	44.4	44.4			44.4	44.4
安 徽	68.3	58.1	10.2		59.5	55.9
福 建	50.6	46.6	4.0		39.1	33.6
江 西	179.2	147.0	24.8	7.4	141.6	136.0
山 东	185.0	185.0			112.0	88.0
河 南	177.4	170.1	7.3		51.9	32.3
湖 北	218.5	218.5			176.1	166.3
湖 南	209.0	31.4	125.6	52.0	27.4	15.2
广 东	63.7	50.7		13.0	41.1	29.0
广 西	134.3	50.7	83.6		36.1	3.0
重 庆	87.8	59.3	28.4		65.2	20.3
四 川	815.6	815.6			696.8	686.0
贵 州	185.0	125.0	45.0	15.0	131.0	125.0
云 南	391.9	333.4	33.0	25.5	116.0	83.0
西 藏	84.7	84.7			4.6	1.0
陕 西	1 019.0	797.0	152.0	70.0	334.0	37.0
甘 肃	5 019.5	1 627.1	3 305.0	87.4	1 233.6	247.2
青 海	224.4	224.4			143.4	92.3
宁 夏	240.5	240.5			110.4	68.1
新 疆	2 713.2	1 031.8	1 336.0	345.4	609.0	280.0
全 国	25 339.1	14 435.6	9 418.5	1 485.0	8 233.5	3 380.5

种植与草种生产情况

单位：万亩、吨

当年新增种草面积				牧草种子田面积	种子产量		
多年生牧草							
小计	人工种草	改良种草	飞播种草		合计	多年生	一年生
3.0	3.0						
176.9	102.9	66.0	8.0	10.3	1 678	1 078	600
97.0	28.0	69.0		1.2	630	330	300
2 347.6	1 328.4	897.4	121.8	22.4	13 995	5 806	8 189
40.8	40.8			4.1	2 198	1 823	375
110.1	110.1			13.5	433	433	
143.2	61.0	82.2			340	340	
4.8	4.8						
				1.0	520		520
3.6	1.4	2.2		0.3	79	30	49
5.5	3.5	2.0					
5.8	2.6	3.2		0.2	456	23	434
24.0	24.0			5.0	4 980	420	4 560
19.6	18.6	1.0		1.1	936	206	730
9.8	9.8			1.7	89	44	45
12.2	5.2	3.0	4.0	0.1	18	18	
12.1	7.8		4.3	0.2	23	23	
33.1	12.8	20.3		3.3	494	334	160
44.9	24.7	20.2		0.7	123	10	113
10.8	10.8			11.5	6 332	2 152	4 180
6.0		6.0					
33.0	31.0	2.0					
3.6	3.6			1.1	979	639	340
297.0	257.0	30.0	10.0	15.6	3 696	3 696	
986.4	283.7	689.0	13.8	104.3	36 759	36 759	
51.1	51.1			31.3	50 548	1 024	49 525
42.4	42.4			4.0	673	673	
329.0	87.0	233.0	9.0	3.0	1 580	830	750
4 853.3	2 555.9	2 126.5	170.9	235.5	127 558	56 689	70 869

2－3 2002 年各地区牧草

地区	年末保留种草面积					
	合计	人工种草	改良种草	飞播种草	合计	一年生牧草
天津	6.8	6.8			0.8	
河北	1 270.3	777.7	417.0	75.6	437.6	216.5
山西	520.0	360.0	160.0		127.0	28.0
内蒙古	11 158.8	6 576.2	3 766.9	815.8	3 229.6	899.8
辽宁	210.8	210.8			70.4	3.6
吉林	877.3	877.3			266.2	150.6
黑龙江	1 106.6	561.6	463.0	82.0	292.1	159.6
江苏	155.6	155.6			86.7	134.7
浙江	62.5	62.5			62.4	62.4
安徽	142.3	121.2	21.2		112.9	99.4
福建	50.7	47.7	3.0		40.2	33.2
江西	206.5	171.7	27.5	7.4	166.6	158.5
山东	152.0	152.0			99.0	68.0
河南	205.7	200.4	5.3		74.1	50.3
湖北	333.1	333.1			237.7	193.2
湖南	220.1	37.5	126.6	56.0	29.2	18.1
广东	67.0	54.0		13.0	45.1	33.0
广西	147.8	50.9	96.9		26.5	2.4
重庆	146.7	100.7	46.0		79.3	21.6
四川	937.8	937.8			812.8	803.0
贵州	345.5	280.5	50.0	15.0	174.5	135.5
云南	668.3	603.7	39.1	25.5	359.4	320.0
西藏	108.3	108.3			27.0	20.0
陕西	1 287.0	1 287.0			589.0	115.0
甘肃	5 242.3	1 559.9	3 587.0	95.5	1 306.1	204.5
青海	324.1	300.3		23.8	185.6	112.5
宁夏	351.6	351.6			179.3	99.2
新疆	3 044.4	1 042.0	1 639.0	363.4	673.0	242.0
全国	29 349.9	17 328.7	10 448.3	1 572.9	9 789.7	4 384.3

种植与草种生产情况

单位：万亩、吨

当年新增种草面积				牧草种子田面积	种子产量		
多年生牧草					合计	多年生	一年生
小计	人工种草	改良种草	飞播种草				
0.8	0.8						
221.1	128.0	80.1	13.0	12.2	2 849	1 909	940
99.0	26.0	73.0		1.2	630	330	300
2 329.8	1 356.3	801.7	171.8	20.6	17 557	13 441	4 116
66.8	66.8			7.1	1 730	1 730	
115.6	115.6			15.2	654	654	
132.5	72.0	60.5			386	386	
4.8	4.8						
				1.0	520		520
13.5	7.4	6.1		0.2	85	15	70
7.0	6.0	1.0					
8.1	2.7	5.4		0.3	549	16	534
31.0	31.0			6.0	4 725	875	3 850
23.8	23.8			0.8	418	178	240
44.5	44.5			23.4	128	87	42
11.1	6.0	1.1	4.0	0.1	23	18	5
12.1	12.1			0.2	23	23	
24.1	9.3	14.9		2.4	481	196	285
57.7	40.0	17.6		0.9	45	25	20
9.8	9.8			12.9	7 294	2 547	4 747
39.0	34.0	5.0					
39.4	33.3	6.1		2.3	350	350	
7.0	7.0			2.0	1 520	820	700
474.0	474.0			13.0	3 591	3 591	
1 101.6	197.1	890.0	14.6	113.6	36 382	33 746	2 636
73.1	71.1		2.0	32.4	10 822	2 302	8 520
80.1	80.1			4.0	684	684	
431.0	110.0	303.0	18.0	6.7	3 444	2 694	750
5 458.2	2 969.3	2 265.4	223.4	278.4	94 889	66 614	28 275

2-4 2003年各地区牧草

地区	年末保留种草面积					
	合计	人工种草	改良种草	飞播种草	合计	一年生牧草
天　津	6.0	5.5	0.5		0.6	0.1
河　北	1 425.9	950.6	407.8	67.5	543.0	349.9
山　西	569.0	357.0	212.0		125.0	25.0
内蒙古	12 283.9	6 875.1	4 525.2	883.5	3 929.3	1 214.5
辽　宁	260.9	260.9			107.8	4.5
吉　林	1 202.0	1 202.0			477.3	385.7
黑龙江	1 312.0	678.0	552.0	82.0	480.0	208.0
浙　江	57.6	56.0	1.6		57.1	55.5
安　徽	177.7	124.4	53.3		135.1	120.7
福　建	60.6	59.8	0.8		43.6	40.1
江　西	220.3	180.2	32.7	7.4	170.0	165.4
山　东	207.3	207.3			136.2	98.6
河　南	234.7	231.4	3.3		92.5	53.7
湖　北	388.4	388.4			284.4	241.3
湖　南	232.9	46.7	130.2	56.0	34.9	22.6
广　东	70.0	65.0		5.0	55.0	36.8
广　西	179.2	75.4	103.9		35.8	15.3
重　庆	145.3	98.5	46.8		22.5	16.3
四　川	1 085.2	1 085.2			957.1	908.0
贵　州	375.0	305.0	55.0	15.0	187.0	155.0
云　南	756.3	668.5	62.4	25.5	408.0	363.9
西　藏	5.5	5.5				
陕　西	1 589.0	1 589.0			347.0	102.0
甘　肃	5 803.0	1 710.5	3 997.1	95.5	1 365.4	241.1
青　海	417.9	396.3		21.6	218.8	102.6
宁　夏	550.5	550.5			407.5	198.4
新　疆	3 492.8	1 125.4	1 989.0	378.4	754.0	254.4
全　国	33 108.9	19 298.0	12 173.5	1 637.4	11 374.8	5 379.4

种植与草种生产情况

单位：万亩、吨

当年新增种草面积				牧草种子田面积	种子产量		
多年生牧草					合计	多年生	一年生
小计	人工种草	改良种草	飞播种草				
0.5		0.5					
193.1	104.4	76.6	12.1	13.3	7 244	4 544	2 700
100.0	7.0	93.0		1.5	750	390	360
2 714.8	1 575.0	975.1	164.7	30.2	21 829	12 651	9 178
103.3	103.3			5.0	1 612	1 612	
91.6	91.6			15.5	1 017	1 017	
272.0	68.0	204.0		5.5	1 375	1 075	300
1.6		1.6		1.1	455	15	440
14.5	7.5	7.0		1.5	1 355	65	1 290
3.5	3.3	0.2					
4.6	2.0	2.6		0.6	731	42	689
37.6	37.6						
38.8	38.8			1.0	1 308	108	1 200
43.1	43.1			5.5	191	133	58
12.3	6.3	6.0		0.1	28	23	5
18.2	18.2						
20.5	11.9	8.7		1.5	394	259	135
6.2	5.4	0.8		2.9	140	80	60
49.1	49.1			8.9	3 690	2 900	790
32.0	27.0	5.0					
44.1	20.8	23.3		2.6	444	444	
				5.5	325	325	
245.0	245.0			11.5	4 425	4 425	
1 124.4	296.6	824.0	3.8	124.3	45 817	42 380	3 437
116.1	112.7		3.4	27.7	28 036	9 014	19 022
209.1	209.1			6.4	1 003	1 003	
499.6	134.6	350.0	15.0	9.0	4 148	2 548	1 600
5 995.4	3 218.1	2 578.3	199.0	280.8	126 316	85 052	41 264

2-5 2004年各地区牧草

地区	年末保留种草面积					
	合计	人工种草	改良种草	飞播种草	合计	一年生牧草
天津	6.0	5.0	1.0		1.0	0.1
河北	1 685.2	1 202.7	405.0	77.5	589.4	468.1
山西	545.0	395.0	150.0		127.0	49.4
内蒙古	11 876.0	7 665.2	3 214.1	996.7	3 636.9	1 400.1
辽宁	260.2	260.2			60.2	3.9
吉林	857.3	857.3			546.3	487.3
黑龙江	1 549.0	847.0	620.0	82.0	634.0	418.0
江苏	18.9	18.9				
浙江	57.0	57.0			57.0	56.5
安徽	175.6	164.0	11.6		163.3	159.1
福建	68.6	60.4	8.2		50.9	39.2
江西	319.0	208.2	71.8	39.0	268.9	189.2
山东	351.4	351.4			251.6	126.0
河南	236.3	230.4	5.3	0.6	74.3	45.8
湖北	265.7	265.7			185.8	167.3
湖南	245.6	54.3	135.3	56.0	39.0	24.7
广东	64.9	57.9	3.1	3.9	50.3	33.0
广西	134.8	67.8	67.0		45.5	18.2
重庆	143.9	100.2	43.7		27.7	23.9
四川	1 286.6	1 286.6			1 120.7	970.0
贵州	387.8	312.8	60.0	15.0	186.3	169.8
云南	851.5	743.8	82.2	25.5	459.1	425.1
西藏	16.1	16.1			9.4	4.7
陕西	1 759.0	1 759.0			125.0	34.0
甘肃	6 069.9	1 855.4	4 117.1	97.5	1 434.4	265.4
青海	447.6	433.9		13.7	149.0	104.8
宁夏	670.9	650.9		20.0	328.0	128.6
新疆	3 362.4	983.0	1 998.0	381.4	1 050.1	20.0
全国	33 712.1	20 910.0	10 993.3	1 808.8	11 670.9	5 832.2

种植与草种生产情况

单位：万亩、吨

当年新增种草面积				牧草种子田面积	种子产量		
多年生牧草					合计	多年生	一年生
小计	人工种草	改良种草	飞播种草				
0.9	0.4	0.5					
121.3	83.0	35.0	3.3	14.5	8 303	4 453	3 850
77.6	22.6	55.0		1.5	750	390	360
2 236.8	1 414.6	709.7	112.5	45.0	28 260	18 410	9 850
56.3	56.3			4.9	1 649	1 646	3
59.0	59.0			29.7	1 323	963	360
216.0	81.0	135.0		6.9	1 021	1 021	
0.5	0.5			1.1	522	20	502
4.2	1.4	2.8		0.1	98		98
11.7	8.0	3.7					
79.7	4.9	42.7	32.2	0.7	696	52	644
125.6	125.6			1.5	1 609	289	1 320
28.5	23.9	4.0	0.6	0.5	108	108	
18.5	18.5			21.5			
14.3	7.3	7.0		0.1	43	35	8
17.3	12.4	3.1	1.8	0.1	10	10	
27.3	21.4	5.9		1.8	388	288	100
3.8	3.7	0.1		4.4	147	47	100
150.7	150.7			18.8	10 109	3 749	6 360
16.5	11.5	5.0					
34.0	14.1	19.9		3.4	556	556	
4.7	4.7			4.7	1 213	920	293
91.0	91.0			14.0	4 300	4 300	
1 169.0	252.2	914.0	2.9	184.2	74 250	61 190	13 060
44.2	44.2			36.9	33 676	7 120	26 556
199.4	179.4		20.0	4.1	914	884	30
1 030.1	134.1	893.0	3.0	10.1	2 525	2 275	250
5 838.7	2 826.1	2 836.4	176.2	410.3	172 468	108 724	63 744

2－6 2005 年各地区牧草

地区	年末保留种草面积					
	合计	人工种草	改良种草	飞播种草	合计	一年生牧草
天 津	6.0	4.5	1.5		1.1	0.1
河 北	1 948.7	1 305.8	552.0	90.9	695.8	554.4
山 西	558.0	390.0	168.0		121.0	44.4
内蒙古	10 921.1	6 365.8	3 466.6	1 088.7	3 462.0	1 410.7
辽 宁	271.1	271.1			58.3	4.7
吉 林	922.7	922.7			557.5	496.0
黑龙江	1 683.0	850.0	751.0	82.0	558.0	338.0
江 苏	318.5	318.5			99.4	94.6
浙 江	52.2	52.2			51.7	51.7
安 徽	137.4	120.0	17.4		124.6	112.7
福 建	68.5	58.5	10.0		39.8	36.0
江 西	326.2	212.5	74.8	39.0	198.2	188.7
山 东	289.8	288.8		1.0	120.9	88.0
河 南	237.6	227.8	8.3	1.6	59.0	43.7
湖 北	258.7	258.7			115.1	102.0
湖 南	272.1	75.4	140.7	56.0	50.9	28.1
广 东	82.7	73.2	5.7	3.8	54.6	37.1
广 西	171.5	117.8	53.7		71.5	49.4
重 庆	163.2	123.2	40.0		52.7	45.4
四 川	1 469.2	1 469.2			1 190.9	1 038.0
贵 州	393.0	328.0	65.0		295.6	261.8
云 南	870.2	750.0	94.7	25.5	443.9	415.8
西 藏	3.7	3.7			2.0	0.9
陕 西	1 095.1	1 095.1			141.0	41.0
甘 肃	6 265.4	1 822.4	4 342.5	100.5	1 494.7	226.7
青 海	445.0	437.3		7.7	160.1	121.0
宁 夏	761.7	741.7		20.0	228.6	153.3
新 疆	2 277.8	345.4	1 530.0	402.4	481.9	56.0
全 国	32 270.0	19 029.2	11 321.8	1 919.0	10 930.7	6 040.0

种植与草种生产情况

单位：万亩、吨

当年新增种草面积				牧草种子田面积	种子产量		
多年生牧草							
小计	人工种草	改良种草	飞播种草		合计	多年生	一年生
1.0	0.5	0.5					
141.4	88.6	45.0	7.8	8.8	3 007	2 807	200
76.6	17.6	59.0		1.5	750	390	360
2 051.3	1 280.5	619.2	151.6	30.5	22 630	18 770	3 860
53.6	53.6			6.7	1 534	1 425	109
61.5	61.5			29.8	1 443	1 083	360
220.0	86.0	134.0		8.1	2 118	918	1 200
4.8	4.8			2.0	1 543	850	693
				1.1	525	70	455
11.9	2.4	9.5		0.2	193		193
3.8	3.0	0.8					
9.6	6.0	3.5		0.6	774	61	713
32.9	31.9		1.0	1.6	1 591	151	1 440
15.3	11.3	3.0	1.0	0.5	770	50	720
13.0	13.0			19.6	3 192	1 320	1 872
22.8	12.1	10.8		0.2	71	61	10
17.6	14.5	2.6	0.5	0.1	10	10	
22.1	20.1	2.1		1.2	305	231	74
7.3	6.6	0.7		4.5	194	138	56
153.0	153.0			11.6	5 363	5 363	
33.8	28.8	5.0					
28.1	15.6	12.5		3.4	551	551	
1.1	1.1						
100.0	100.0			24.0	10 830	9 830	1 000
1 268.0	239.8	1 025.3	3.0	125.6	52 037	47 392	4 645
39.1	37.1		2.0	35.2	33 255	5 859	27 396
75.3	75.3			3.0	556	556	
425.9	179.9	225.0	21.0	11.1	2 435	2 235	200
4 890.7	2 544.4	2 158.3	188.0	330.7	145 674	100 118	45 556

二、多年生牧草生产情况

2－7 全国多年生

年份	年末种草保留面积			
	合计	人工种草	改良种草	飞播种草
2001	21 959.0	11 055.0	9 419.0	1 485.0
2002	24 966.0	12 944.0	10 448.0	1 573.0
2003	27 730.0	13 919.0	12 174.0	1 637.0
2004	27 880.0	15 078.0	10 993.0	1 809.0
2005	26 230.0	12 989.0	11 322.0	1 919.0

牧草生产情况

单位：万亩、吨

当年新增种草面积				总产量	青贮量
合计	人工种草	改良种草	飞播种草		
4 853.0	2 556.0	2 126.0	171.0	62 462 142	68 571
5 458.0	2 969.0	2 265.0	223.0	60 906 369	92 519
5 995.0	3 218.0	2 578.0	199.0	65 922 768	117 742
5 839.0	2 826.0	2 836.0	176.0	76 067 691	186 680
4 891.0	2 544.0	2 158.0	188.0	91 816 755	212 693

2-8 2001 年各地区分种类

地区	牧草种类	年末种草保留面积			
		合计	人工种草	改良种草	飞播种草
天 津	紫花苜蓿	6.0	6.0		
小 计		6.0	6.0		
河 北	紫花苜蓿	262.0	130.0	100.0	32.0
	沙打旺	76.9	53.0	20.0	3.9
	柠条	4.0	2.0	2.0	
	老芒麦	356.9	200.0	150.0	6.9
	无芒雀麦	13.0	10.0	3.0	
	披碱草	150.0	90.0	50.0	10.0
	沙蒿	4.0	2.0	2.0	
	冰草	2.0	1.0	1.0	
	羊草	14.0	10.0	4.0	
小 计		882.8	498.0	332.0	52.8
山 西	紫花苜蓿	363.8	246.8	117.0	
	沙打旺	48.5	32.9	15.6	
	柠条	53.4	36.2	17.2	
	其它多年生牧草	19.4	13.2	6.2	
小 计		485.0	329.0	156.0	
内蒙古	紫花苜蓿	1 402.6	615.8	725.0	61.8
	沙打旺	2 443.2	580.3	1 588.3	274.6
	柠条	2 331.7	1 248.0	880.5	203.2
	老芒麦	44.2	44.2		
	披碱草	103.3	103.3		
	无芒雀麦	13.4	13.4		
	羊草	40.1	40.1		
	沙蒿	295.6	153.6		142.0
	冰草	32.5	32.5		
	羊柴	98.1	98.1		

多年生牧草生产情况

单位：万亩、公斤/亩、吨

当年新增种草面积				平均产量	总产量	青贮量
合计	人工种草	改良种草	飞播种草			
3.0	3.0					
3.0	3.0					
26.0	10.0	10.0	6.0	1 000	2 620 000	
14.0	7.0	5.0	2.0	500	384 500	
2.0	1.0	1.0		600	24 000	
98.9	58.9	40.0		280	999 320	
13.0	10.0	3.0		500	65 000	
11.0	7.0	4.0		260	390 000	
4.0	2.0	2.0		100	4 000	
2.0	1.0	1.0		450	9 000	
6.0	6.0			450	63 000	
176.9	102.9	66.0	8.0		4 558 820	
72.8	21.0	51.8				
9.7	2.8	6.9				
10.7	3.1	7.6				
3.9	1.1	2.8				
97.0	28.0	69.0				
466.0	369.4	84.5	12.1	300	4 207 710	
704.3	295.1	378.7	30.5	300	7 329 540	
793.5	398.3	355.3	39.9	150	3 497 550	
13.2	13.2			158	69 804	
25.4	25.4			180	185 940	
9.2	9.2			170	22 780	
10.8	10.8			200	80 200	
41.3	11.3		30.0	180	532 080	
3.3	3.3			135	43 875	
15.3	15.3			150	147 150	

2-8 2001 年各地区分种类

地 区	牧草种类	年末种草保留面积			
		合计	人工种草	改良种草	飞播种草
	其它多年生牧草	2 197.8	1 993.8	159.0	45.0
小 计		9 002.4	4 923.1	3 352.8	726.5
辽 宁	紫花苜蓿	43.6	43.6		
	沙打旺	101.6	101.6		
	菊苣	1.6	1.6		
	杂交酸模	3.4	3.4		
	串叶松香草	0.8	0.8		
	其它多年生牧草	45.1	45.1		
小 计		196.1	196.1		
吉 林	紫花苜蓿	19.6	19.6		
	多年生黑麦草	1.0	1.0		
	三叶草	3.7	3.7		
	沙打旺	2.1	2.1		
	披碱草	0.3	0.3		
	羊草	569.1	569.1		
	胡枝子	8.7	8.7		
	碱茅	8.3	8.3		
	其它多年生牧草	0.3	0.3		
小 计		613.1	613.1		
黑龙江	紫花苜蓿	26.0	26.0		
	羊草	680.0	267.0	323.0	90.0
	其它多年生牧草	178.0	78.0	100.0	
小 计		884.0	371.0	423.0	90.0
江 苏	紫花苜蓿	6.5	6.5		
	三叶草	8.7	8.7		
	狼尾草（多年生）	2.2	2.2		
	菊苣	1.8	1.8		

多年生牧草生产情况（续）

单位：万亩、公斤/亩、吨

当年新增种草面积				平均产量	总产量	青贮量
合计	人工种草	改良种草	飞播种草			
265.3	177.1	78.9	9.3	100	2 197 800	
2 347.6	1 328.4	897.4	121.8		18 314 429	
19.4	19.4			500	218 100	
13.6	13.6			250	253 950	
0.2	0.2			2 000	32 000	
0.8	0.8			800	27 440	
0.1	0.1			1 500	12 000	
6.7	6.7			250	112 700	
40.8	40.8				656 190	
7.6	7.6			500	98 000	
1.0	1.0			300	3 000	
				300	11 100	
1.2	1.2			200	4 200	
				200	600	
93.7	93.7			150	853 650	
				180	15 660	
6.3	6.3			200	16 600	
0.3	0.3			200	600	
110.1	110.1				1 003 410	
26.0	26.0			400	104 000	
81.0	19.0	62.0		155	914 500	
36.2	16.0	20.2		170	302 600	
143.2	61.0	82.2			1 321 100	
1.6	1.6			1 800	117 000	
2.4	2.4			1 000	87 000	
0.2	0.2			3 000	72 600	
0.4	0.4			3 000	54 000	

2-8 2001 年各地区分种类

地 区	牧草种类	年末种草保留面积			
		合计	人工种草	改良种草	飞播种草
	聚合草	0.3	0.3		
	串叶松香草	0.8	0.8		
	杂交酸模	0.6	0.6		
小 计		20.9	20.9		
安 徽	紫花苜蓿	10.4	1.0	9.4	
	三叶草	0.8		0.8	
	菊苣	1.1	1.1		
	杂交酸模	0.2	0.2		
小 计		12.4	2.3	10.2	
福 建	多年生黑麦草	7.0	5.0	2.0	
	狼尾草（多年生）	10.0	8.0	2.0	
小 计		17.0	13.0	4.0	
江 西	紫花苜蓿	0.01	0.01		
	三叶草	9.2	3.5	4.2	1.5
	多年生黑麦草	0.9	0.9		
	鸭茅	7.5	0.6	5.5	1.4
	雀稗	11.5	1.2	7.6	2.7
	苇状羊茅	8.8	0.8	6.2	1.8
	象草（王草）	3.9	3.9		
	其它多年生牧草	1.5	0.2	1.3	
小 计		43.2	11.0	24.8	7.4
山 东	紫花苜蓿	93.0	93.0		
	多年生黑麦草	4.0	4.0		
小 计		97.0	97.0		
河 南	紫花苜蓿	110.5	110.5		
	三叶草	3.0	2.7	0.3	
	多年生黑麦草	3.7	3.7		

多年生牧草生产情况（续）

单位：万亩、公斤/亩、吨

当年新增种草面积				平均产量	总产量	青贮量
合计	人工种草	改良种草	飞播种草			
0.1	0.1			2 600	7 800	
0.1	0.1			2 800	22 400	
				3 000		
4.8	4.8				360 800	
3.2	1.0	2.2		300	31 050	
				300	2 400	
0.3	0.3			300	3 300	
0.1	0.1			2 000	3 000	
3.6	1.4	2.2			39 750	
0.5	0.5			250	17 250	
5.0	3.0	2.0		2 460	246 000	61 450
5.5	3.5	2.0			263 250	61 450
0.01	0.01			800	80	
0.2	0.1	0.1		850	77 860	
0.2	0.2			750	6 375	
0.8	0.4	0.4		450	33 660	
1.6	0.2	1.4		480	54 960	
0.5		0.5		500	44 200	
1.6	1.6			1 800	70 200	
1.0	0.2	0.8		500	7 500	
5.8	2.6	3.2			294 835	
24.0	24.0			1 000	930 000	
				1 200	48 000	
24.0	24.0				978 000	
10.5	10.5			1 000	1 100 000	
1.2	1.2			500	14 750	
1.2	1.2			900	32 850	

2-8 2001年各地区分种类

地 区	牧草种类	年末种草保留面积			
		合计	人工种草	改良种草	飞播种草
	沙打旺	23.7	16.7	7.0	
	羊草	0.4	0.4		
	其它多年生牧草	3.9	3.9		
小 计		145.1	137.8	7.3	
湖 北	紫花苜蓿	6.7	6.7		
	三叶草	14.5	14.5		
	多年生黑麦草	17.8	17.8		
	沙打旺	0.03	0.03		
	鸭茅	4.2	4.2		
	无芒雀麦	2.0	2.0		
	羊草	1.0	1.0		
	象草（王草）	4.4	4.4		
	杂交酸模	1.6	1.6		
	菊苣	0.1	0.1		
小 计		52.2	52.2		
湖 南	多年生黑麦草	161.1	12.6	96.5	52.0
	象草（王草）	0.5	0.5		
	狼尾草（多年生）	10.5	2.3	8.2	
	其它多年生牧草	13.3	0.8	12.5	
	鸭茅	8.4		8.4	
小 计		193.8	16.2	125.6	52.0
广 东	柱花草	18.7	5.7		13.0
	象草（王草）	10.9	10.9		
	其它多年生牧草	5.1	5.1		
小 计		34.7	21.7		13.0
广 西	三叶草	1.9		1.9	
	多年生黑麦草	6.5		6.5	

多年生牧草生产情况（续）

单位：万亩、公斤/亩、吨

当年新增种草面积				平均产量	总产量	青贮量
合计	人工种草	改良种草	飞播种草			
3.1	2.1	1.0		600	141 900	
0.1	0.1			500	2 000	
3.5	3.5			800	24 000	
19.6	18.6	1.0			1 315 500	
2.1	2.1			800	53 448	
2.5	2.5			1 600	232 640	
3.3	3.3			600	106 620	
0.6	0.6			450	18 729	
				480	9 600	
				400	4 000	
0.5	0.5			3 000	130 830	
0.8	0.8					
0.01	0.01			1 500	1 650	
9.8	9.8				557 517	
8.6	1.6	3.0	4.0	962	1 549 782	
0.5	0.5			2 882	14 410	500
2.3	2.3			1 000	105 000	4 000
0.8	0.8			700	93 100	2 000
				945	78 908	
12.2	5.2	3.0	4.0		1 841 200	6 500
7.5	3.2		4.3	1 200	224 880	
3.5	3.5			2 300	250 700	
1.1	1.1			2 000	102 000	
12.1	7.8		4.3		577 580	
1.5		1.5		950	18 145	
4.7		4.7		688	44 720	

2－8 2001 年各地区分种类

地区	牧草种类	年末种草保留面积			
		合计	人工种草	改良种草	飞播种草
	柱花草	15.5	0.3	15.2	
	象草（王草）	34.1	34.1		
	狗尾草（多年生）	3.9	0.4	3.5	
	任豆树	38.6		38.6	
	银合欢	17.9		17.9	
	其它多年生牧草	13.1	13.1		
小　计		131.4	47.8	83.6	
重　庆	紫花苜蓿	3.4	3.4		
	三叶草	27.2	12.6	14.6	
	多年生黑麦草	24.7	16.0	8.7	
	鸭茅	5.0	3.1	1.9	
	苇状羊茅	6.9	3.7	3.2	
	牛鞭草	0.2	0.2		
小　计		67.5	39.0	28.4	
四　川	三叶草	5.5	5.5		
	多年生黑麦草	6.3	6.3		
	紫花苜蓿	8.4	8.4		
	鸭茅	5.5	5.5		
	老芒麦	40.0	40.0		
	披碱草	41.0	41.0		
	红豆草	7.5	7.5		
	苇状羊茅	4.0	4.0		
	其它多年生牧草	11.4	11.4		
小　计		129.6	129.6		
贵　州	多年生黑麦草	60.0		45.0	15.0
小　计		60.0		45.0	15.0
云　南	鸭茅	308.9	250.4	33.0	25.5
小　计		308.9	250.4	33.0	25.5

多年生牧草生产情况（续）

单位：万亩、公斤/亩、吨

当年新增种草面积				平均产量	总产量	青贮量
合计	人工种草	改良种草	飞播种草			
3.6	0.1	3.5		750	116 250	
12.5	12.5			2 520	858 312	
1.7	0.2	1.5		760	29 260	
8.1		8.1		510	196 860	
1.1		1.1		620	110 980	
				620	80 972	
33.1	12.8	20.3			1 455 499	
2.9	2.9			800	27 440	
19.5	8.7	10.8		600	163 320	
12.9	7.5	5.4		700	172 900	
2.8	2.0	0.8		700	35 210	
6.7	3.5	3.2		700	48 020	
0.1	0.1			700	1 470	
44.9	24.7	20.2			448 360	
0.6	0.6			710	39 050	38
0.6	0.6			1 100	69 300	65
0.6	0.6			986	82 824	82
0.6	0.6			750	41 250	41
1.8	1.8			400	160 000	130
4.1	4.1			430	176 300	140
1.0	1.0			500	37 500	30
0.4	0.4			850	34 000	1
1.1	1.1			825	94 050	94
10.8	10.8				734 274	621
6.0		6.0				
6.0		6.0				
33.0	31.0	2.0		310	957 621	
33.0	31.0	2.0			957 621	

2-8 2001 年各地区分种类

地 区	牧草种类	年末种草保留面积			
		合计	人工种草	改良种草	飞播种草
西 藏	紫花苜蓿	60.0	60.0		
	披碱草	23.7	23.7		
小 计		83.7	83.7		
陕 西	紫花苜蓿	342.0	170.0	152.0	20.0
	三叶草	19.0	19.0		
	多年生黑麦草	32.0	32.0		
	沙打旺	412.0	362.0		50.0
	柠条	100.0	100.0		
	其它多年生牧草	77.0	77.0		
小 计		982.0	760.0	152.0	70.0
甘 肃	无芒雀麦	205.4	37.4	168.0	
	其它多年生牧草	442.4	92.9	349.5	
	紫花苜蓿	681.9	674.5		7.4
	三叶草	132.0	132.0		
	红豆草	64.9	60.2		4.7
	沙蒿	1 515.8	38.9	1 447.8	29.1
	冰草	22.3	22.3		
	聚合草	25.0	25.0		
	菊苣	0.4	0.4		
	猫尾草	28.0	28.0		
	多年生黑麦草	41.5	41.5		
	沙打旺	411.3	37.0	328.1	46.2
	柠条	39.0	39.0		
	老芒麦	543.3	63.0	480.3	
	披碱草	604.0	72.8	531.2	
	羊草	15.0	15.0		
小 计		4 772.3	1 379.9	3 305.0	87.4

多年生牧草生产情况（续）

单位：万亩、公斤/亩、吨

当年新增种草面积				平均产量	总产量	青贮量
合计	人工种草	改良种草	飞播种草			
2.2	2.2			1 200	720 000	
1.4	1.4			700	165 900	
3.6	3.6				885 900	
118.0	83.0	30.0	5.0			
9.0	9.0					
5.0	5.0					
110.0	105.0		5.0			
4.0	4.0					
51.0	51.0					
297.0	257.0	30.0	10.0			
42.2		42.2		300	616 200	
134.0	56.1	77.9		285	1 260 783	
118.0	116.7		1.3	420	2 864 106	
49.0	49.0			678	894 960	
9.3	9.3			640	415 296	
134.8	8.0	121.4	5.4	232	3 516 702	
				237	52 851	
0.1	0.1			420	105 000	
				526	2 104	
8.0	8.0			300	84 000	
0.1	0.1			960	398 400	
246.6	20.0	219.5	7.1	670	2 755 710	
0.3	0.3			120	46 800	
123.6	16.0	107.6		325	1 765 855	
120.6	0.2	120.4		340	2 053 600	
				220	33 000	
986.4	283.7	689.0	13.8		16 865 367	

2-8 2001年各地区分种类

地 区	牧草种类	年末种草保留面积			
		合计	人工种草	改良种草	飞播种草
青 海	其它多年生牧草	132.1	132.1		
小 计		132.1	132.1		
宁 夏	紫花苜蓿	159.4	159.4		
	沙打旺	3.9	3.9		
	红豆草	6.0	6.0		
	杂交酸模	0.2	0.2		
	其它多年生牧草	2.9	2.9		
小 计		172.4	172.4		
新 疆	沙蒿	345.4			345.4
	紫花苜蓿	668.0	668.0		
	鸭茅	4.0	4.0		
	红豆草	1 374.0	38.0	1 336.0	
	其它多年生牧草	41.8	41.8		
小 计		2 433.2	751.8	1 336.0	345.4
全 国		21 959.0	11 055.0	9 419.0	1 485.0

多年生牧草生产情况(续)

单位:万亩、公斤/亩、吨

当年新增种草面积				平均产量	总产量	青贮量
合计	人工种草	改良种草	飞播种草			
51.1	51.1					
51.1	51.1					
39.3	39.3			500	797 000	
1.2	1.2			600	23 400	
1.3	1.3			600	36 000	
0.1	0.1			1 000	2 200	
0.5	0.5			500	14 500	
42.4	42.4				873 100	
9.0			9.0	60	207 240	
50.0	50.0			450	3 006 000	
1.2	1.2			300	12 000	
243.0	10.0	233.0		350	4 809 000	
25.8	25.8			300	125 400	
329.0	87.0	233.0	9.0		8 159 640	
4 853.0	2 556.0	2 126.0	171.0		62 462 142	68 571

2-9 2002年各地区分种类

地 区	牧草种类	年末种草保留面积			
		合计	人工种草	改良种草	飞播种草
天 津	紫花苜蓿	6.8	6.8		
小 计		6.8	6.8		
河 北	紫花苜蓿	262.0	130.0	100.0	32.0
	沙打旺	123.6	60.0	50.0	13.6
	柠条	6.0	3.0	3.0	
	老芒麦	380.0	200.0	150.0	30.0
	无芒雀麦	30.1	15.1	15.0	
	披碱草	158.0	100.0	58.0	
	羊草	20.0	10.0	10.0	
	沙蒿	4.0	3.0	1.0	
	冰草	20.1	10.1	10.0	
	其它多年生牧草	50.0	30.0	20.0	
小 计		1 053.8	561.2	417.0	75.6
山 西	紫花苜蓿	369.0	249.0	120.0	
	沙打旺	49.2	33.2	16.0	
	柠条	54.1	36.5	17.6	
	其它多年生牧草	19.7	13.3	6.4	
小 计		492.0	332.0	160.0	
内蒙古	其它多年生牧草	2 438.6	2 283.3	103.2	52.1
	紫花苜蓿	1 554.5	648.9	818.4	87.3
	沙打旺	2 795.1	698.0	1 788.8	308.3
	柠条	2 764.4	1 488.5	1 056.5	219.5
	老芒麦	46.1	46.1		
	无芒雀麦	15.3	15.3		
	披碱草	111.2	111.2		
	羊草	47.1	47.1		
	沙蒿	327.9	179.2		148.7

多年生牧草生产情况

单位:万亩、公斤/亩、吨

当年新增种草面积				平均产量	总产量	青贮量
合计	人工种草	改良种草	飞播种草			
0.8	0.8					
0.8	0.8					
38.0	20.0	10.0	8.0	1 000	2 620 000	
30.0	15.0	10.0	5.0	500	618 000	
4.0	2.0	2.0		600	36 000	
70.0	50.0	20.0		280	1 064 000	
19.0	10.0	9.0		500	150 500	
30.0	15.0	15.0		260	410 800	
10.0	5.0	5.0		450	90 000	
2.0	1.0	1.0		100	4 000	
18.1	10.0	8.1		450	90 450	
				500	250 000	
221.1	128.0	80.1	13.0		5 333 750	
74.3	19.5	54.8				
9.9	2.6	7.3				
10.9	2.9	8.0				
4.0	1.0	2.9				
99.0	26.0	73.0				
342.3	301.3	29.5	11.5	100	2 438 580	
489.7	365.1	98.4	26.2	300	2 452 440	
696.6	263.2	387.6	45.8	300	7 575 360	
684.6	323.0	286.3	75.3	150	3 861 660	
9.8	9.8			180	82 980	
6.3	6.3			180	27 540	
21.3	21.3			190	211 280	
7.0	7.0			210	98 910	
40.2	27.2		13.0	180	356 202	

2-9 2002年各地区分种类

地 区	牧草种类	年末种草保留面积			
		合计	人工种草	改良种草	飞播种草
	冰草	33.2	33.2		
	羊柴	125.6	125.6		
小 计		10 259.1	5 676.4	3 766.9	815.8
辽 宁	紫花苜蓿	96.5	96.5		
	沙打旺	73.7	73.7		
	菊苣	1.8	1.8		
	杂交酸模	4.2	4.2		
	串叶松香草	0.9	0.9		
	其它多年生牧草	30.1	30.1		
小 计		207.2	207.2		
吉 林	野豌豆				
	多年生黑麦草	2.0	2.0		
	沙打旺	6.4	6.4		
	披碱草	0.3	0.3		
	羊草	659.7	659.7		
	胡枝子	8.7	8.7		
	猫尾草	5.8	5.8		
	碱茅	12.8	12.8		
	其它多年生牧草	0.5	0.5		
	紫花苜蓿	26.6	26.6		
	三叶草	3.9	3.9		
小 计		726.7	726.7		
黑龙江	羊草	703.0	264.0	357.0	82.0
	紫花苜蓿	51.0	51.0		
	其它多年生牧草	193.0	87.0	106.0	
小 计		947.0	402.0	463.0	82.0
江 苏	紫花苜蓿	6.5	6.5		

多年生牧草生产情况(续)

单位:万亩、公斤/亩、吨

当年新增种草面积				平均产量	总产量	青贮量
合计	人工种草	改良种草	飞播种草			
2.9	2.9			165	54 846	
29.2	29.2			150	188 400	
2 329.8	1 356.3	801.7	171.8		17 348 198	
58.8	58.8			500	482 500	
4.8	4.8			250	184 325	
0.2	0.2			2 000	35 800	
1.0	1.0			800	33 920	
0.2	0.2			1 500	13 050	
1.9	1.9			250	75 175	
66.8	66.8				824 770	
1.0	1.0			300	6 000	
4.3	4.3			200	12 800	
				200	600	
90.6	90.6			150	989 550	
				180	15 660	
5.8	5.8			260	15 080	
4.5	4.5			200	25 600	
0.2	0.2			200	1 000	
9.0	9.0			500	133 000	
0.2	0.2			300	11 700	
115.6	115.6				1 210 990	
80.0	35.0	45.0		150	571 500	
28.0	28.0			410	209 100	
24.5	9.0	15.5		170	164 900	
132.5	72.0	60.5			945 500	
1.6	1.6			1 800	117 000	

2-9 2002 年各地区分种类

地 区	牧草种类	年末种草保留面积			
		合计	人工种草	改良种草	飞播种草
	三叶草	8.7	8.7		
	狼尾草(多年生)	2.2	2.2		
	菊苣	1.8	1.8		
	聚合草	0.3	0.3		
	串叶松香草	0.8	0.8		
	杂交酸模	0.6	0.6		
小 计		20.9	20.9		
浙 江	紫花苜蓿	0.02	0.02		
	雀稗	0.1	0.1		
小 计		0.1	0.1		
安 徽	紫花苜蓿	19.1	19.1		
	三叶草	2.1		2.1	
	多年生黑麦草	19.1		19.1	
	菊苣	2.2	2.2		
	杂交酸模	0.5	0.5		
	多年生黑麦草	0.5	0.5		
	狼尾草(多年生)	13.3	11.0	2.3	
	圆叶决明	3.7	3.0	0.7	
小 计		60.5	36.3	24.2	
江 西	紫花苜蓿	0.03	0.03		
	三叶草	9.3	3.6	4.3	1.5
	多年生黑麦草	0.5	0.5		
	鸭茅	8.1	0.6	6.1	1.4
	雀稗	12.6	1.4	8.5	2.7
	苇状羊茅	9.4	1.1	6.5	1.8
	象草(王草)	5.7	5.7		
	其它多年生牧草	2.4	0.3	2.1	
小 计		48.0	13.2	27.5	7.4

多年生牧草生产情况(续)

单位:万亩、公斤/亩、吨

当年新增种草面积				平均产量	总产量	青贮量
合计	人工种草	改良种草	飞播种草			
2.4	2.4			1 000	87 000	
0.2	0.2			3 000	66 000	
0.4	0.4			3 000	54 000	
0.1	0.1			2 600	7 800	
0.1	0.1			2 800	22 400	
				3 000	18 000	
4.8	4.8				372 200	
0.02	0.02					
0.02	0.02					
6.8	6.8			300	57 354	
1.9		1.9		200	4 180	
4.2		4.2				
0.7	0.7			2 000	43 640	
				2 000	9 280	
				250	1 250	
3.3	3.0	0.3		2 460	327 180	81 700
3.7	3.0	0.7		650	24 050	
20.5	13.4	7.1			466 934	81 700
0.02	0.02			760	228	
0.7	0.2	0.5		800	74 480	
				400	2 000	
1.6	0.4	1.2		450	36 495	
2.5	0.2	2.3		680	85 340	
1.2		1.2		460	43 424	
1.8	1.8			1 750	99 750	
0.2	0.04	0.2		540	12 960	
8.1	2.7	5.4			354 677	

2-9 2002 年各地区分种类

地 区	牧草种类	年末种草保留面积			
		合计	人工种草	改良种草	飞播种草
山 东	紫花苜蓿	82.0	82.0		
	多年生黑麦草	2.0	2.0		
小 计		84.0	84.0		
河 南	紫花苜蓿	116.0	116.0		
	三叶草	4.0	3.7	0.3	
	多年生黑麦草	5.9	5.9		
	沙打旺	23.0	18.0	5.0	
	羊草	0.9	0.9		
	其它多年生牧草	5.8	5.8		
小 计		155.4	150.1	5.3	
湖 北	紫花苜蓿	19.0	19.0		
	多年生黑麦草	25.1	25.1		
	三叶草	31.4	31.4		
	沙打旺	0.1	0.1		
	鸭茅	15.2	15.2		
	无芒雀麦	2.0	2.0		
	羊草	1.0	1.0		
	象草(王草)	6.9	6.9		
	菊苣	0.2	0.2		
	杂交酸模	2.7	2.7		
	紫花苜蓿	19.0	19.0		
	白三叶草	17.5	17.5		
小 计		139.9	139.9		
湖 南	串叶松香草	0.2	0.2		
	狗尾草(多年生)	0.4	0.4		
	多年生黑麦草	166.2	12.7	97.5	56.0
	三叶草	0.3	0.3		

多年生牧草生产情况(续)

单位:万亩、公斤/亩、吨

当年新增种草面积				平均产量	总产量	青贮量
合计	人工种草	改良种草	飞播种草			
31.0	31.0			1 000	820 000	
				1 200	24 000	
31.0	31.0				844 000	
11.5	11.5			1 000	1 159 000	
2.0	2.0			500	19 750	
3.2	3.2			900	52 650	
3.0	3.0			600	137 400	
0.5	0.5			500	4 500	
3.6	3.6			800	40 000	
23.8	23.8				1 413 300	
4.4	4.4			800	151 840	
9.3	9.3			600	150 600	
15.4	15.4			800	250 960	
3.4	3.4			450	68 535	
				480	9 600	
				400	4 000	
2.1	2.1			2 900	198 650	
0.1	0.1			1 500	2 250	
0.7	0.7					
4.4	4.4			800	151 840	
4.8	4.8			800	139 600	
44.5	44.5				1 127 875	
0.2	0.2			2 400	4 800	
0.4	0.4			765	3 060	
6.8	1.7	1.1	4.0	915	1 520 730	
0.3	0.3			576	1 728	100

2-9 2002 年各地区分种类

地 区	牧草种类	年末种草保留面积			
		合计	人工种草	改良种草	飞播种草
	象草(王草)	1.3	1.3		
	狼尾草(多年生)	11.0	2.8	8.2	
	鸭茅	8.4		8.4	
	其它多年生牧草	14.2	1.7	12.5	
小 计		202.0	19.4	126.6	56.0
广 东	柱花草	19.3	6.3		13.0
	其它多年生牧草	3.0	3.0		
	象草(王草)	11.7	11.7		
小 计		34.0	21.0		13.0
广 西	三叶草	2.1		2.1	
	多年生黑麦草	9.3		9.3	
	柱花草	16.4	0.3	16.1	
	象草(王草)	32.6	32.6		
	狗尾草(多年生)	4.4	0.3	4.1	
	任豆树	47.4		47.4	
	银合欢	17.9		17.9	
	其它多年生牧草	15.5	15.5		
小 计		145.4	48.6	96.9	
重 庆	紫花苜蓿	8.3	8.3		
	三叶草	54.7	25.9	28.8	
	多年生黑麦草	41.6	30.5	11.1	
	鸭茅	7.7	4.9	2.8	
	苇状羊茅	11.4	8.1	3.3	
	牛鞭草	1.0	1.0		
	聚合草	0.4	0.4		
小 计		125.1	79.1	46.0	
四 川	三叶草	5.8	5.8		

多年生牧草生产情况(续)

单位:万亩、公斤/亩、吨

当年新增种草面积				平均产量	总产量	青贮量
合计	人工种草	改良种草	飞播种草			
1.0	1.0			2 882	37 466	1 400
1.5	1.5			1 000	110 000	5 000
				945	78 908	
0.9	0.9			700	99 400	2 500
11.1	6.0	1.1	4.0		1 856 092	9 000
5.1	5.1			1 200	231 600	
2.0	2.0			1 900	57 000	
5.0	5.0			2 100	245 700	
12.1	12.1				534 300	
0.2		0.2		970	26 190	
2.8		2.8		725	67 425	
0.9	0.1	0.8		680	111 520	
6.8	6.8			2 480	807 240	
1.5		1.5		720	2 520	
8.8		8.8		525	248 850	
0.8		0.8		600	107 340	
2.4	2.4			580	89 668	
24.1	9.3	14.9			1 460 753	
4.9	4.9			900	74 880	
27.5	13.3	14.2		600	328 320	
16.9	14.5	2.4		800	332 800	
2.7	1.8	0.9		700	54 110	
4.5	4.4	0.1		750	85 275	
0.8	0.8					
0.4	0.4			350	1 400	
57.7	40.0	17.6			876 785	
0.5	0.5			715	41 470	1 242

2－9 2002年各地区分种类

地区	牧草种类	年末种草保留面积			
		合计	人工种草	改良种草	飞播种草
	多年生黑麦草	8.0	8.0		
	紫花苜蓿	8.8	8.8		
	鸭茅	6.0	6.0		
	老芒麦	40.3	40.3		
	披碱草	41.0	41.0		
	红豆草	8.1	8.1		
	苇状羊茅	4.3	4.3		
	其它多年生牧草	12.5	12.5		
小计		134.8	134.8		
贵州	紫花苜蓿	4.0	4.0		
	三叶草	50.5	50.5		
	多年生黑麦草	140.0	75.0	50.0	15.0
	鸭茅	1.0	1.0		
	菊苣	0.3	0.3		
	木豆	0.2	0.2		
	其它多年生牧草	14.0	14.0		
小计		210.0	145.0	50.0	15.0
云南	鸭茅	348.3	283.7	39.1	25.5
小计		348.3	283.7	39.1	25.5
西藏	紫花苜蓿	60.0	60.0		
	披碱草	28.3	28.3		
小计		88.3	88.3		
陕西	紫花苜蓿	442.0	442.0		
	三叶草	19.0	19.0		
	多年生黑麦草	32.0	32.0		

多年生牧草生产情况(续)

单位:万亩、公斤/亩、吨

当年新增种草面积				平均产量	总产量	青贮量
合计	人工种草	改良种草	飞播种草			
1.8	1.8			1 100	88 000	85
0.6	0.6			988	86 944	85
0.6	0.6			752	45 120	45
1.6	1.6			420	169 260	143
1.5	1.5			432	177 120	140
1.5	1.5			510	41 310	41
0.4	0.4			856	36 808	36
1.3	1.3			830	103 750	2
9.8	9.8				789 782	1 819
1.0	1.0					
10.2	10.2					
21.0	16.0	5.0				
0.2	0.2					
0.1	0.1					
6.5	6.5					
39.0	34.0	5.0				
39.4	33.3	6.1		307	1 069 281	
39.4	33.3	6.1			1 069 281	
5.0	5.0			1 200	720 000	
2.0	2.0			700	198 100	
7.0	7.0				918 100	
108.0	108.0					
9.0	9.0					
5.0	5.0					

2-9 2002年各地区分种类

地 区	牧草种类	年末种草保留面积			
		合计	人工种草	改良种草	飞播种草
	沙打旺	402.0	402.0		
	柠条	200.0	200.0		
	其它多年生牧草	77.0	77.0		
小 计		1 172.0	1 172.0		
甘 肃	其它多年生牧草	371.8		371.8	
	紫花苜蓿	705.9	700.7		5.2
	多年生黑麦草	41.6	41.6		
	三叶草	144.2	144.2		
	猫尾草	29.3	29.3		
	沙打旺	473.1	38.5	385.2	49.4
	柠条	39.0	39.0		
	老芒麦	548.1	63.1	485.0	
	无芒雀麦	215.9	37.3	178.6	
	披碱草	783.5	73.9	709.6	
	羊草	16.7	16.7		
	红豆草	75.3	70.6		4.7
	沙蒿	1 531.8	38.9	1 456.7	36.2
	冰草	22.4	22.4		
	聚合草	25.3	25.3		
	杂交酸模	13.5	13.5		
	菊苣	0.4	0.4		
小 计		5 037.8	1 355.4	3 587.0	95.5
青 海	其它多年生牧草	211.7	187.9		23.8
小 计		211.7	187.9		23.8
宁 夏	紫花苜蓿	236.6	236.6		

多年生牧草生产情况(续)

单位:万亩、公斤/亩、吨

当年新增种草面积				平均产量	总产量	青贮量
合计	人工种草	改良种草	飞播种草			
255.0	255.0					
46.0	46.0					
51.0	51.0					
474.0	474.0					
39.5		39.5				
187.8	183.1		4.8	443	3 127 181	
0.1	0.1			960	399 360	
				678	977 676	
				300	87 900	
255.8	1.5	247.8	6.5	670	3 170 038	
0.3	0.3			120	46 800	
110.7		110.7		325	1 781 325	
61.3	0.3	61.0		300	647 700	
290.5	1.1	289.4		340	2 663 866	
				220	36 740	
10.4	10.4			640	481 856	
144.8		141.5	3.3	232	3 553 753	
0.1	0.1			237	53 088	
				420	106 260	
0.1	0.1			325	43 875	
0.1	0.1			526	2 104	
1 101.6	197.1	890.0	14.6		17 179 522	
73.1	71.1		2.0			
73.1	71.1		2.0			
77.2	77.2			500	1 183 000	

2-9 2002年各地区分种类

地 区	牧草种类	年末种草保留面积			
		合计	人工种草	改良种草	飞播种草
	沙打旺	4.9	4.9		
	红豆草	7.2	7.2		
	杂交酸模	0.3	0.3		
	其它多年生牧草	3.4	3.4		
小 计		252.5	252.5		
新 疆	沙蒿	363.4			363.4
	无芒雀麦	1 639.0		1 639.0	
	紫花苜蓿	718.0	718.0		
	鸭茅	4.0	4.0		
	红豆草	50.0	50.0		
	其它多年生牧草	28.0	28.0		
小 计		2 802.4	800.0	1 639.0	363.4
全 国		24 966.0	12 944.0	10 448.0	1 573.0

多年生牧草生产情况(续)

单位:万亩、公斤/亩、吨

当年新增种草面积				平均产量	总产量	青贮量
合计	人工种草	改良种草	飞播种草			
1.0	1.0			600	29 520	
1.2	1.2			600	43 200	
0.1	0.1			1 000	3 200	
0.6	0.6			500	17 200	
80.1	80.1				1 276 120	
18.0			18.0	60	218 040	
303.0		303.0		60	983 400	
70.0	70.0			450	3 231 000	
2.0	2.0			300	12 000	
20.0	20.0			350	175 000	
18.0	18.0			300	84 000	
431.0	110.0	303.0	18.0		4 703 440	
5 458.0	2 969.0	2 265.0	223.0		60 906 369	92 519

2-10 2003年各地区分种类

地区	牧草种类	年末种草保留面积			
		合计	人工种草	改良种草	飞播种草
天 津	紫花苜蓿	5.9	5.4	0.5	
小 计		5.9	5.4	0.5	
河 北	紫花苜蓿	387.7	200.0	130.0	57.7
	三叶草	0.3	0.3		
	多年生黑麦草	0.4	0.4		
	沙打旺	49.8	20.0	20.0	9.8
	柠条	25.6	15.3	10.3	
	老芒麦	354.5	200.0	154.5	
	无芒雀麦	12.3	6.3	6.0	
	披碱草	70.5	40.5	30.0	
	羊草	4.2	2.2	2.0	
	沙蒿	7.3	5.3	2.0	
	冰草	9.5	6.5	3.0	
	其它多年生牧草	150.9	100.9	50.0	
	胡枝子	3.0	3.0		
小 计		1 076.0	600.7	407.8	67.5
山 西	紫花苜蓿	408.0	249.0	159.0	
	沙打旺	54.4	33.2	21.2	
	柠条	59.8	36.5	23.3	
	其它多年生牧草	21.8	13.3	8.5	
小 计		544.0	332.0	212.0	
内蒙古	紫花苜蓿	1 708.5	713.4	900.1	94.9
	沙打旺	2 963.1	648.5	1 992.0	322.6
	柠条	3 171.4	1 442.0	1 500.6	228.8
	老芒麦	49.7	49.7		
	无芒雀麦	19.4	19.4		
	披碱草	128.8	128.8		
	羊草	48.3	48.3		
	羊柴	128.3	128.3		

多年生牧草生产情况

单位：万亩、公斤/亩、吨

当年新增种草面积				平均产量	总产量	青贮量
合计	人工种草	改良种草	飞播种草			
0.5		0.5				
0.5		0.5				
116.7	60.0	50.0	6.7	1 000	3 877 000	
0.3	0.3			300	900	
0.2	0.2			680	2 720	
15.4	5.0	5.0	5.4	500	249 000	
12.2	8.2	4.0		600	153 600	
19.6	10.0	9.6		280	992 600	
2.9	1.9	1.0		500	61 500	
15.9	10.9	5.0		260	183 300	
0.2	0.2			450	18 900	
1.4	1.4			700	51 100	
5.9	3.9	2.0		450	42 750	
1.9	1.9			500	754 500	
0.5	0.5			600	18 000	
193.1	104.4	76.6	12.1		6 405 870	
75.0	5.3	69.8				
10.0	0.7	9.3				
11.0	0.8	10.2				
4.0	0.3	3.7				
100.0	7.0	93.0				
499.0	389.3	87.7	22.1	300	2 695 440	
759.0	318.4	395.7	45.0	300	3 489 150	
963.8	460.2	448.6	55.0	180	5 337 684	
9.9	9.9			180	89 460	
7.8	7.8			200	38 740	
29.3	29.3			185	238 280	
11.3	11.3			200	96 520	
15.8	15.8			140	179 550	

2-10 2003 年各地区分种类

地 区	牧草种类	年末种草保留面积			
		合计	人工种草	改良种草	飞播种草
	沙蒿	368.6	199.0		169.6
	冰草	25.6	25.6		
	其它多年生牧草	2 458.0	2 257.8	132.6	67.6
小 计		11 069.4	5 660.7	4 525.2	883.5
辽 宁	紫花苜蓿	153.5	153.5		
	沙打旺	61.4	61.4		
	菊苣	3.5	3.5		
	杂交酸模	4.5	4.5		
	串叶松香草	1.2	1.2		
	其它多年生牧草	32.3	32.3		
小 计		256.4	256.4		
吉 林	三叶草	3.9	3.9		
	胡枝子	9.7	9.7		
	碱茅	21.2	21.2		
	其它多年生牧草	0.5	0.5		
	披碱草	0.3	0.3		
	紫花苜蓿	38.7	38.7		
	沙打旺	6.9	6.9		
	多年生黑麦草	2.0	2.0		
	羊草	727.0	727.0		
	猫尾草	6.1	6.1		
	野豌豆				
小 计		816.3	816.3		
黑龙江	紫花苜蓿	74.0	74.0		
	羊草	750.0	299.0	369.0	82.0
	碱茅	60.0	5.0	55.0	
	其它多年生牧草	220.0	92.0	128.0	
小 计		1 104.0	470.0	552.0	82.0

多年生牧草生产情况(续)

单位:万亩、公斤/亩、吨

当年新增种草面积				平均产量	总产量	青贮量
合计	人工种草	改良种草	飞播种草			
50.5	23.0		27.5	200	377 200	
3.4	3.4			160	40 928	
364.9	306.6	43.2	15.1	100	2 396 960	
2 714.8	1 575.0	975.1	164.7		14 979 912	
90.5	90.5			500	767 500	
7.3	7.3			250	153 450	
1.7	1.7			2 000	70 000	
0.4	0.4			800	36 000	
1.2	1.2			1 500	18 000	
2.2	2.2			250	80 750	
103.3	103.3				1 125 700	
				300	11 700	
1.0	1.0			180	17 460	
8.4	8.4			200	42 400	
				200	1 000	
				200	600	
12.1	12.1			500	193 500	
0.5	0.5			300	20 700	
				300	6 000	
69.3	69.3			150	1 090 500	
0.3	0.3			260	15 860	
91.6	91.6				1 399 720	
23.0	23.0			410	303 400	
155.0	35.0	120.0		153	638 010	
60.0	5.0	55.0		100	28 000	
34.0	5.0	29.0		170	374 000	
272.0	68.0	204.0			1 343 410	

2－10　2003 年各地区分种类

地　区	牧草种类	年末种草保留面积			
		合计	人工种草	改良种草	飞播种草
浙　江	紫花苜蓿	0.5	0.5		
	雀稗	1.6		1.6	
小　计		2.1	0.5	1.6	
安　徽	紫花苜蓿	24.1		24.1	
	三叶草	3.2		3.2	
	多年生黑麦草	26.1		26.1	
	菊苣	3.6	3.6		
	杂交酸模	0.1	0.1		
小　计		57.0	3.7	53.3	
福　建	多年生黑麦草	0.3	0.2	0.1	
	圆叶决明	3.7	3.5	0.2	
	狼尾草(多年生)	16.5	16.0	0.5	
小　计		20.5	19.7	0.8	
江　西	紫花苜蓿	0.2	0.2		
	三叶草	9.8	3.5	4.8	1.5
	多年生黑麦草	0.2	0.2		
	鸭茅	9.4	0.8	7.2	1.4
	象草(王草)	7.5	7.5		
	苇状羊茅	10.3	0.8	7.7	1.8
	雀稗	14.9	1.5	10.7	2.7
	其它多年生牧草	2.6	0.3	2.3	
小　计		54.9	14.8	32.7	7.4
山　东	紫花苜蓿	108.7	108.7		
小　计		108.7	108.7		
河　南	紫花苜蓿	140.9	140.9		
	三叶草	6.1	5.8	0.3	
	多年生黑麦草	6.8	6.8		
	沙打旺	21.2	18.2	3.0	
	羊草	1.0	1.0		

多年生牧草生产情况(续)

单位:万亩、公斤/亩、吨

当年新增种草面积				平均产量	总产量	青贮量
合计	人工种草	改良种草	飞播种草			
				1 500	7 500	
1.6		1.6		1 500	24 525	
1.6		1.6			32 025	
5.0	5.0			300	72 240	
1.1	1.1			300	9 450	
7.0		7.0		300	78 300	
1.4	1.4			2 000	71 640	
0.03	0.03			2 000	2 480	
14.5	7.5	7.0			234 110	
				250	750	
0.3	0.3			650	24 050	
3.2	3.0	0.2		2 460	405 900	101 475
3.5	3.3	0.2			430 700	101 475
0.1	0.1			800	1 600	6
0.8	0.1	0.7		760	74 176	
0.1	0.1			500	1 000	
0.6		0.6		620	58 466	
1.6	1.6			1 770	132 750	220
0.6	0.1	0.5		520	53 768	
0.5		0.5		460	68 310	
0.4	0.02	0.4		480	12 480	
4.6	2.0	2.6			402 550	226
37.6	37.6			1 000	1 087 000	
37.6	37.6				1 087 000	
30.9	30.9			1 000	1 408 000	
3.1	3.1			500	30 250	
1.9	1.9			900	60 750	
1.7	1.7			600	126 600	
0.3	0.3			500	5 200	

2-10 2003 年各地区分种类

地区	牧草种类	年末种草保留面积			
		合计	人工种草	改良种草	飞播种草
	其它多年生牧草	5.2	5.2		
小计		181.0	177.7	3.3	
湖北	菊苣	0.8	0.8		
	杂交酸模	2.3	2.3		
	紫花苜蓿	28.7	28.7		
	三叶草	57.3	57.3		
	多年生黑麦草	35.4	35.4		
	沙打旺	0.1	0.1		
	鸭茅	13.1	13.1		
	象草(王草)	9.5	9.5		
小计		147.1	147.1		
湖南	狗尾草(多年生)	0.4	0.4		
	三叶草	0.7	0.7		
	多年生黑麦草	170.1	13.5	100.6	56.0
	串叶松香草	1.0	1.0		
	象草(王草)	1.8	1.8		
	狼尾草(多年生)	13.2	4.5	8.7	
	鸭茅	8.4		8.4	
	其它多年生牧草	14.7	2.2	12.5	
小计		210.3	24.1	130.2	56.0
广东	柱花草	20.0	15.0		5.0
	其它多年生牧草	3.5	3.5		
	象草(王草)	9.7	9.7		
小计		33.2	28.2		5.0
广西	三叶草	2.1		2.1	
	柱花草	16.8	0.2	16.6	
	象草(王草)	43.3	43.3		

多年生牧草生产情况(续)

单位:万亩、公斤/亩、吨

当年新增种草面积				平均产量	总产量	青贮量
合计	人工种草	改良种草	飞播种草			
0.9	0.9			800	41 600	
38.8	38.8				1 672 400	
0.5	0.5			1 500	11 250	
1.0	1.0					
6.2	6.2			800	229 280	
15.8	15.8			1 600	916 960	
12.0	12.0			600	212 280	
2.2	2.2			450	59 040	
5.4	5.4			2 900	274 630	
43.1	43.1				1 703 440	
				745	2 980	
0.4	0.4			555	3 885	
6.7	1.7	5.0		962	1 636 362	
0.8	0.8			1 500	15 000	
0.8	0.8			2 882	51 876	2 000
2.2	1.7	0.5		1 000	132 000	10 000
				945	78 908	
1.4	0.9	0.5		700	102 900	3 000
12.3	6.3	6.0			2 023 911	15 000
10.0	10.0			1 150	230 000	
2.7	2.7			2 000	70 000	
5.5	5.5			2 300	222 640	
18.2	18.2				522 640	
0.7		0.7		970	20 370	
0.4	0.1	0.3		680	110 160	
10.8	10.8			2 480	1 073 840	

2-10　2003 年各地区分种类

地　区	牧草种类	年末种草保留面积			
		合计	人工种草	改良种草	飞播种草
	狗尾草(多年生)	4.4	0.2	4.2	
	任豆树	52.0		52.0	
	银合欢	18.7		18.7	
	其它多年生牧草	16.5	16.5		
	多年生黑麦草	10.2		10.2	
小　计		164.0	60.1	103.9	
重　庆	紫花苜蓿	9.3	9.3		
	三叶草	54.9	26.1	28.8	
	多年生黑麦草	39.2	28.1	11.1	
	鸭茅	9.8	6.7	3.1	
	苇状羊茅	13.4	9.6	3.8	
	牛鞭草	1.3	1.3		
	聚合草	0.7	0.7		
	菊苣	0.4	0.4		
小　计		129.0	82.2	46.8	
四　川	紫花苜蓿	20.2	20.2		
	三叶草	20.6	20.6		
	多年生黑麦草	12.8	12.8		
	鸭茅	6.5	6.5		
	老芒麦	45.0	45.0		
	披碱草	42.0	42.0		
	红豆草	9.5	9.5		
	苇状羊茅	7.0	7.0		
	其它多年生牧草	13.6	13.6		
小　计		177.2	177.2		
贵　州	紫花苜蓿	5.0	5.0		
	三叶草	60.0	60.0		

多年生牧草生产情况(续)

单位:万亩、公斤/亩、吨

当年新增种草面积				平均产量	总产量	青贮量
合计	人工种草	改良种草	飞播种草			
0.3		0.3		720	31 320	
4.6		4.6		580	301 600	
0.9		0.9		600	112 440	
1.0	1.0			580	95 468	
1.9		1.9		725	8 700	
20.5	11.9	8.7			1 753 898	
0.8	0.8			900	83 250	
0.2	0.2			650	356 850	
				700	274 400	
2.1	1.8	0.3		750	73 725	
2.0	1.5	0.5		750	100 125	
0.4	0.4			700	9 310	
0.3	0.3			400	2 680	
0.4	0.4			400	1 720	
6.2	5.4	0.8			902 060	
15.0	15.0			990	199 980	193
14.0	14.0			716	147 496	123
5.0	5.0			1 100	140 800	130
1.0	1.0			755	49 075	48
6.0	6.0			415	186 750	182
1.6	1.6			435	182 700	147
2.0	2.0			505	47 975	46
3.2	3.2			858	60 060	60
1.3	1.3			832	113 152	112
49.1	49.1				1 127 988	1 041
1.0	1.0					
10.0	10.0					

2-10 2003 年各地区分种类

地 区	牧草种类	年末种草保留面积			
		合计	人工种草	改良种草	飞播种草
	多年生黑麦草	130.0	60.0	55.0	15.0
	鸭茅	1.0	1.0		
	木豆	1.0	1.0		
	菊苣	1.0	1.0		
	其它多年生牧草	22.0	22.0		
小 计		220.0	150.0	55.0	15.0
云 南	鸭茅	392.4	304.6	62.4	25.5
小 计		392.4	304.6	62.4	25.5
西 藏	紫花苜蓿	3.0	3.0		
	披碱草	2.5	2.5		
小 计		5.5	5.5		
陕 西	紫花苜蓿	683.0	683.0		
	三叶草	33.0	33.0		
	多年生黑麦草	32.0	32.0		
	沙打旺	522.0	522.0		
	柠条	210.0	210.0		
	其它多年生牧草	7.0	7.0		
小 计		1 487.0	1 487.0		
甘 肃	多年生黑麦草	42.3	42.3		
	三叶草	144.7	144.7		
	柠条	41.0	41.0		
	红豆草	84.6	80.3		4.3
	聚合草	27.4	27.4		
	沙蒿	1 643.1	40.0	1 567.0	36.1
	猫尾草	29.3	29.3		
	杂交酸模	14.0	14.0		
	其它多年生牧草	407.7	8.2	399.5	
	紫花苜蓿	825.5	821.0		4.5
	沙打旺	544.5	42.8	451.1	50.6

多年生牧草生产情况(续)

单位:万亩、公斤/亩、吨

当年新增种草面积				平均产量	总产量	青贮量
合计	人工种草	改良种草	飞播种草			
10.0	5.0	5.0				
1.0	1.0					
1.0	1.0					
1.0	1.0					
8.0	8.0					
32.0	27.0	5.0				
44.1	20.8	23.3		308	1 209 556	
44.1	20.8	23.3		308	1 209 556	
				350	10 500	
				200	5 000	
					15 500	
91.0	91.0					
14.0	14.0					
130.0	130.0					
10.0	10.0					
245.0	245.0					
0.7	0.7			960	406 080	
0.5	0.5			678	981 066	
2.0	2.0			120	49 200	
9.7	9.7			640	541 696	
2.1	2.1			420	115 080	
118.4	1.1	117.3		232	3 811 922	
				300	87 900	
0.5	0.5			325	45 500	
34.0	1.7	32.3		220	896 940	
271.3	267.5		3.8	465	3 838 389	
253.1	4.3	248.8		670	3 648 150	

2-10 2003 年各地区分种类

地 区	牧草种类	年末种草保留面积			
		合计	人工种草	改良种草	飞播种草
	冰草	24.0	24.0		
	无芒雀麦	222.5	37.9	184.6	
	老芒麦	602.5	39.5	563.0	
	披碱草	908.9	77.0	831.9	
小 计		5 561.9	1 469.4	3 997.1	95.5
青 海	其它多年生牧草	315.3	293.7		21.6
小 计		315.3	293.7		21.6
宁 夏	紫花苜蓿	334.0	334.0		
	沙打旺	5.5	5.5		
	红豆草	8.0	8.0		
	杂交酸模	1.0	1.0		
	其它多年生牧草	3.6	3.6		
小 计		352.1	352.1		
新 疆	无芒雀麦	1 989.0		1 989.0	
	沙蒿	378.4			378.4
	紫花苜蓿	793.0	793.0		
	红豆草	53.0	53.0		
	冰草	4.0	4.0		
	其它多年生牧草	21.0	21.0		
小 计		3 238.4	871.0	1 989.0	378.4
全 国		27 730.0	13 919.0	12 174.0	1 637.0

多年生牧草生产情况(续)

单位:万亩、公斤/亩、吨

当年新增种草面积				平均产量	总产量	青贮量
合计	人工种草	改良种草	飞播种草			
1.6	1.6			237	56 880	
58.2	0.2	58.0		300	667 500	
107.8	1.6	106.2		325	1 958 125	
264.5	3.1	261.4		340	3 090 090	
1 124.4	296.6	824.0	3.8		20 194 518	
116.1	112.7		3.4			
116.1	112.7		3.4			
206.9	206.9			500	1 670 000	
0.5	0.5			600	32 760	
0.8	0.8			600	48 120	
0.7	0.7			800	8 240	
0.1	0.1			500	17 800	
209.1	209.1				1 776 920	
350.0		350.0		60	1 193 400	
15.0			15.0	60	227 040	
110.0	110.0			500	3 965 000	
3.3	3.3			350	185 500	
4.0	4.0			200	8 000	
17.3	17.3					
499.6	134.6	350.0	15.0		5 578 940	
5 995.0	3 218.0	2 578.0	199.0		65 922 768	117 742

2－11 2004 年各地区分种类

地 区	牧草种类	年末种草保留面积			
		合计	人工种草	改良种草	飞播种草
天 津	紫花苜蓿	5.9	4.9	1.0	
小 计		5.9	4.9	1.0	
河 北	紫花苜蓿	467.7	200.0	200.0	67.7
	多年生黑麦草	20.2	10.2	10.0	
	沙打旺	49.8	25.0	15.0	9.8
	柠条	25.3	25.3		
	老芒麦	154.5	154.5		
	无芒雀麦	13.9	13.9		
	披碱草	70.5	70.5		
	羊草	4.2	4.2		
	沙蒿	8.3	8.3		
	冰草	5.9	5.9		
	杂交酸模	0.6	0.6		
	碱茅	3.0	3.0		
	胡枝子	3.0	3.0		
	其它多年生牧草	390.2	210.2	180.0	
小 计		1 217.1	734.6	405.0	77.5
山 西	紫花苜蓿	371.7	259.2	112.5	
	沙打旺	49.6	34.6	15.0	
	柠条	54.5	38.0	16.5	
	其它多年生牧草	19.8	13.8	6.0	
小 计		495.6	345.6	150.0	
内蒙古	紫花苜蓿	1 526.2	801.6	607.9	116.8
	沙打旺	2 783.9	793.6	1 640.2	350.2
	柠条	2 765.6	1 591.8	913.0	260.7
	老芒麦	39.9	39.9		
	无芒雀麦	17.5	17.5		
	披碱草	105.2	105.2		

多年生牧草生产情况

单位：万亩、公斤/亩、吨

当年新增种草面积				平均产量	总产量	青贮量
合计	人工种草	改良种草	飞播种草			
0.9	0.4	0.5		900	53 100	
0.9	0.4	0.5			53 100	
72.9	40.0	30.0	2.9	1 000	4 677 000	
0.4	0.4			680	137 360	
10.4	5.0	5.0	0.4	500	249 000	
4.2	4.2			600	151 800	
13.6	13.6			280	432 600	
1.9	1.9			500	69 500	
10.9	10.9			260	183 300	
0.2	0.2			450	18 900	
1.4	1.4			100	8 300	
3.5	3.5			450	26 550	
0.4	0.4			1 500	9 000	
1.0	1.0			500	15 000	
0.5	0.5			600	18 000	
				500	1 951 000	
121.3	83.0	35.0	3.3		7 947 310	
58.2	17.0	41.3				
7.8	2.3	5.5				
8.5	2.5	6.1				
3.1	0.9	2.2				
77.6	22.6	55.0				
505.3	410.8	84.4	10.1	310	2 499 158	
689.7	308.5	348.7	32.5	330	8 147 469	
607.4	312.1	255.3	40.0	145	4 010 062	
14.2	14.2			200	79 780	
11.0	11.0			170	29 767	
32.0	32.0			165	173 580	

2-11 2004年各地区分种类

地 区	牧草种类	年末种草保留面积			
		合计	人工种草	改良种草	飞播种草
	羊草	33.1	33.1		
	沙蒿	389.5	201.0		188.5
	冰草	31.7	31.7		
	羊柴	125.3	125.3		
	其它多年生牧草	2 658.0	2 524.5	53.0	80.5
小 计		10 475.9	6 265.1	3 214.1	996.7
辽 宁	紫花苜蓿	152.0	152.0		
	沙打旺	55.7	55.7		
	菊苣	4.2	4.2		
	杂交酸模	4.5	4.5		
	串叶松香草	1.6	1.6		
	柠条	1.7	1.7		
	老芒麦	2.8	2.8		
	披碱草	2.1	2.1		
	红豆草	1.4	1.4		
	其它多年生牧草	27.1	27.1		
	羊草	3.2	3.2		
小 计		256.3	256.3		
吉 林	紫花苜蓿	48.9	48.9		
	三叶草	0.4	0.4		
	多年生黑麦草	2.0	2.0		
	无芒雀麦	8.1	8.1		
	披碱草	0.3	0.3		
	羊草	282.7	282.7		
	碱茅	4.8	4.8		
	猫尾草	8.0	8.0		
	胡枝子	9.1	9.1		
	野豌豆	5.7	5.7		
小 计		370.0	370.0		

多年生牧草生产情况（续）

单位：万亩、公斤/亩、吨

当年新增种草面积				平均产量	总产量	青贮量
合计	人工种草	改良种草	飞播种草			
9.0	9.0			220	72 820	
39.2	17.7		21.5	240	526 896	
6.4	6.4			150	47 550	
23.5	23.5			150	22 950	
299.0	269.5	21.2	8.4	100	2 658 000	
2 236.8	1 414.6	709.7	112.5		18 268 032	
35.7	35.7			500	759 900	
2.8	2.8			250	139 250	
0.7	0.7			2 000	84 000	
4.5	4.5			800	36 000	
0.4	0.4			1 500	24 000	
1.7	1.7			1 200	20 400	
2.8	2.8					
2.1	2.1					
1.4	1.4			700	9 800	
1.0	1.0			250	67 750	
3.2	3.2					
56.3	56.3				1 141 100	
26.5	26.5			500	244 500	
0.1	0.1			300	1 200	
				1 000	20 000	
0.5	0.5			700	56 700	
				200	600	
26.7	26.7			150	424 050	
3.3	3.3			200	9 600	
1.9	1.9			250	20 000	
				200	18 200	
				300	17 100	
59.0	59.0				811 950	

2-11 2004年各地区分种类

地 区	牧草种类	年末种草保留面积			
		合计	人工种草	改良种草	飞播种草
黑龙江	紫花苜蓿	64.0	64.0		
	无芒雀麦	2.0	2.0		
	羊草	780.0	267.0	431.0	82.0
	其它多年生牧草	214.0	86.0	128.0	
	冰草	3.0	3.0		
	碱茅	68.0	7.0	61.0	
小 计		1 131.0	429.0	620.0	82.0
江 苏	狼尾草（多年生）	8.8	8.8		
	象草（王草）	2.9	2.9		
	旗草	0.1	0.1		
	紫花苜蓿	0.3	0.3		
	多年生黑麦草	0.1	0.1		
	圆叶决明	1.8	1.8		
	平托花生	2.5	2.5		
	柱花草	0.4	0.4		
	串叶松香草	2.0	2.0		
小 计		18.9	18.9		
浙 江	紫花苜蓿	0.5	0.5		
小 计		0.5	0.5		
安 徽	紫花苜蓿	2.5	2.5		
	三叶草	5.8		5.8	
	多年生黑麦草	5.8		5.8	
	菊苣	2.4	2.4		
	杂交酸模	0.1	0.1		
小 计		16.5	4.9	11.6	
福 建	狼尾草（多年生）	28.2	20.0	8.2	
	圆叶决明	1.0	1.0		
	多年生黑麦草	0.2	0.2		
小 计		29.4	21.2	8.2	

多年生牧草生产情况（续）

单位：万亩、公斤/亩、吨

当年新增种草面积				平均产量	总产量	青贮量
合计	人工种草	改良种草	飞播种草			
12.0	12.0			405	259 200	
2.0	2.0			170	3 400	
154.0	54.0	100.0		158	1 232 400	
25.0	5.0	20.0		180	244 800	
3.0	3.0			160	4 800	
20.0	5.0	15.0		100	13 000	
216.0	81.0	135.0			1 757 600	
				3 000	264 000	
				3 000	87 000	
					351 000	
0.5	0.5					
0.5	0.5					
1.0	1.0			300	7 500	
1.5		1.5		200	11 520	
1.3		1.3		300	17 400	
0.3	0.3			2 000	47 400	
0.04	0.04					
4.2	1.4	2.8			83 820	
11.7	8.0	3.7		2 460	693 720	173 400
				650	6 500	
				250	500	
11.7	8.0	3.7			700 720	173 400

2-11 2004年各地区分种类

地区	牧草种类	年末种草保留面积			
		合计	人工种草	改良种草	飞播种草
江 西	紫花苜蓿	0.2	0.2		
	三叶草	23.6	3.5	13.6	6.5
	多年生黑麦草	0.3		0.3	
	鸭茅	17.5	0.5	10.3	6.7
	象草（王草）	16.4	13.0	3.4	
	雀稗	31.6	0.8	20.2	10.6
	苇状羊茅	34.8	0.6	21.6	12.6
	其它多年生牧草	5.4	0.4	2.4	2.6
小 计		129.8	19.0	71.8	39.0
山 东	紫花苜蓿	194.5	194.5		
	三叶草	19.7	19.7		
	鸭茅	0.3	0.3		
	串叶松香草	0.7	0.7		
	杂交酸模	0.5	0.5		
	菊苣	1.2	1.2		
	多年生黑麦草	8.5	8.5		
小 计		225.4	225.4		
河 南	紫花苜蓿	156.9	152.3	4.0	0.6
	三叶草	7.1	6.8	0.3	
	多年生黑麦草	4.7	4.7		
	沙打旺	18.5	17.5	1.0	
	羊草	0.8	0.8		
	其它多年生牧草	2.7	2.7		
小 计		190.5	184.6	5.3	0.6
湖 北	紫花苜蓿	15.3	15.3		
	三叶草	37.0	37.0		
	多年生黑麦草	23.4	23.4		
	沙打旺	0.1	0.1		

多年生牧草生产情况（续）

单位：万亩、公斤/亩、吨

当年新增种草面积				平均产量	总产量	青贮量
合计	人工种草	改良种草	飞播种草			
0.1	0.1			820	1 640	15
15.8	0.5	9.8	5.5	800	188 800	
0.3		0.3		430	1 290	
9.7		4.4	5.3	660	115 170	
7.6	4.2	3.4		1 850	303 955	210
18.2		10.2	8.0	680	214 880	
24.2		13.4	10.8	650	226 200	
3.9	0.1	1.2	2.6	480	25 920	
79.7	4.9	42.7	32.2		1 077 855	225
94.7	94.7			1 400	2 723 210	
19.7	19.7			200	39 400	
0.3	0.3			800	2 400	
0.7	0.7			2 800	19 880	
0.5	0.5			3 000	15 000	
1.2	1.2			2 600	31 200	
8.5	8.5			1 300	109 915	
125.6	125.6				2 941 005	
23.0	18.4	4.0	0.6	1 000	1 568 000	
2.0	2.0			1 200	84 000	
1.1	1.1			900	41 400	
1.4	1.4			600	110 400	
				500	4 000	
1.0	1.0			800	21 600	
28.5	23.9	4.0	0.6		1 829 400	
2.3	2.3			800	122 640	
6.4	6.4			800	295 600	
5.0	5.0			600	140 400	
				1 200	1 200	

2－11 2004 年各地区分种类

地 区	牧草种类	年末种草保留面积			
		合计	人工种草	改良种草	飞播种草
	鸭茅	11.3	11.3		
	象草（王草）	8.1	8.1		
	菊苣	0.8	0.8		
	杂交酸模	2.5	2.5		
小 计		98.4	98.4		
湖 南	狗尾草（多年生）	0.4	0.4		
	三叶草	0.9	0.9		
	多年生黑麦草	177.3	15.7	105.6	56.0
	串叶松香草	1.5	1.5		
	鸭茅	8.0		8.0	
	狼尾草（多年生）	14.2	5.5	8.7	
	其它多年生牧草	16.2	3.2	13.0	
	象草（王草）	2.4	2.4		
小 计		220.9	29.6	135.3	56.0
广 东	柱花草	17.7	10.7	3.1	3.9
	狼尾草（多年生）	3.9	3.9		
	其它多年生牧草	2.9	2.9		
	象草（王草）	7.4	7.4		
小 计		31.9	24.9	3.1	3.9
广 西	象草（王草）	42.0	42.0		
	多年生黑麦草	11.4		11.4	
	三叶草	2.1		2.1	
	狗尾草（多年生）	3.4	0.2	3.3	
	雀稗	1.0		1.0	
	柱花草	11.8	0.3	11.5	
	木豆	0.6	0.6		
	银合欢	11.4		11.4	
	任豆树	26.3		26.3	

多年生牧草生产情况（续）

单位：万亩、公斤/亩、吨

当年新增种草面积				平均产量	总产量	青贮量
合计	人工种草	改良种草	飞播种草			
1.1	1.1			450	50 625	
2.4	2.4			3 000	243 600	
0.5	0.5			1 500	11 250	
1.0	1.0					
18.5	18.5				865 315	
				800	3 200	
0.4	0.4			600	5 400	
8.4	1.9	6.5		925	1 640 025	
1.0	1.0			1 450	21 750	
				850	68 000	
1.7	1.7			1 200	170 400	6 000
1.9	1.4	0.5		755	122 310	3 200
0.9	0.9			3 000	72 000	2 300
14.3	7.3	7.0			2 103 085	11 500
7.0	2.1	3.1	1.8	1 200	204 000	
3.9	3.9			1 600	62 400	
2.3	2.3			2 000	58 000	
4.1	4.1			2 300	161 000	
17.3	12.4	3.1	1.8		485 400	
19.3	19.3			3 000	1 261 200	
1.2		1.2		650	73 450	
				450	9 450	
0.2		0.2		2 800	93 800	
0.3		0.3		2 000	19 600	
0.4	0.1	0.3		1 200	21 600	
0.4	0.4			1 100	6 600	
1.0		1.0		800	91 200	
2.9		2.9		700	184 380	

2-11 2004年各地区分种类

地 区	牧草种类	年末种草保留面积			
		合计	人工种草	改良种草	飞播种草
	罗顿豆	0.2	0.2		
	菊苣	2.3	2.3		
	其它多年生牧草	4.0	4.0		
小 计		116.6	49.6	67.0	
重 庆	紫花苜蓿	10.6	10.6		
	多年生黑麦草	31.8	23.5	8.3	
	三叶草	53.6	24.8	28.8	
	鸭茅	10.4	7.1	3.3	
	聚合草	1.0	1.0		
	菊苣	0.9	0.9		
	象草（王草）	0.8	0.8		
	苇状羊茅	9.0	5.7	3.4	
	牛鞭草	1.6	1.6		
	杂交酸模	0.2	0.2		
小 计		120.0	76.3	43.7	
四 川	紫花苜蓿	38.5	38.5		
	三叶草	38.5	38.5		
	多年生黑麦草	11.5	11.5		
	鸭茅	6.8	6.8		
	老芒麦	98.0	98.0		
	披碱草	90.0	90.0		
	红豆草	10.3	10.3		
	苇状羊茅	8.5	8.5		
	其它多年生牧草	14.5	14.5		
小 计		316.6	316.6		
贵 州	紫花苜蓿	12.0	12.0		
	三叶草	27.0	27.0		
	多年生黑麦草	135.0	60.0	60.0	15.0
	鸭茅	1.0	1.0		
	菊苣	5.0	5.0		

多年生牧草生产情况（续）

单位：万亩、公斤/亩、吨

当年新增种草面积				平均产量	总产量	青贮量
合计	人工种草	改良种草	飞播种草			
				700	1 400	
1.0	1.0			3 000	69 000	
0.6	0.6			1 000	39 000	
27.3	21.4	5.9			1 870 680	
1.4	1.4			900	95 760	
				700	222 600	
				650	348 660	
0.5	0.4	0.1		750	77 700	
0.3	0.3			400	4 040	
0.5	0.5			400	3 760	
0.8	0.8			1 200	9 600	
				700	63 210	
0.2	0.2			800	12 400	
				300	630	
3.8	3.7	0.1			838 360	
20.0	20.0			992	381 920	347
18.5	18.5			718	276 430	253
1.0	1.0			1 100	126 500	123
0.8	0.8			758	51 544	51
55.0	55.0			425	416 500	231
50.0	50.0			436	392 400	324
1.4	1.4			510	52 530	48
2.5	2.5			859	73 015	62
1.5	1.5			835	121 075	114
150.7	150.7				1 891 914	1 555
5.0	5.0					
5.5	0.5	5.0				
1.0	1.0					

2－11 2004 年各地区分种类

地 区	牧草种类	年末种草保留面积			
		合计	人工种草	改良种草	飞播种草
	牛鞭草	10.0	10.0		
	其它多年生牧草	27.0	27.0		
	木豆	1.0	1.0		
小 计		218.0	143.0	60.0	15.0
云 南	鸭茅	426.4	318.7	82.2	25.5
小 计		426.4	318.7	82.2	25.5
西 藏	冰草	0.2	0.2		
	紫花苜蓿	1.5	1.5		
	老芒麦	0.2	0.2		
	披碱草	9.0	9.0		
	沙打旺	0.4	0.4		
	多年生黑麦草	0.1	0.1		
小 计		11.4	11.4		
陕 西	紫花苜蓿	705.0	705.0		
	三叶草	320.0	320.0		
	多年生黑麦草	85.0	85.0		
	沙打旺	350.0	350.0		
	柠条	240.0	240.0		
	其它多年生牧草	25.0	25.0		
小 计		1 725.0	1 725.0		
甘 肃	紫花苜蓿	754.5	750.0		4.5
	三叶草	93.0	93.0		
	多年生黑麦草	49.0	49.0		
	沙打旺	584.6	47.0	486.0	51.6
	柠条	49.0	49.0		
	老芒麦	588.0	48.0	540.0	
	无芒雀麦	234.1	43.0	191.1	
	披碱草	960.0	93.0	867.0	
	红豆草	136.3	132.0		4.3
	沙蒿	1 698.1	48.0	1 613.0	37.1

多年生牧草生产情况（续）

单位：万亩、公斤/亩、吨

当年新增种草面积				平均产量	总产量	青贮量
合计	人工种草	改良种草	飞播种草			
2.0	2.0					
3.0	3.0					
16.5	11.5	5.0				
34.0	14.1	19.9		305	1 300 459	
34.0	14.1	19.9			1 300 459	
0.2	0.2			73	146	
1.0	1.0			1 047	15 698	
0.2	0.2			15	30	
2.8	2.8			220	19 800	
0.4	0.4			85	340	
0.1	0.1			600	600	
4.7	4.7				36 614	
40.0	40.0					
26.0	26.0					
5.0	5.0					
8.0	8.0					
7.0	7.0					
5.0	5.0					
91.0	91.0					
155.0	155.0			485	3 659 131	
3.0	3.0			670	623 100	
6.0	6.0			948	464 520	
249.7	4.2	244.0	1.5	661	3 864 206	
8.0	8.0			110	53 900	
123.0	8.5	114.5		320	1 881 600	
69.6	5.1	64.5		282	660 021	
292.5	16.0	276.5		328	3 148 800	
9.1	9.1			652	888 937	
136.9	8.0	127.5	1.4	210	3 565 947	

2－11 2004 年各地区分种类

地 区	牧草种类	年末种草保留面积			
		合计	人工种草	改良种草	飞播种草
	猫尾草	37.0	37.0		
	冰草	32.0	32.0		
	聚合草	33.0	33.0		
	杂交酸模	19.0	19.0		
	其它多年生牧草	537.0	117.0	420.0	
小 计		5 804.5	1 590.0	4 117.1	97.5
青 海	其它多年生牧草	342.8	329.0		13.7
小 计		342.8	329.0		13.7
宁 夏	柠条	80.0	80.0		
	紫花苜蓿	417.9	417.9		
	沙打旺	30.0	10.0		20.0
	红豆草	9.9	9.9		
	杂交酸模	1.5	1.5		
	其它多年生牧草	3.1	3.1		
小 计		542.4	522.4		20.0
新 疆	红豆草	53.0	53.0		
	其它多年生牧草	7.0	7.0		
	沙蒿	381.4			381.4
	无芒雀麦	1 998.0		1 998.0	
	紫花苜蓿	903.0	903.0		
小 计		3 342.4	963.0	1 998.0	381.4
全 国		27 880.0	15 078.0	10 993.0	1 809.0

多年生牧草生产情况（续）

单位：万亩、公斤/亩、吨

当年新增种草面积				平均产量	总产量	青贮量
合计	人工种草	改良种草	飞播种草			
7.7	7.7			290	107 300	
8.0	8.0			230	73 600	
5.6	5.6			400	132 000	
5.0	5.0			325	61 750	
90.0	3.0	87.0		310	1 664 700	
1 169.0	252.2	914.0	2.9		20 849 512	
44.2	44.2					
44.2	44.2					
10.0	10.0			75	60 000	
162.1	162.1			500	2 089 500	
24.5	4.5		20.0	600	179 820	
1.9	1.9			600	59 460	
0.5	0.5			800	11 840	
0.4	0.4					
199.4	179.4		20.0		2 400 620	
3.8	3.8			300	159 000	
2.3	2.3					
3.0			3.0	60	228 840	
893.0		893.0		60	1 198 800	
128.0	128.0			540	4 876 200	
1 030.1	134.1	893.0	3.0		6 462 840	
5 839.0	2 826.0	2 836.0	176.0		76 067 691	186 680

2-12 2005 年各地区分种类

地 区	牧草种类	年末种草保留面积			
		合计	人工种草	改良种草	飞播种草
天 津	紫花苜蓿	5.9	4.4	1.5	
小 计		5.9	4.4	1.5	
河 北	紫花苜蓿	470.3	200.0	200.0	70.3
	沙打旺	125.6	90.0	30.0	5.6
	多年生黑麦草	2.4	1.4	1.0	
	三叶草	0.7	0.7		
	柠条	12.0	11.0	1.0	
	老芒麦	48.3	28.3	20.0	
	无芒雀麦	26.9	16.9	10.0	
	披碱草	87.0	47.0	40.0	
	羊草	0.1	0.1		
	沙蒿	3.8	3.8		
	冰草	22.2	22.2		
	其它多年生牧草	595.0	330.0	250.0	15.0
小 计		1 394.3	751.4	552.0	90.9
山 西	紫花苜蓿	385.2	259.2	126.0	
	沙打旺	51.4	34.6	16.8	
	柠条	56.5	38.0	18.5	
	其它多年生牧草	20.5	13.8	6.7	
小 计		513.6	345.6	168.0	
内蒙古	羊柴	182.0	182.0		
	其它多年生牧草	1 432.6	1 296.9	68.7	67.0
	紫花苜蓿	1 465.2	652.1	682.6	130.5
	沙打旺	2 801.2	687.0	1 731.0	383.2
	柠条	2 916.1	1 640.4	984.3	291.4
	老芒麦	70.4	70.4		
	无芒雀麦	27.0	27.0		
	披碱草	110.0	110.0		
	羊草	41.7	41.7		

多年生牧草生产情况

单位：万亩、公斤/亩、吨

当年新增种草面积				平均产量	总产量	青贮量
合计	人工种草	改良种草	飞播种草			
1.0	0.5	0.5				
1.0	0.5	0.5				
117.8	70.0	40.0	7.8	1 000	4 703 000	
11.4	6.4	5.0		500	628 000	
				680	16 320	
				300	2 100	
0.2	0.2			600	72 000	
3.3	3.3			280	135 240	
1.6	1.6			500	134 500	
3.5	3.5			260	226 200	
				450	450	
0.1	0.1			100	3 800	
3.5	3.5			450	99 900	
				500	2 975 000	
141.4	88.6	45.0	7.8		8 996 510	
57.5	13.2	44.3				
7.7	1.8	5.9				
8.4	1.9	6.5				
3.1	0.7	2.4				
76.6	17.6	59.0				
57.2	57.2			160	19 200	
222.1	192.3	20.6	9.2	100	1 432 610	
416.7	315.3	85.1	16.2	340	4 583 710	
610.5	273.0	292.1	45.4	350	7 634 200	
582.9	310.2	221.4	51.4	180	4 777 380	
34.7	34.7			170	119 680	
10.7	10.7			160	43 200	
35.3	35.3			190	209 000	
8.9	8.9			170	7 990	

2－12 2005 年各地区分种类

地 区	牧草种类	年末种草保留面积			
		合计	人工种草	改良种草	飞播种草
	沙蒿	443.8	227.3		216.6
	冰草	20.4	20.4		
小 计		9 510.4	4 955.1	3 466.6	1 088.7
辽 宁	柠条	1.7	1.7		
	杂交酸模	4.5	4.5		
	其它多年生牧草	18.8	18.8		
	紫花苜蓿	161.3	161.3		
	沙打旺	56.7	56.7		
	菊苣	5.9	5.9		
	聚合草	5.1	5.1		
	串叶松香草	2.6	2.6		
	老芒麦	3.0	3.0		
	披碱草	2.3	2.3		
	羊草	3.2	3.2		
	红豆草	1.4	1.4		
小 计		266.4	266.4		
吉 林	紫花苜蓿	75.2	75.2		
	三叶草	0.5	0.5		
	多年生黑麦草	2.4	2.4		
	无芒雀麦	8.2	8.2		
	披碱草	0.3	0.3		
	羊草	309.2	309.2		
	碱茅	8.1	8.1		
	猫尾草	8.0	8.0		
	胡枝子	9.1	9.1		
	野豌豆	5.7	5.7		
小 计		426.7	426.7		
黑龙江	紫花苜蓿	74.0	74.0		
	无芒雀麦	2.0	2.0		

多年生牧草生产情况（续）

单位：万亩、公斤/亩、吨

当年新增种草面积				平均产量	总产量	青贮量
合计	人工种草	改良种草	飞播种草			
68.0	38.5		29.5	190	482 277	
4.4	4.4			145	29 580	
2 051.3	1 280.5	619.2	151.6		19 338 827	
				1 200	20 400	
				800	36 000	
1.5	1.5			250	47 075	
41.2	41.2			500	806 500	
7.0	7.0			250	141 750	
1.7	1.7			1 000	59 000	
0.6	0.6			800	40 880	
1.0	1.0			1 000	25 500	
0.2	0.2			500	14 900	
0.2	0.2					
0.2	0.2					
				700	9 800	
53.6	53.6				1 201 805	
26.3	26.3			500	376 000	
0.4	0.4			300	1 500	
0.4	0.4			1 000	24 000	
0.1	0.1			700	57 400	
				200	600	
26.5	26.5			150	463 800	
7.8	7.8			200	16 200	
				250	20 000	
				200	18 200	
				300	17 100	
61.5	61.5				994 800	
10.0	10.0			400	296 000	
				169	3 380	

2-12 2005年各地区分种类

地 区	牧草种类	年末种草保留面积			
		合计	人工种草	改良种草	飞播种草
	披碱草	3.0	3.0		
	羊草	980.0	333.0	565.0	82.0
	冰草	3.0	3.0		
	碱茅	72.0	11.0	61.0	
	其它多年生牧草	211.0	86.0	125.0	
小 计		1 345.0	512.0	751.0	82.0
江 苏	紫花苜蓿	11.2	11.2		
	三叶草	205.1	205.1		
	多年生黑麦草	1.2	1.2		
	沙打旺	1.3	1.3		
	菊苣	3.7	3.7		
	串叶松香草	1.4	1.4		
小 计		223.9	223.9		
浙 江	紫花苜蓿	0.5	0.5		
小 计		0.5	0.5		
安 徽	紫花苜蓿	3.5	3.5		
	三叶草	14.8		14.8	
	鸭茅	1.1		1.1	
	羊草	1.5		1.5	
	菊苣	3.7	3.7		
	杂交酸模	0.1	0.1		
小 计		24.7	7.3	17.4	
福 建	圆叶决明	0.5	0.5		
	狼尾草（多年生）	32.0	22.0	10.0	
小 计		32.5	22.5	10.0	
江 西	紫花苜蓿	0.2	0.2		
	三叶草	25.7	4.2	15.0	6.5
	鸭茅	17.8	0.6	10.5	6.7
	雀稗	34.0	2.4	21.0	10.6

多年生牧草生产情况（续）

单位：万亩、公斤/亩、吨

当年新增种草面积				平均产量	总产量	青贮量
合计	人工种草	改良种草	飞播种草			
3.0	3.0			190	5 700	
200.0	66.0	134.0		162	1 587 600	
				160	4 800	
5.0	5.0			100	17 000	
2.0	2.0			180	379 800	
220.0	86.0	134.0			2 294 280	
2.9	2.9			1 800	201 600	
0.8	0.8			1 000	2 051 000	
0.1	0.1			1 500	18 000	
0.8	0.8			3 000	111 000	
0.2	0.2					
4.8	4.8				2 381 600	
				1 500	7 500	
					7 500	
1.0	1.0			300	10 620	
9.5		9.5		300	44 370	
				300	3 300	
				300	4 620	
1.3	1.3			2 000	74 000	
				2 000	1 000	
11.9	2.4	9.5			137 910	
				650	3 250	
3.8	3.0	0.8		2 460	787 200	196 800
3.8	3.0	0.8			790 450	196 800
0.04	0.04			750	1 725	11
1.6	0.8	0.8		800	205 600	
0.8	0.3	0.5		660	117 480	
3.2	2.0	1.2		700	238 000	

2-12 2005年各地区分种类

地 区	牧草种类	年末种草保留面积			
		合计	人工种草	改良种草	飞播种草
	象草（王草）	18.9	15.5	3.4	
	苇状羊茅	35.3	0.5	22.2	12.6
	其它多年生牧草	5.7	0.4	2.7	2.6
小 计		137.6	23.8	74.8	39.0
山 东	紫花苜蓿	170.2	169.2		1.0
	三叶草	23.9	23.9		
	多年生黑麦草	6.5	6.5		
	串叶松香草	0.5	0.5		
	杂交酸模	0.7	0.7		
小 计		201.8	200.8		1.0
河 南	紫花苜蓿	157.6	150.0	6.0	1.6
	三叶草	9.1	8.9	0.3	
	多年生黑麦草	4.7	4.7		
	沙打旺	18.5	16.5	2.0	
	羊草	0.6	0.6		
	其它多年生牧草	3.5	3.5		
小 计		193.9	184.1	8.3	1.6
湖 北	紫花苜蓿	19.0	19.0		
	三叶草	73.7	73.7		
	多年生黑麦草	40.9	40.9		
	沙打旺	0.1	0.1		
	鸭茅	4.9	4.9		
	苇状羊茅	2.2	2.2		
	串叶松香草	0.8	0.8		
	菊苣	3.9	3.9		
	杂交酸模	3.6	3.6		
	象草（王草）	5.9	5.9		
	多花木兰	1.0	1.0		
	牛鞭草	0.6	0.6		
小 计		156.6	156.6		

多年生牧草生产情况（续）

单位：万亩、公斤/亩、吨

当年新增种草面积				平均产量	总产量	青贮量
合计	人工种草	改良种草	飞播种草			
2.9	2.8	0.1		1 780	336 420	600
0.8		0.8		560	197 680	
0.2	0.1	0.1		540	30 564	
9.6	6.0	3.5			1 127 469	611
28.0	27.0		1.0	1 000	1 702 300	
4.2	4.2			200	47 740	
0.5	0.5			1 300	84 760	
				2 750	13 750	
0.2	0.2			3 000	21 000	
32.9	31.9		1.0		1 869 550	
7.7	4.7	2.0	1.0	900	1 417 500	
2.3	2.3			500	45 650	
1.1	1.1			900	41 850	
3.0	2.0	1.0		600	110 700	
				500	3 200	
1.2	1.2			800	28 000	
15.3	11.3	3.0	1.0		1 646 900	
3.1	3.1			600	113 700	
2.3	2.3			1 380	1 016 508	
3.4	3.4			680	278 052	
0.5	0.5			800	39 280	
0.1	0.1			620	13 764	
0.1	0.1			800	6 720	
1.0	1.0			1 500	58 800	
0.5	0.5			1 200	43 560	
1.2	1.2			2 000	118 000	
0.7	0.7			1 000	10 000	
0.3	0.3			2 800	16 800	
13.0	13.0				1 715 184	

2－12 2005 年各地区分种类

地 区	牧草种类	年末种草保留面积			
		合计	人工种草	改良种草	飞播种草
湖 南	狗尾草（多年生）	0.4	0.4		
	三叶草	1.7	1.7		
	多年生黑麦草	192.2	26.0	110.2	56.0
	串叶松香草	2.9	2.9		
	象草（王草）	3.8	3.8		
	狼尾草（多年生）	16.6	7.6	9.0	
	其它多年生牧草	18.0	4.5	13.5	
	鸭茅	8.5	0.5	8.0	
小 计		244.0	47.4	140.7	56.0
广 东	柱花草	20.5	11.1	5.7	3.8
	狼尾草（多年生）	5.5	5.5		
	其它多年生牧草	3.4	3.4		
	象草（王草）	16.2	16.2		
小 计		45.6	36.2	5.7	3.8
广 西	象草（王草）	49.9	49.9		
	多年生黑麦草	12.5		12.5	
	三叶草	1.7		1.7	
	狗尾草（多年生）	2.3	0.2	2.1	
	雀稗	0.3	0.3		
	柱花草	11.3	11.3		
	木豆	0.2	0.2		
	银合欢	11.7		11.7	
	任豆树	25.6		25.6	
	杂交酸模	0.4	0.4		
	菊苣	0.9	0.9		
	罗顿豆	0.013	0.013		
	圆叶决明	1.0	1.0		
	其它多年生牧草	4.1	4.1		
小 计		122.1	68.4	53.7	

多年生牧草生产情况（续）

单位：万亩、公斤/亩、吨

当年新增种草面积				平均产量	总产量	青贮量
合计	人工种草	改良种草	飞播种草			
				785	3 140	
1.0	1.0			600	10 200	
12.2	2.2	10.0		845	1 624 090	
1.9	1.9			1 700	49 300	
1.8	1.8			3 000	114 000	3 000
3.1	2.8	0.3		1 120	185 360	6 500
2.4	1.9	0.5		765	137 700	3 500
0.5	0.5			900	76 050	
22.8	12.1	10.8			2 199 840	13 000
4.2	1.1	2.6	0.5	1 200	245 400	
2.1	2.1			1 800	99 000	
1.5	1.5			2 100	71 610	
9.8	9.8			2 300	372 140	
17.6	14.5	2.6	0.5		788 150	
18.4	18.4			2 500	1 247 250	
1.2		1.2		800	100 240	
0.1		0.1		400	6 800	
0.04		0.04		1 600	37 440	
0.1	0.1			900	2 745	
0.2	0.2			1 100	124 300	
0.1	0.1			1 200	2 868	
0.4		0.4		900	105 570	
0.3		0.3		800	204 640	
0.1	0.1			1 120	4 446	
				1 000	9 000	
0.01	0.01			450	59	
1.0	1.0			800	7 920	
0.2	0.2			1 000	41 360	
22.1	20.1	2.1			1 894 638	

2-12 2005年各地区分种类

地 区	牧草种类	年末种草保留面积			
		合计	人工种草	改良种草	飞播种草
重 庆	紫花苜蓿	11.4	11.4		
	三叶草	55.1	25.6	29.5	
	多年生黑麦草	22.4	18.5	3.9	
	苇状羊茅	10.2	6.9	3.4	
	鸭茅	11.0	7.7	3.3	
	菊苣	1.2	1.2		
	象草（王草）	1.0	1.0		
	聚合草	1.6	1.6		
	牛鞭草	2.8	2.8		
	杂交酸模	0.5	0.5		
	其它多年生牧草	0.3	0.3		
	狼尾草（多年生）	0.3	0.3		
小 计		117.8	77.8	40.0	
四 川	紫花苜蓿	42.3	42.3		
	三叶草	39.2	39.2		
	多年生黑麦草	22.5	22.5		
	鸭茅	10.2	10.2		
	老芒麦	150.0	150.0		
	披碱草	146.0	146.0		
	红豆草	10.5	10.5		
	苇状羊茅	10.5	10.5		
小 计		431.2	431.2		
贵 州	三叶草	15.5	15.5		
	紫花苜蓿	22.0	22.0		
	多年生黑麦草	82.0	17.0	65.0	
	鸭茅	5.2	5.2		
	菊苣	0.7	0.7		
	牛鞭草	2.3	2.3		
	其它多年生牧草	3.5	3.5		
小 计		131.2	66.2	65.0	

多年生牧草生产情况（续）

单位：万亩、公斤/亩、吨

当年新增种草面积				平均产量	总产量	青贮量
合计	人工种草	改良种草	飞播种草			
0.8	0.8			1 000	114 400	
1.5	0.8	0.7		700	385 700	
				700	156 800	
1.2	1.2			700	71 400	
0.6	0.6			700	76 720	
0.3	0.3			350	4 200	
0.2	0.2			1 200	12 000	
0.6	0.6			400	6 440	
1.2	1.2			800	22 000	
0.3	0.3			350	1 785	
0.3	0.3			500	1 600	
0.3	0.3			1 200	3 600	
7.3	6.6	0.7			856 645	
7.2	7.2			995	420 885	359
2.2	2.2			714	279 888	245
15.3	15.3			1 100	247 500	242
3.9	3.9			759	77 418	75
63.0	63.0			423	634 500	612
58.0	58.0			430	627 800	610
0.6	0.6			515	54 075	53
2.6	2.6			857	89 985	86
153.0	153.0				2 432 051	2 282
6.5	6.5					
7.9	7.9					
11.6	6.6	5.0				
2.5	2.5					
0.6	0.6					
1.3	1.3					
3.4	3.4					
33.8	28.8	5.0				

2-12 2005 年各地区分种类

地区	牧草种类	年末种草保留面积			
		合计	人工种草	改良种草	飞播种草
云南	鸭茅	454.4	334.2	94.7	25.5
小计		454.4	334.2	94.7	25.5
西藏	紫花苜蓿	0.1	0.1		
	多年生黑麦草	0.3	0.3		
	披碱草	2.4	2.4		
小计		2.8	2.8		
陕西	紫花苜蓿	549.1	549.1		
	三叶草	59.0	59.0		
	沙打旺	190.0	190.0		
	柠条	150.0	150.0		
	老芒麦	19.0	19.0		
	披碱草	8.0	8.0		
	多年生黑麦草	79.0	79.0		
小计		1 054.1	1 054.1		
甘肃	紫花苜蓿	774.5	770.0		4.5
	三叶草	95.0	95.0		
	多年生黑麦草	49.5	49.5		
	沙打旺	622.4	72.2	498.6	51.6
	柠条	87.0	87.0		
	其它多年生牧草	509.9	0.6	509.3	
	老芒麦	609.3	46.2	563.1	
	无芒雀麦	246.7	45.2	201.5	
	披碱草	1 051.0	94.0	957.0	
	羊草	3.1	3.1		
	红豆草	135.7	131.4		4.3
	沙蒿	1 729.1	76.0	1 613.0	40.1
	冰草	33.4	33.4		
	聚合草	34.1	34.1		
	猫尾草	38.2	38.2		
	碱茅				
	杂交酸模	19.8	19.8		
小计		6 038.7	1 595.7	4 342.5	100.5

多年生牧草生产情况（续）

单位：万亩、公斤/亩、吨

当年新增种草面积				平均产量	总产量	青贮量
合计	人工种草	改良种草	飞播种草			
28.1	15.6	12.5		308	1 398 766	
28.1	15.6	12.5			1 398 766	
0.1	0.1			250	250	
0.3	0.3			300	900	
0.7	0.7			200	4 800	
1.1	1.1				5 950	
30.0	30.0			680	3 733 880	
12.0	12.0					
7.0	7.0			1 500	2 850 000	
14.0	14.0			270	405 000	
19.0	19.0			370	70 300	
8.0	8.0			560	44 800	
10.0	10.0			850	671 500	
100.0	100.0				7 775 480	
20.0	20.0			500	3 872 300	
15.0	15.0			700	665 000	
1.5	1.5			1 000	495 000	
306.2	53.2	250.0	3.0	180	1 120 266	
86.0	86.0			175	152 250	
186.9	0.6	186.3		100	509 920	
113.5	8.5	105.0		300	1 827 930	
98.2	9.2	89.0		470	1 159 490	
276.0	9.0	267.0		543	5 706 930	
1.0	1.0			250	7 750	
19.4	19.4			400	542 960	
140.0	12.0	128.0		380	6 570 466	
1.3	1.3			200	66 800	
1.1	1.1			380	129 580	
1.2	1.2			600	229 200	
				230		
0.8	0.8			1 900	376 200	
1 268.0	239.8	1 025.3	3.0		23 432 042	

2-12 2005 年各地区分种类

地区	牧草种类	年末种草保留面积			
		合计	人工种草	改良种草	飞播种草
青 海	其它多年生牧草	324.0	316.3		7.7
小 计		324.0	316.3		7.7
宁 夏	紫花苜蓿	473.8	473.8		
	沙打旺	21.7	1.7		20.0
	红豆草	6.1	6.1		
	沙蒿	4.0	4.0		
	柠条	100.0	100.0		
	其它多年生牧草	2.8	2.8		
小 计		608.4	588.4		20.0
新 疆	紫花苜蓿	241.9	241.9		
	多年生黑麦草	1.3	1.3		
	沙打旺	0.7	0.7		
	鸭茅	1.9	1.9		
	无芒雀麦	1 532.2	2.2	1 530.0	
	披碱草	0.1	0.1		
	羊草	2.1	2.1		
	红豆草	18.3	18.3		
	其它多年生牧草	17.5	17.5		
	猫尾草	1.9	1.9		
	三叶草	0.4	0.4		
	老芒麦	1.1	1.1		
	沙蒿	402.4			402.4
小 计		2 221.8	289.4	1 530.0	402.4
全 国		26 230.0	12 989.0	11 322.0	1 919.0

多年生牧草生产情况（续）

单位：万亩、公斤/亩、吨

当年新增种草面积				平均产量	总产量	青贮量
合计	人工种草	改良种草	飞播种草			
39.1	37.1		2.0			
39.1	37.1		2.0			
66.8	66.8			500	2 369 000	
0.6	0.6			400	86 800	
0.4	0.4			350	21 350	
0.3	0.3			200	8 000	
6.9	6.9			100	100 000	
0.3	0.3			100	2 800	
75.3	75.3				2 587 950	
160.1	160.1			555	1 341 819	
1.2	1.2			200	2 600	
0.7	0.7			350	2 450	
				200	3 800	
225.2	0.2	225.0		277	4 239 597	
0.1	0.1			275	275	
0.4	0.4					
1.8	1.8			577	105 536	
13.8	13.8					
1.6	1.6			260	4 940	
21.0			21.0	60	241 440	
425.9	179.9	225.0	21.0		5 942 458	
4 891.0	2 544.0	2 158.0	188.0		91 816 755	212 693

三、一年生牧草生产情况

2-13 全国一年生牧草生产情况

单位：万亩、吨

年份	当年新增种草面积	总产量	青贮量
2001	3 407.0	25 730 787	12 190 987
2002	4 439.0	34 634 847	22 418 820
2003	5 359.0	44 496 601	31 214 800
2004	5 809.0	46 735 688	35 521 711
2005	6 017.0	48 527 766	46 337 104

2-14　2001年各地区分种类一年生牧草生产情况

单位：万亩、公斤/亩、吨

地　区	牧草种类	当年新增种草面积	平均产量	总产量	青贮量
河　北	青饲、青贮玉米	53.0	620	328 600	
	小黑麦	3.0	800	24 000	
	籽粒苋	0.2	800	1 600	
	大麦	15.0	800	120 000	
	箭筈豌豆	4.5	800	36 000	
	冬牧70黑麦	11.0	900	99 000	
	青莜麦	96.0	625	600 000	
	燕麦	4.1	750	30 750	
	御谷	7.0	800	56 000	
	草木樨	4.5	800	36 000	
	其它一年生牧草	95.0	1 200	1 140 000	
小　计		293.3		2 471 950	
山　西	苏丹草	2.8			
	青饲、青贮玉米	23.8			
	其它一年生牧草	1.4			
小　计		28.0			
内蒙古	苏丹草	32.9	700	229 950	
	籽粒苋	1.2	700	8 400	
	毛苕子（非绿肥）	7.3	450	32 850	
	箭筈豌豆	8.5	260	22 100	
	燕麦	36.2	360	130 320	
	草谷子	79.8	450	359 100	
	草木樨	235.4	500	1 177 000	
	青饲、青贮玉米	217.3	900	1 955 340	6 140 874
	其它一年生牧草	33.9	500	169 300	
小　计		652.4		4 084 360	6 140 874
辽　宁	籽粒苋	1.9	870	16 182	
	稗	1.4	1 500	20 700	

2-14 2001年各地区分种类一年生牧草生产情况（续）

单位：万亩、公斤/亩、吨

地 区	牧草种类	当年新增种草面积	平均产量	总产量	青贮量
	苏丹草	1.1	1 500	15 750	
小 计		4.3		52 632	
吉 林	青饲、青贮玉米	41.0	1 000	410 000	53 300
	一年生黑麦草	0.2	500	1 000	
	籽粒苋	2.8	500	14 000	
	冬牧 70 黑麦	0.2	200	400	
	燕麦	0.2	200	400	
	苦荬菜	0.1	200	200	
小 计		44.5		426 000	53 300
黑龙江	青饲、青贮玉米	108.5	1 123	1 218 455	3 000 000
	籽粒苋	6.0	950	57 000	
小 计		114.5		1 275 455	3 000 000
浙 江	青饲、青贮玉米	2.5	1 800	45 000	100 000
	苏丹草	0.4	1 000	3 900	
	一年生黑麦草	32.5	800	260 000	40 000
	墨西哥类玉米	8.0	1 800	144 000	
	苦荬菜	1.0	400	4 000	
小 计		44.4	5 800	456 900	140 000
安 徽	青饲、青贮高粱	8.6	1 500	129 450	
	苏丹草	1.4	1 500	21 150	
	一年生黑麦草	7.6	800	60 520	
	籽粒苋		500	100	
	紫云英（非绿肥）		500		
	大麦	12.5	600	74 880	
	箭筈豌豆	1.1	600	6 600	
	冬牧 70 黑麦	5.6	800	44 480	
	墨西哥类玉米	0.3	1 500	4 350	
	狼尾草（一年生）	3.5	1 500	52 500	
	其它一年生牧草	0.5	500	2 700	

2-14 2001年各地区分种类一年生牧草生产情况（续）

单位：万亩、公斤/亩、吨

地 区	牧草种类	当年新增种草面积	平均产量	总产量	青贮量
小 计		41.1		396 730	
福 建	青饲、青贮玉米	4.6	500	23 000	5 800
	一年生黑麦草	4.9	500	24 500	
	紫云英（非绿肥）	4.5	150	6 750	
	大麦	18.0	225	40 500	
	印度豇豆	1.6	160	2 560	
小 计		33.6		97 310	5 800
江 西	青饲、青贮玉米	25.5	1 200	306 000	1 500
	高粱苏丹草杂交种	0.3	1 200	3 600	
	苏丹草	17.0	1 000	170 000	
	一年生黑麦草	90.0	1 000	900 000	
	籽粒苋		680	68	
	墨西哥类玉米	0.5	1 400	7 000	
	紫云英（非绿肥）	2.5	600	15 000	
	苦荬菜	0.2	900	1 800	
小 计		136.0		1 403 468	1 500
山 东	青饲、青贮玉米	1.0	1 500	15 000	
	苏丹草	2.0	1 500	30 000	
	籽粒苋	3.0	1 400	42 000	
	冬牧70黑麦	68.0	800	544 000	
	墨西哥类玉米	14.0	1 800	252 000	
小 计		88.0		883 000	
河 南	青饲、青贮玉米	2.3	1 500	34 500	103 500
	苏丹草	2.0	1 000	20 000	60 000
	一年生黑麦草	0.2	850	1 700	
	籽粒苋	0.5	1 100	5 500	
	紫云英（非绿肥）	0.6	1 000	6 000	
	毛苕子（非绿肥）	0.5	800	4 000	
	大麦	6.0	800	48 000	

2-14 2001年各地区分种类一年生牧草生产情况（续）

单位：万亩、公斤/亩、吨

地 区	牧草种类	当年新增种草面积	平均产量	总产量	青贮量
	冬牧70黑麦	16.0	1 200	192 000	
	墨西哥类玉米	4.2	1 500	63 000	189 000
小 计		32.3		374 700	352 500
湖 北	青饲、青贮玉米	23.9	1 100	263 340	
	苏丹草	26.4	400	105 520	
	一年生黑麦草	20.3	800	162 160	
	籽粒苋	5.3	750	39 975	
	紫云英（非绿肥）	37.5	800	300 160	
	毛苕子（非绿肥）	13.4	700	93 590	
	大麦	6.2	600	36 900	
	箭筈豌豆	1.2			
	冬牧70黑麦	18.3	500	91 450	
	燕麦	6.4			
	墨西哥类玉米	7.5	1 000	75 100	
小 计		166.3		1 168 195	
湖 南	冬牧70黑麦	5.2	835	43 420	
	一年生黑麦草	9.5	775	73 625	
	其它一年生牧草	0.5	650	3 250	
小 计		15.2		120 295	
广 东	一年生黑麦草	23.3	720	167 904	
	苏丹草	1.3	850	11 050	
	其它一年生牧草	2.1	1 000	21 000	
	墨西哥类玉米	2.3	1 250	28 500	
小 计		29.0		228 454	
广 西	青饲、青贮玉米	0.8	1 400	11 200	
	苏丹草	0.6	1 370	8 220	
	墨西哥类玉米	1.6	1 800	28 080	
小 计		3.0		47 500	
重 庆	苏丹草	0.3	800	2 400	

2-14 2001年各地区分种类一年生牧草生产情况（续）

单位：万亩、公斤/亩、吨

地 区	牧草种类	当年新增种草面积	平均产量	总产量	青贮量
	多花黑麦草	13.3	1 000	133 000	
	籽粒苋	0.2	400	800	
	墨西哥类玉米	0.5	900	4 500	
	冬牧70黑麦	2.2	800	17 600	
	大麦	1.1	750	8 250	
	紫云英（非绿肥）	1.9	400	7 600	
	毛苕子（非绿肥）	0.5	400	2 000	
	青饲、青贮玉米	0.3	900	2 700	
小 计		20.3		178 850	
四 川	多花黑麦草	275.0	1 342	3 690 500	369 000
	高粱苏丹草杂交种	46.4	1 318	611 936	3 100
	毛苕子（非绿肥）	87.6	450	394 174	205
	青饲、青贮玉米	21.0	1 800	378 000	189 120
	苦荬菜	36.7	706	259 352	58
	籽粒苋	16.7	1 100	183 399	
	紫云英（非绿肥）	31.7	535	169 399	520
	燕麦	36.9	870	321 038	4 820
	其它一年生牧草	134.0	800	1 072 187	21 440
小 计		686.0		7 079 985	588 263
贵 州	青饲、青贮玉米	5.0			
	苏丹草	5.0			
	一年生黑麦草	10.0			
	籽粒苋	5.0			
	紫云英（非绿肥）	25.0			
	毛苕子（非绿肥）	45.0			
	大麦	10.5			
	箭筈豌豆	11.0			
	冬牧70黑麦	5.0			

2-14 2001年各地区分种类一年生牧草生产情况（续）

单位：万亩、公斤/亩、吨

地区	牧草种类	当年新增种草面积	平均产量	总产量	青贮量
	燕麦	3.0			
	小黑麦	0.5			
小计		125.0			
云南	一年生黑麦草	19.0	1 094	207 894	
	毛苕子（非绿肥）	64.0	657	420 627	
小计		83.0		628 521	
西藏	青饲、青贮玉米	0.3	625	1 875	
	箭筈豌豆	0.5	500	2 500	
	燕麦	0.2	690	1 380	
小计		1.0		5 755	
陕西	青饲、青贮玉米	5.0			
	苏丹草	2.0			
	一年生黑麦草	5.0			
	籽粒苋	1.0			
	毛苕子（非绿肥）	3.0			
	冬牧70黑麦	2.0			
	苦荬菜	1.0			
	其它一年生牧草	18.0			
小计		120.0		628 521	
甘肃	青饲、青贮玉米	70.0	650	455 000	1 908 750
	籽粒苋	1.6			
	毛苕子（非绿肥）	22.3			
	大麦	0.4			
	箭筈豌豆	27.7			
	燕麦	54.6			
	冬牧70黑麦	0.1			
	一年生黑麦草	0.1			
	青饲、青贮高粱	12.5			
	草谷子	24.0			

2-14　2001年各地区分种类一年生牧草生产情况（续）

单位：万亩、公斤/亩、吨

地　区	牧草种类	当年新增种草面积	平均产量	总产量	青贮量
	饲用青稞	3.0			
	饲用块根块茎作物	0.9			
	其它一年生牧草	30.0			
小　计		247.2		455 000	1 908 750
青　海	其它一年生牧草	92.3	165	152 265	
小　计		92.3		152 265	
宁　夏	墨西哥类玉米	6.4	1 800	114 300	
	青饲、青贮高粱	7.4	800	59 200	
	稗	2.7	1 200	32 400	
	其它一年生牧草	1.9	700	13 300	
	草谷子	23.1	800	184 800	
	苏丹草	3.3	1 600	52 800	
	多花黑麦草	0.2	1 000	2 000	
	高粱苏丹草杂交种	23.1	1 400	323 400	
小　计		68.1		782 200	
新　疆	青饲、青贮玉米	250.0	1 000	2 500 000	
	苏丹草	10.0	700	70 000	
	大麦	6.0	400	24 000	
	箭筈豌豆	2.0	300	6 000	
	燕麦	2.0	350	7 000	
	草木樨	10.0	400	40 000	
小　计		280.0		2 647 000	
全　国		3 407.0		25 730 787	12 190 987

2-15 2002年各地区分种类一年生牧草生产情况

单位：万亩、公斤/亩、吨

地 区	牧草种类	当年新增种草面积	平均产量	总产量	青贮量
河 北	青饲、青贮玉米	66.0	620	409 200	
	小黑麦	3.7	800	29 600	
	籽粒苋	0.3	800	2 400	
	大麦	17.0	800	136 000	
	箭筈豌豆	5.2	800	41 600	
	冬牧70黑麦	14.0	900	126 000	
	燕麦	5.3	750	39 750	
	青莜麦	36.0	620	223 200	
	御谷	3.6	800	28 800	
	草木樨	5.4	800	43 200	
	其它一年生牧草	60.0	1 200	720 000	
小 计		216.5		1 799 750	
山 西	苏丹草	2.8			
	青饲、青贮玉米	23.8			
	其它一年生牧草	1.4			
小 计		28.0			
内蒙古	苏丹草	29.1	550	160 160	
	籽粒苋	0.3	900	2 430	
	毛苕子（非绿肥）	5.2	425	22 100	
	箭筈豌豆	8.6	280	24 080	
	燕麦	20.6	450	92 610	
	草谷子	68.5	430	294 421	
	草木樨	286.5	480	1 375 200	
	青饲、青贮玉米	459.8	900	4 137 750	12 994 880
	其它一年生牧草	21.3	450	95 670	
小 计		899.8		6 204 421	12 994 880
辽 宁	稗	1.5	1 500	22 500	
	苏丹草	0.4	1 500	5 250	
	籽粒苋	1.7	870	14 790	
小 计		3.6		42 540	

2－15　2002年各地区分种类一年生牧草生产情况（续）

单位：万亩、公斤/亩、吨

地　区	牧草种类	当年新增种草面积	平均产量	总产量	青贮量
吉　林	青饲、青贮玉米	145.0	1 000	1 450 000	1 885 000
	一年生黑麦草	0.1	500	500	
	籽粒苋	3.1	500	15 500	
	冬牧70黑麦	1.2	200	2 400	
	苦荬菜	0.7	200	1 400	
	稗	0.4	200	800	
	高粱苏丹草杂交种	0.1	400	400	
小　计		150.6		1 471 000	1 885 000
黑龙江	青饲、青贮玉米	156.1	1 080	1 685 880	4 400 000
	籽粒苋	3.5	960	33 600	
小　计		159.6		1 719 480	4 400 000
江　苏	青饲、青贮玉米	14.5	3 000	435 000	
	高粱苏丹草杂交种	12.8	2 100	268 800	
	多花黑麦草	66.8	2 400	1 603 200	
	籽粒苋	0.2			
	紫云英（非绿肥）	0.5			
	毛苕子（非绿肥）	0.2			
	冬牧70黑麦	14.0	1 600	224 000	
	墨西哥类玉米	17.0	3 000	510 000	
	苦荬菜	0.9			
	狼尾草（一年生）	7.8			
小　计		134.7		3 041 000	
浙　江	青饲、青贮玉米	3.0	1 500	45 000	120 000
	苏丹草	0.4	1 000	3 900	
	一年生黑麦草	35.0	800	280 000	40 000
	墨西哥类玉米	11.0	1 800	198 000	
	狼尾草（一年生）	1.0	2 000	20 000	
	紫云英（非绿肥）	12.0	500	60 000	10 000
小　计		62.4		606 900	170 000
安　徽	青饲、青贮玉米	7.3	1 500	110 100	

2-15 2002年各地区分种类一年生牧草生产情况（续）

单位：万亩、公斤/亩、吨

地区	牧草种类	当年新增种草面积	平均产量	总产量	青贮量
	苏丹草	2.8	1 500	42 450	
	一年生黑麦草	48.8	500	243 815	
	籽粒苋	0.0	500	235	
	紫云英（非绿肥）	0.0	500		
	大麦	1.7	600	9 900	
	箭筈豌豆	1.2	600	7 200	
	冬牧70黑麦	8.2	800	65 440	
	墨西哥类玉米	1.3	1 500	19 845	
	苦荬菜	7.0	500	35 000	
	狼尾草（一年生）	0.4	1 500	6 000	
	其它一年生牧草	1.0	500	4 800	
小　计		79.7		544 785	
福　建	青饲、青贮玉米	7.4	500	37 000	9 300
	一年生黑麦草	5.5	500	27 500	
	紫云英（非绿肥）	4.6	150	6 900	
	印度豇豆	1.7	160	2 720	
	大麦	14.0	225	31 500	
小　计		33.2		105 620	9 300
江　西	青饲、青贮玉米	27.0	1 500	405 000	1 600
	苏丹草	19.0	1 000	190 000	
	一年生黑麦草	106.0	1 000	1 060 000	50
	墨西哥类玉米	0.7	1 400	9 800	
	高粱苏丹草杂交种	0.4	1 200	4 800	
	其它一年生牧草	3.1	850	26 350	
	紫云英（非绿肥）	2.3	600	13 800	
小　计		158.5		1 709 750	1 650
山　东	青饲、青贮玉米	1.0	1 500	15 000	
	苏丹草	1.5	1 500	22 500	
	籽粒苋	2.0	1 400	28 000	
	冬牧70黑麦	55.0	800	440 000	
	墨西哥类玉米	8.5	1 800	153 000	
小　计		68.0		658 500	

2-15　2002年各地区分种类一年生牧草生产情况（续）

单位：万亩、公斤/亩、吨

地　区	牧草种类	当年新增种草面积	平均产量	总产量	青贮量
河　南	青饲、青贮玉米	4.6	1 500	69 000	207 000
	苏丹草	1.1	1 000	11 000	
	一年生黑麦草	0.7	850	5 950	
	籽粒苋	0.3	1 100	3 300	
	大麦	4.8	800	38 400	
	冬牧70黑麦	32.5	1 200	390 000	
	墨西哥类玉米	6.3	1 500	94 500	
小　计		50.3		612 150	207 000
湖　北	苏丹草	17.6	400	70 440	
	青饲、青贮玉米	37.8	1 100	415 800	
	一年生黑麦草	37.0	800	296 320	
	籽粒苋	4.8	750	36 150	
	紫云英（非绿肥）	44.6	800	356 880	
	毛苕子（非绿肥）	18.5	700	129 150	
	大麦	2.7	600	15 900	
	箭筈豌豆	3.6			
	冬牧70黑麦	20.4	500	102 100	
	墨西哥类玉米	6.3	1 000	62 500	
小　计		193.2		1 485 240	
湖　南	苏丹草	1.0	768	7 680	500
	冬牧70黑麦	5.8	900	52 200	
	一年生黑麦草	10.3	815	83 945	
	其它一年生牧草	1.0	675	6 750	
小　计		18.1		150 575	500
广　东	一年生黑麦草	25.5	720	183 600	
	冬牧70黑麦	1.0	600	6 000	
	苏丹草	2.0	850	17 000	
	墨西哥类玉米	2.5	1 250	31 250	
	高粱苏丹草杂交种	1.5	1 200	18 000	
	其它一年生牧草	0.5	1 000	5 000	

2-15 2002年各地区分种类一年生牧草生产情况（续）

单位：万亩、公斤/亩、吨

地　区	牧草种类	当年新增种草面积	平均产量	总产量	青贮量
	青饲、青贮玉米	0.4	1 360	5 440	
	苏丹草	0.1	1 280	1 280	
	墨西哥类玉米	1.9	1 800	33 300	
小　计		35.4		300 870	
重　庆	青饲、青贮玉米	0.7	900	6 300	
	苏丹草	0.5	900	4 500	
	多花黑麦草	13.0	1 000	130 000	
	籽粒苋	0.3	400	1 200	
	紫云英（非绿肥）	2.3	300	6 900	
	毛苕子（非绿肥）	0.5	400	2 000	
	大麦	1.0	700	7 000	
	冬牧70黑麦	2.8	800	22 400	
	墨西哥类玉米	0.5	900	4 500	
小　计		21.6		184 800	
四　川	多花黑麦草	310.0	1 355	4 200 500	421 000
	高粱苏丹草杂交种	61.6	1 331	819 896	4 250
	毛苕子（非绿肥）	116.2	455	528 801	280
	青饲、青贮玉米	30.3	1 818	551 036	276 550
	苦荬菜	48.8	713	347 659	65
	籽粒苋	22.1	1 111	245 642	
	紫云英（非绿肥）	42.0	540	226 908	550
	箭筈豌豆	18.5	455	84 312	15
	燕麦	48.9	879	430 007	6 500
	其它一年生牧草	104.5	820	856 982	1 780
小　计		803.0	9 477	8 291 742	710 990
贵　州	一年生黑麦草	15.0			
	苏丹草	5.0			
	籽粒苋	5.0			
	青饲、青贮玉米	5.5			
	紫云英（非绿肥）	25.0			

2－15　2002年各地区分种类一年生牧草生产情况（续）

单位：万亩、公斤/亩、吨

地　区	牧草种类	当年新增种草面积	平均产量	总产量	青贮量
	毛苕子（非绿肥）	50.0			
	大麦	10.5			
	箭筈豌豆	11.0			
	冬牧70黑麦	5.0			
	燕麦	3.0			
	小黑麦	0.5			
小　计		135.5			
云　南	一年生黑麦草	5.0	1 087	54 364	
	毛苕子（非绿肥）	305.0	655	1 998 513	
	大麦	10.0	471	47 058	
小　计		320.0		2 099 934	
西　藏	箭筈豌豆	20.0	690	138 000	
小　计		20.0		138 000	
陕　西	草木樨	78.0			
	青饲、青贮玉米	7.0			
	苏丹草	2.0			
	一年生黑麦草	3.0			
	籽粒苋	1.0			
	毛苕子（非绿肥）	3.0			
	冬牧70黑麦	2.0			
	苦荬菜	1.0			
	其它一年生牧草	18.0			
小　计		115.0			
甘　肃	青饲、青贮玉米	17.9			2 039 500
	苏丹草	0.8			
	籽粒苋	1.8			
	毛苕子（非绿肥）	31.8			
	大麦	0.4			
	箭筈豌豆	36.4			
	燕麦	42.9			

2-15 2002年各地区分种类一年生牧草生产情况（续）

单位：万亩、公斤/亩、吨

地 区	牧草种类	当年新增种草面积	平均产量	总产量	青贮量
	冬牧70黑麦	2.0			
	一年生黑麦草	0.2			
	青饲、青贮高粱	20.2			
	饲用青稞	3.2			
	草谷子	9.3			
	饲用块根块茎作物	0.6			
	其它一年生牧草	37.0			
小 计		204.5			2 039 500
青 海	其它一年生牧草	112.5	155	174 313	
小 计		112.5		174 313	
宁 夏	稗	2.4	1 200	28 200	
	草谷子	16.7	800	133 280	
	高粱苏丹草杂交种	23.1	1 000	231 300	
	苏丹草	2.5	1 600	40 320	
	墨西哥类玉米	7.5	1 800	134 820	
	其它一年生牧草	6.7	600	40 200	
	燕麦	40.3	400	161 200	
小 计		248.6		943 633	
新 疆	青饲、青贮玉米	220.0	1 050	2 310 000	
	苏丹草	12.0	750	90 000	
	大麦	6.0	400	24 000	
	箭筈豌豆	2.0	300	6 000	
	燕麦	2.0	350	7 000	
小 计		242.0		2 437 000	
全 国		4 439		34 634 847	22 418 820

2-16 2003年各地区分种类一年生牧草生产情况

单位：万亩、公斤/亩、吨

地 区	牧草种类	当年新增种草面积	平均产量	总产量	青贮量
天 津	小黑麦	0.1	1 100	1 100	1 100
小 计		0.1	1 100	1 100	1 100
河 北	冬牧70黑麦	3.3	900	29 700	
	燕麦	18.0	750	135 000	
	箭筈豌豆	4.0	800	32 000	
	青饲、青贮玉米	185.6	625	1 160 000	
	籽粒苋	0.2	800	1 600	
	青莜麦	35.4	625	221 250	
	草谷子	8.0	625	50 000	
	墨西哥类玉米	95.3	625	595 625	
	苏丹草	0.1	1 000	1 000	
小 计		349.9		2 226 175	
山 西	苏丹草	2.5			
	青饲、青贮玉米	21.3			
	其它一年生牧草	1.3			
小 计		25.0	25		
内蒙古	苏丹草	33.4	580	193 720	
	籽粒苋	1.7	880	14 960	
	毛苕子（非绿肥）	5.1	400	20 400	
	箭筈豌豆	16.7	260	43 420	
	草谷子	90.3	450	406 350	
	燕麦	28.6	400	114 400	
	草木樨	351.8	550	1 934 900	
	青饲、青贮玉米	648.3	980	6 352 948	18 323 130
	其它一年生牧草	38.6	480	185 232	
小 计		1 214.5		9 266 330	18 323 130
辽 宁	苏丹草	1.6	1 500	23 400	
	稗	0.5	1 500	6 750	

2-16 2003年各地区分种类一年生牧草生产情况（续）

单位：万亩、公斤/亩、吨

地区	牧草种类	当年新增种草面积	平均产量	总产量	青贮量
	籽粒苋	2.5	870	21 837	
小计		4.5		51 987	
吉林	青饲、青贮玉米	375.3	1 000	3 753 000	4 878 900
	一年生黑麦草	3.5	500	17 500	
	籽粒苋	3.5	500	17 500	
	燕麦	3.0	200	6 000	
	苦荬菜	0.2	200	400	
	高粱苏丹草杂交种	0.2	400	800	
小计		385.7		3 795 200	4 878 900
黑龙江	青饲、青贮玉米	206.0	1 110	2 286 600	4 900 000
	籽粒苋	2.0	940	18 800	
小计		208.0		2 305 400	4 900 000
浙江	一年生黑麦草	34.0	800	272 000	40 000
	紫云英（非绿肥）	12.0	500	60 000	15 000
	墨西哥类玉米	5.0	1 800	90 000	
	狼尾草（一年生）	1.0	2 000	20 000	
	苦荬菜	1.0	400	4 000	
	青饲、青贮玉米	2.0	1 800	36 000	80 000
	苏丹草	0.5	1 000	5 000	
小计		55.5		487 000	135 000
安徽	青饲、青贮玉米	12.5	1 500	188 100	
	苏丹草	7.8	1 500	117 450	
	一年生黑麦草	56.9	800	454 880	
	籽粒苋	0.1	500	280	
	紫云英（非绿肥）		500		
	大麦	1.8	600	10 500	
	箭筈豌豆	1.2	600	7 260	
	冬牧70黑麦	9.8	800	78 640	

2－16　2003年各地区分种类一年生牧草生产情况（续）

单位：万亩、公斤/亩、吨

地　区	牧草种类	当年新增种草面积	平均产量	总产量	青贮量
	墨西哥类玉米	1.2	1 500	18 450	
	苦荬菜	7.0	500	35 000	
	狼尾草（一年生）	0.8	1 500	12 000	
	其它一年生牧草	0.9	500	4 300	
小　计		100.0		926 860	
福　建	一年生黑麦草	9.4	500	47 000	
	大麦	12.1	225	27 225	
	紫云英（非绿肥）	4.1	150	6 150	
	印度豇豆	2.3	160	3 680	
	青饲、青贮玉米	12.2	500	61 000	15 220
小　计		40.1		145 055	15 220
江　西	青饲、青贮玉米	31.0	1 450	449 500	1 500
	苏丹草	19.0	850	161 500	
	一年生黑麦草	105.8	1 000	1 058 000	50
	墨西哥类玉米	0.9	1 300	11 700	
	高粱苏丹草杂交种	1.4	1 200	16 800	
	其它一年生牧草	5.1	880	44 880	
	狼尾草（一年生）	0.3	1 100	3 300	
	苦荬菜	0.3	900	2 700	
	紫云英（非绿肥）	1.6	620	9 920	
小　计		165.4		1 758 300	1 550
山　东	籽粒苋	2.0	1 400	28 000	
	冬牧70黑麦	62.0	800	496 000	
	墨西哥类玉米	12.3	1 800	221 400	
	苏丹草	1.3	1 500	19 500	
	青饲、青贮玉米	21.0	1 500	315 000	
小　计		98.6		1 079 900	
河　南	青饲、青贮玉米	2.7	1 600	43 200	121 500

2-16 2003年各地区分种类一年生牧草生产情况（续）

单位：万亩、公斤/亩、吨

地区	牧草种类	当年新增种草面积	平均产量	总产量	青贮量
	苏丹草	0.9	1 000	9 000	
	一年生黑麦草	0.5	850	4 250	
	籽粒苋	0.3	1 100	3 300	
	大麦	3.5	800	28 000	
	冬牧70黑麦	40.0	1 200	480 000	
	墨西哥类玉米	5.8	1 500	87 000	
小计		53.7		654 750	121 500
湖北	青饲、青贮高粱	42.2	1 100	464 640	
	苏丹草	46.7	400	186 720	
	一年生黑麦草	39.8	800	318 160	
	籽粒苋	5.3	700	37 240	
	紫云英（非绿肥）	52.0	800	416 320	
	毛苕子（非绿肥）	19.8	700	138 250	
	大麦	2.6	600	15 780	
	箭筈豌豆	3.7			
	冬牧70黑麦	20.9	500	104 350	
	墨西哥类玉米	8.4	1 000	83 500	
小计		241.3		1 764 960	
湖南	冬牧70黑麦	6.4	820	52 480	
	苏丹草	1.7	900	15 300	
	高粱苏丹草杂交种	1.0	1 200	12 000	
	一年生黑麦草	11.5	810	93 150	
	其它一年生牧草	2.0	680	13 600	
小计		22.6		186 530	
广东	多花黑麦草	30.1	720	216 864	
	高粱苏丹草杂交种	2.7	1 200	32 400	
	墨西哥类玉米	2.1	1 250	26 250	
	其它一年生牧草	1.9	1 000	19 000	
小计		36.8		294 514	

2-16　2003年各地区分种类一年生牧草生产情况（续）

单位：万亩、公斤/亩、吨

地　区	牧草种类	当年新增种草面积	平均产量	总产量	青贮量
广　西	墨西哥类玉米	2.1	1 800	36 900	
	一年生黑麦草	13.1	1 420	186 020	
	冬牧70黑麦	0.1	1 320	1 320	
小　计		15.3		224 240	
重　庆	青饲、青贮玉米	0.2	900	1 800	
	苏丹草	0.3	900	2 700	
	多花黑麦草	13.3	1 000	133 000	
	籽粒苋	0.1	450	450	
	紫云英（非绿肥）	1.5	400	6 000	
	大麦	0.8	750	6 000	
	墨西哥类玉米	0.1	900	900	
小　计		16.3		150 850	
四　川	多花黑麦草	349.0	1 369	4 777 810	470 000
	高粱苏丹草杂交种	61.1	1 344	821 050	4 380
	毛苕子（非绿肥）	115.2	459	528 814	293
	青饲、青贮玉米	31.4	1 836	575 953	288 550
	苦荬菜	48.3	720	347 688	79
	籽粒苋	21.9	1 122	246 055	
	紫云英（非绿肥）	41.6	546	227 245	620
	箭筈豌豆	18.4	459	84 548	18
	燕麦	48.5	887	430 284	6 460
	其它一年生牧草	172.6	825	1 423 620	29 400
小　计		908.0		9 463 066	799 800
贵　州	苏丹草	5.0			
	一年生黑麦草	25.0			
	籽粒苋	4.0			
	紫云英（非绿肥）	30.0			
	毛苕子（非绿肥）	45.0			

2-16　2003年各地区分种类一年生牧草生产情况（续）

单位：万亩、公斤/亩、吨

地　区	牧草种类	当年新增种草面积	平均产量	总产量	青贮量
	大麦	15.0			
	箭筈豌豆	14.0			
	冬牧70黑麦	9.0			
	燕麦	6.0			
	小黑麦	2.0			
小　计		155.0			
云　南	一年生黑麦草	17.0	1 109	188 544	
	毛苕子（非绿肥）	320.0	705	2 256 800	
	大麦	13.0	481	62 582	
	墨西哥类玉米	13.9	3 000	417 000	
小　计		363.9		2 924 926	
陕　西	青饲、青贮玉米	7.0			
	苏丹草	2.0			
	一年生黑麦草	3.0			
	草木樨	78.0			
	其它一年生牧草	12.0			
小　计		102.0			
甘　肃	箭筈豌豆	31.3			
	青饲、青贮玉米	79.7			2 038 600
	籽粒苋	1.6			
	青饲、青贮高粱	13.6			
	草谷子	14.0			
	苏丹草	14.0			
	冬牧70黑麦	1.1			
	饲用青稞	2.2			
	饲用块根块茎作物	0.2			
	一年生黑麦草				
	燕麦	65.6			

2-16　2003年各地区分种类一年生牧草生产情况（续）

单位：万亩、公斤/亩、吨

地　区	牧草种类	当年新增种草面积	平均产量	总产量	青贮量
	大麦	3.4			
	毛苕子（非绿肥）	14.3			
小　计		241.1			2 038 600
青　海	其它一年生牧草	102.6	135	138 559	
小　计		102.6		138 559	
宁　夏	冬牧70黑麦	6.9	1 000	69 000	
	燕麦	30.0	1 000	300 000	
	高梁苏丹草杂交种	30.9	1 100	339 900	
	墨西哥类玉米	58.9	1 200	706 800	
	苏丹草	3.4	1 000	34 000	
	草谷子	53.0	800	424 000	
	稗	1.8	800	14 400	
	其它一年生牧草	13.5	600	81 000	
小　计		198.4		1 969 100	
新　疆	青饲、青贮玉米	226.0	2 000	4 520 000	
	苏丹草	10.0	700	70 000	
	燕麦	2.0	350	7 000	
	草木樨	14.0	400	56 000	
	其它一年生牧草	2.4	1 200	28 800	
小　计		254.4		4 681 800	
全　国		5 358.7		44 496 601	31 214 800

2-17 2004年各地区分种类一年生牧草生产情况

单位：万亩、公斤/亩、吨

地 区	牧草种类	当年新增种草面积	平均产量	总产量	青贮量
天 津	小黑麦	0.1	1 100	1 100	1 100
小 计		0.1		1 100	1 100
河 北	其它一年生牧草	170.0	1 200	2 040 000	
	青饲、青贮玉米	243.8	625	1 523 750	
	籽粒苋	0.2	800	1 600	
	苏丹草	0.1	1 000	1 000	
	箭筈豌豆	4.0	800	32 000	
	冬牧70黑麦	3.3	900	29 700	
	燕麦	18.0	750	135 000	
	墨西哥类玉米	0.3	625	1 875	
	青莜麦	20.4	650	132 600	
	草谷子	8.0	625	50 000	
小 计		468.1		3 947 525	
山 西	苏丹草	4.9			
	青饲、青贮玉米	42.0			
	其它一年生牧草	2.5			
小 计		49.4			
内蒙古	苏丹草	39.4	600	236 400	
	籽粒苋	0.1	800	800	
	毛苕子（非绿肥）	0.8	420	3 360	
	箭筈豌豆	14.3	250	35 750	
	燕麦	26.0	420	109 200	
	草谷子	89.6	430	385 280	
	草木樨	325.4	500	1 627 200	
	青饲、青贮玉米	883.7	950	8 394 960	20 559 490
	其它一年生牧草	20.8	400	83 200	
小 计		1 400.1		10 876 150	20 559 490

2-17　2004年各地区分种类一年生牧草生产情况（续）

单位：万亩、公斤/亩、吨

地　区	牧草种类	当年新增种草面积	平均产量	总产量	青贮量
辽　宁	苏丹草	1.3	1 500	20 100	
	籽粒苋	1.9	870	16 530	
	墨西哥类玉米	0.4	1 600	6 400	
	燕麦		1 000	100	
	高粱苏丹草杂交种	0.3	700	1 890	
小　计		3.9		45 020	
吉　林	青饲、青贮玉米	403.9	1 000	4 039 000	4 039 000
	饲用块根块茎作物	48.4	1 000	484 000	
	苏丹草	0.4	800	3 200	
	一年生黑麦草	3.9	500	19 500	
	籽粒苋	6.4	500	32 000	
	墨西哥类玉米	14.6	1 000	146 000	
	苦荬菜	0.3	200	600	
	其它一年生牧草	9.4	200	18 800	
小　计		487.3		4 743 100	4 039 000
黑龙江	苏丹草	5.0	1 100	55 000	
	籽粒苋	43.0	950	408 500	
	苦荬菜	38.0	700	266 000	
	谷稗	12.0	890	106 800	
	其它一年生牧草	36.0	950	342 000	
	青饲、青贮玉米	284.0	1 000	2 840 000	8 000 000
小　计		418.0		4 018 300	8 000 000
浙　江	一年生黑麦草	33.0	800	264 000	40 000
	苏丹草	1.5	1 000	15 000	
	紫云英（非绿肥）	12.0	500	60 000	
	墨西哥类玉米	5.0	1 800	90 000	
	青饲、青贮玉米	3.0	1 800	54 000	120 000

2-17 2004年各地区分种类一年生牧草生产情况（续）

单位：万亩、公斤/亩、吨

地 区	牧草种类	当年新增种草面积	平均产量	总产量	青贮量
	苦荬菜	1.0	400	4 000	
	狼尾草（一年生）	1.0	2 000	20 000	
小 计		56.5		507 000	160 000
安 徽	苏丹草	8.3	1 800	148 680	
	一年生黑麦草	65.7	800	525 200	
	籽粒苋	0.1	500	500	
	紫云英（非绿肥）		500		
	箭筈豌豆	1.1	600	6 600	
	冬牧70黑麦	6.0	800	47 840	
	墨西哥类玉米	2.2	1 500	33 000	
	狼尾草（一年生）	3.5	1 500	52 500	
	其它一年生牧草	0.6	500	3 200	
	青饲、青贮玉米	6.1	1 800	109 800	
	大麦	42.3	600	253 800	
小 计		135.8		1 181 120	
福 建	一年生黑麦草	9.2	500	46 000	
	青饲、青贮玉米	14.0	500	70 000	17 600
	大麦	11.0	225	24 750	
	印度豇豆	1.0	160	1 600	
	紫云英（非绿肥）	4.0	150	6 000	
小 计		39.2		148 350	17 600
江 西	一年生黑麦草	137.0	1 000	1 370 000	80
	高粱苏丹草杂交种	0.8	1 200	9 600	
	苏丹草	18.0	850	153 000	
	其它一年生牧草	3.9	800	31 200	
	青饲、青贮玉米	27.0	1 450	391 500	1 500
	紫云英（非绿肥）	2.5	620	15 500	
小 计		189.2		1 970 800	1 580

2-17　2004年各地区分种类一年生牧草生产情况（续）

单位：万亩、公斤/亩、吨

地　区	牧草种类	当年新增种草面积	平均产量	总产量	青贮量
山　东	苏丹草	2.9	1 500	43 725	
	一年生黑麦草	49.9	700	349 300	
	籽粒苋	1.0	1 300	12 610	
	冬牧70黑麦	47.2	800	377 960	
	墨西哥类玉米	20.9	1 800	375 660	
	高粱苏丹草杂交种	1.5	2 000	30 600	
	饲用块根块茎作物	0.5			
	苦荬菜	0.2	900	1 800	
	饲用甘蓝	1.9	1 400	26 600	
小　计		126.0		1 218 255	
河　南	青饲、青贮玉米	3.0	1 700	51 000	135 000
	苏丹草	1.2	1 000	12 000	
	一年生黑麦草	0.8	850	6 800	
	籽粒苋	0.1	1 100	1 100	
	大麦	2.5	800	20 000	
	燕麦	3.2	850	27 200	
	冬牧70黑麦	35.0	1 200	420 000	
小　计		45.8		538 100	135 000
湖　北	青饲、青贮玉米	25.5	1 100	280 060	
	苏丹草	21.2	400	84 600	
	一年生黑麦草	40.9	800	327 200	
	籽粒苋	4.7	750	34 875	
	紫云英（非绿肥）	35.7	800	285 280	
	毛苕子（非绿肥）	11.8	700	82 250	
	大麦	2.2	600	13 200	
	箭筈豌豆	3.4			
	冬牧70黑麦	16.0	500	80 000	
	墨西哥类玉米	6.1	1 000	60 800	
小　计		167.3		1 248 265	

2-17 2004年各地区分种类一年生牧草生产情况（续）

单位：万亩、公斤/亩、吨

地区	牧草种类	当年新增种草面积	平均产量	总产量	青贮量
湖南	冬牧70黑麦	7.0	855	59 850	
	高粱苏丹草杂交种	1.1	1 150	12 075	
	墨西哥类玉米	1.0	1 640	16 400	2 000
	苏丹草	1.0	825	8 250	500
	一年生黑麦草	13.0	750	97 500	
	其它一年生牧草	1.7	725	11 963	
小计		24.7		206 038	2 500
广东	多花黑麦草	27.0	800	216 000	
	墨西哥类玉米	2.5	1 000	25 000	
	高粱苏丹草杂交种	3.0	1 200	36 000	
	其它一年生牧草	0.5	1 000	5 000	
小计		33.0		282 000	
广西	墨西哥类玉米	0.6	2 800	16 800	
	一年生黑麦草	11.9	1 100	130 900	
	苦荬菜	2.1	950	19 950	
	其它一年生牧草	3.6	1 000	36 000	
小计		18.2		203 650	
重庆	苏丹草	1.2	800	9 440	
	多花黑麦草	16.5	1 000	165 100	
	籽粒苋	0.2	450	1 035	
	紫云英（非绿肥）	2.3	400	9 240	
	毛苕子（非绿肥）	0.5	400	2 080	
	冬牧70黑麦	0.1	750	900	
	燕麦	0.3	800	2 400	
	墨西哥类玉米	0.3	900	3 060	
	马唐	2.0	500	10 000	

2-17　2004年各地区分种类一年生牧草生产情况（续）

单位：万亩、公斤/亩、吨

地　区	牧草种类	当年新增种草面积	平均产量	总产量	青贮量
	其它一年生牧草	0.4	500	1 900	
小　计		23.9		205 155	
四　川	多花黑麦草	397.0	1 328	5 272 160	527 560
	高梁苏丹草杂交种	62.6	1 305	817 061	4 160
	毛苕子（非绿肥）	118.1	446	526 637	298
	青饲、青贮玉米	37.1	1 782	661 478	331 800
	苦荬菜	49.5	670	331 650	70
	籽粒苋	22.5	1 089	244 698	
	紫云英（非绿肥）	42.7	530	226 416	638
	箭筈豌豆	18.9	446	84 116	15
	燕麦	49.7	862	428 586	6 520
	其它一年生牧草	171.9	823	1 414 902	28 380
小　计		970.0		10 007 704	899 441
贵　州	苏丹草				
	一年生黑麦草	78.0			
	籽粒苋	4.0			
	紫云英（非绿肥）	30.0			
	毛苕子（非绿肥）	50.0			
	箭筈豌豆	2.0			
	冬牧70黑麦	2.5			
	燕麦	1.3			
	墨西哥类玉米	2.0			
小　计		169.8			
云　南	一年生黑麦草	44.8	1 118	501 280	
	毛苕子（非绿肥）	330.0	674	2 223 144	
	紫云英（非绿肥）	4.0	647	25 894	

2－17 2004年各地区分种类一年生牧草生产情况（续）

单位：万亩、公斤/亩、吨

地 区	牧草种类	当年新增种草面积	平均产量	总产量	青贮量
	楚雄南苜蓿	8.0	719	57 500	
	燕麦	3.0	686	20 571	
	墨西哥类玉米	20.3	3 000	609 000	
	饲用块根块茎作物	15.0	945	141 818	
小 计		425.1		3 579 207	
西 藏	燕麦	1.9	225	4 275	
	箭筈豌豆	0.8	11	85	
	一年生黑麦草	1.9	225	4 275	
	其它一年生牧草	0.1	1 425	1 425	
小 计		4.7		10 060	
陕 西	草木樨	5.0			
	苏丹草	7.0			
	一年生黑麦草	5.0			
	籽粒苋	4.0			
	冬牧70黑麦	4.0			
	青饲、青贮高粱	6.0			
	大麦	3.0			
小 计		34.0			
甘 肃	青饲、青贮玉米	83.5			1 706 000
	苏丹草	12.0			
	籽粒苋	3.4			
	大麦	4.2			
	箭筈豌豆	34.0			
	燕麦	70.4			
	冬牧70黑麦	2.0			
	青饲、青贮高粱	14.5			

2-17　2004年各地区分种类一年生牧草生产情况（续）

单位：万亩、公斤/亩、吨

地　区	牧草种类	当年新增种草面积	平均产量	总产量	青贮量
	饲用青稞	4.3			
	草谷子	17.0			
	饲用块根块茎作物	0.5			
	毛苕子（非绿肥）	15.0			
	其它一年生牧草	4.6			
小　计		265.4			1 706 000
青　海	其它一年生牧草	104.8	150	157 230	
小　计		104.8	150	157 230	
宁　夏	稗	0.9	1 200	10 440	
	冬牧70黑麦	3.9	1 000	38 700	
	苏丹草	2.2	1 600	34 720	
	大麦	87.1	1 000	871 100	
	墨西哥类玉米	31.0	1 800	558 360	
	其它一年生牧草	3.5	600	21 240	
小　计		128.6		1 534 560	
新　疆	苏丹草	4.0	1 100	44 000	
	草木樨	14.0	400	56 000	
	燕麦	2.0	350	7 000	
小　计		20.0	1 850	107 000	
全　国		5 809.0		46 735 688	35 521 711

2－18　2005 年各地区分种类一年生牧草生产情况

单位：万亩、公斤/亩、吨

地　区	牧草种类	当年新增种草面积	平均产量	总产量	青贮量
天　津	小黑麦	0.1	1 100	1 100	1 100
小　计		0.1	1 100	1 100	1 100
河　北	苏丹草	2.1	1 000	21 000	
	小黑麦	1.2	800	9 600	
	籽粒苋	0.5	800	4 000	
	箭筈豌豆	0.7	800	5 600	
	冬牧 70 黑麦	2.5	900	22 500	
	燕麦	2.0	750	15 000	
	青饲、青贮玉米	196.0	625	1 225 000	
	其它一年生牧草	273.5	1 200	3 282 000	
	青莜麦	75.9	625	474 375	
小　计		554.4		5 059 075	
山　西	苏丹草	4.4			
	其它一年生牧草	2.2			
	青饲、青贮玉米	37.7			
小　计		44.4			
内蒙古	苏丹草	42.7	750	320 250	
	籽粒苋	7.1	880	62 480	
	毛苕子（非绿肥）	0.2	500	1 000	
	箭筈豌豆	12.4	250	31 000	
	燕麦	64.9	400	259 600	
	草谷子	45.2	480	217 008	
	草木樨	261.0	550	1 435 500	
	青饲、青贮玉米	960.3	890	8 546 848	33 243 940
	其它一年生牧草	16.9	440	74 228	
小　计		1 410.7	5 140	10 947 914	33 243 940
辽　宁	苏丹草	1.0	1 500	15 000	
	籽粒苋	2.2	870	18 879	

2-18　2005年各地区分种类一年生牧草生产情况（续）

单位：万亩、公斤/亩、吨

地　区	牧草种类	当年新增种草面积	平均产量	总产量	青贮量
	墨西哥类玉米	0.1	1 600	800	
	稗	0.5	1 500	7 200	
	高梁苏丹草杂交种	1.0	700	7 000	
小　计		4.7		48 879	
吉　林	青饲、青贮玉米	316.5	1 000	3 165 000	3 165 000
	饲用块根块茎作物	30.4	1 000	304 000	
	苏丹草	0.5	800	4 000	
	一年生黑麦草	3.2	500	16 000	
	籽粒苋	2.3	500	11 500	
	燕麦	3.2	200	6 400	
	墨西哥类玉米	10.8	1 000	108 000	
	其它一年生牧草	129.1	200	258 200	
小　计		496.0		3 873 100	3 165 000
黑龙江	苏丹草	6.0	1 150	69 000	
	籽粒苋	42.0	930	390 600	
	苦荬菜	39.0	700	273 000	
	谷稗	13.0	910	118 300	
	其它一年生牧草	33.0	900	297 000	
	青饲、青贮玉米	205.0	1 050	2 152 500	6 000 000
小　计		338.0		3 300 400	6 000 000
江　苏	苏丹草	6.9			
	一年生黑麦草	31.2			
	籽粒苋	0.2			
	紫云英（非绿肥）	0.9			
	毛苕子（非绿肥）	1.3			
	燕麦	0.1			
	冬牧70黑麦	12.4			
	墨西哥类玉米	8.2			

2-18　2005年各地区分种类一年生牧草生产情况（续）

单位：万亩、公斤/亩、吨

地　区	牧草种类	当年新增种草面积	平均产量	总产量	青贮量
	青饲、青贮玉米	28.8			
	狼尾草（一年生）	4.6			
小　计		94.6			
浙　江	苏丹草	0.5	1 000	5 000	
	一年生黑麦草	31.0	800	248 000	20 000
	紫云英（非绿肥）	11.0	500	55 000	15 000
	墨西哥类玉米	5.0	1 800	90 000	
	青饲、青贮高粱	0.2			
	青饲、青贮玉米	2.0	1 800	36 000	80 000
	苦荬菜	1.0	400	4 000	
	狼尾草（一年生）	1.0	2 000	20 000	
小　计		51.7		458 000	115 000
安　徽	一年生黑麦草	67.7	800	541 200	
	苏丹草	8.3	1 800	148 680	
	籽粒苋	0.1	500	500	
	紫云英（非绿肥）		500		
	箭筈豌豆	1.1	600	6 600	
	冬牧70黑麦	6.0	800	47 840	
	墨西哥类玉米	2.2	1 500	33 000	
	狼尾草（一年生）	3.5	1 500	52 500	
	其它一年生牧草	0.6	500	3 050	
小　计		89.4		833 370	
福　建	大麦	1.0	225	2 250	
	青饲、青贮玉米	16.0	500	80 000	21 200
	一年生黑麦草	11.0	500	55 000	
	印度豇豆	1.0	160	1 600	
	紫云英（非绿肥）	7.0	150	10 500	
小　计		36.0		149 350	21 200

2-18　2005年各地区分种类一年生牧草生产情况（续）

单位：万亩、公斤/亩、吨

地　区	牧草种类	当年新增种草面积	平均产量	总产量	青贮量
江　西	苏丹草	14.0	900	126 000	
	一年生黑麦草	136.9	1 000	1 369 000	
	墨西哥类玉米	0.8	1 300	10 400	80
	其它一年生牧草	4.6	800	36 800	
	高粱苏丹草杂交种	1.5	1 360	20 400	
	青饲、青贮玉米	28.0	1 460	408 800	2 000
	狼尾草（一年生）	0.4	1 100	4 400	
	苦荬菜	0.4	800	2 800	
	紫云英（非绿肥）	2.1	600	12 600	
小　计		188.7		1 991 200	2 080
山　东	苏丹草	5.2	1 450	75 690	
	一年生黑麦草	6.4	700	44 520	
	籽粒苋	0.5	1 400	7 000	
	冬牧70黑麦	50.4	800	402 800	
	墨西哥类玉米	20.1	1 800	361 080	
	小黑麦	0.5	1 000	5 000	
	高粱苏丹草杂交种	5.0	2 000	100 000	
小　计		88.0		996 090	
河　南	苏丹草	2.0	1 000	20 000	
	一年生黑麦草	1.5	900	13 500	
	籽粒苋	0.8	1 100	8 800	
	冬牧70黑麦	25.4	1 200	304 800	
	燕麦	6.9	900	62 100	
	墨西哥类玉米	1.4	1 500	21 000	
	青饲、青贮玉米	3.0	1 600	48 000	144 000
	大麦	2.7	800	21 600	
小　计		43.7	9 000	499 800	144 000
湖　北	苏丹草	10.6	800	84 640	

2-18 2005年各地区分种类一年生牧草生产情况（续）

单位：万亩、公斤/亩、吨

地 区	牧草种类	当年新增种草面积	平均产量	总产量	青贮量
	一年生黑麦草	29.4	1 000	293 700	
	籽粒苋	1.9	800	15 200	
	紫云英（非绿肥）	24.3	1 000	243 100	
	毛苕子（非绿肥）	2.8	600	16 740	
	箭筈豌豆	1.0	500	5 100	
	冬牧70黑麦	12.8	950	121 220	
	燕麦	0.6			
	墨西哥类玉米	11.1	2 000	221 800	
	其它一年生牧草	7.6			
小 计		102.0		1 001 500	
湖 南	冬牧70黑麦	7.6	870	66 120	
	高粱苏丹草杂交种	2.0	1 250	25 000	
	苏丹草	1.5	820	12 300	
	墨西哥类玉米	2.0	1 800	36 000	
	一年生黑麦草	13.6	770	104 335	
	其它一年生牧草	1.4	690	9 660	
小 计		28.1		253 415	
广 东	多花黑麦草	34.4	800	275 200	
	高粱苏丹草杂交种	0.5	1 000	5 000	
	墨西哥类玉米	1.5	1 000	15 100	
	其它一年生牧草	0.6	900	5 760	
小 计		37.1		301 060	
广 西	墨西哥类玉米	3.6	2 500	89 200	
	多花黑麦草	20.1	1 400	280 742	
	苦荬菜	7.7	1 000	76 530	
	其它一年生牧草	18.1	1 200	217 452	
小 计		49.4		663 924	
重 庆	多花黑麦草	34.6	1 000	346 000	

2-18 2005年各地区分种类一年生牧草生产情况（续）

单位：万亩、公斤/亩、吨

地 区	牧草种类	当年新增种草面积	平均产量	总产量	青贮量
	高粱苏丹草杂交种	0.2	1 000	2 000	
	籽粒苋	0.5	400	2 000	
	紫云英（非绿肥）	3.3	400	13 200	
	毛苕子（非绿肥）	0.3	400	1 200	
	冬牧70黑麦	3.3	800	26 400	
	燕麦	0.6	700	4 200	
	墨西哥类玉米	0.2	800	1 600	
	其它一年生牧草	1.9	500	9 500	
	马唐	0.5	500	2 500	
小 计		45.4		408 600	
四 川	多花黑麦草	433.0	1 382	5 984 060	598 200
	高粱苏丹草杂交种	66.1	1 358	897 231	4 670
	毛苕子（非绿肥）	124.7	464	578 562	250
	青饲、青贮玉米	47.8	1 854	885 285	451 100
	苦荬菜	52.3	727	380 201	85
	籽粒苋	23.8	1 133	269 201	
	紫云英（非绿肥）	45.1	551	248 336	780
	箭筈豌豆	19.9	464	92 290	19
	燕麦	52.5	896	470 490	72 180
	其它一年生牧草	173.0	828	1 432 109	28 900
小 计		1 038.0		11 237 763	1 156 184
贵 州	一年生黑麦草	71.2			
	籽粒苋	1.6			
	紫云英（非绿肥）	30.0			
	毛苕子（非绿肥）	50.0			
	箭筈豌豆	23.0			
	冬牧70黑麦	1.3			
	燕麦	4.7			

2－18 2005年各地区分种类一年生牧草生产情况（续）

单位：万亩、公斤/亩、吨

地 区	牧草种类	当年新增种草面积	平均产量	总产量	青贮量
	青饲、青贮玉米	80.0			
小 计		261.8			
云 南	一年生黑麦草	38.0	1 145	435 271	
	毛苕子（非绿肥）	330.0	684	2 257 893	
	紫云英（非绿肥）	4.0	666	26 631	
	楚雄南苜蓿	8.0	734	58 750	
	燕麦	10.0	686	68 571	
	墨西哥类玉米	20.3	3 000	609 000	
	饲用块根块茎作物	5.5	1 000	55 000	
小 计		415.8		3 511 116	
西 藏	箭筈豌豆	0.1	150	150	
	燕麦	0.7	250	1 750	
	一年生黑麦草	0.1	200	200	
小 计		0.9		2 100	
陕 西	草木樨	34.0	700	238 000	
	一年生黑麦草	5.0			
	大麦	2.0			
小 计		41.0		238 000	
甘 肃	苏丹草	9.1	1 750	158 375	
	一年生黑麦草	0.8	80	640	
	籽粒苋	1.5			
	毛苕子（非绿肥）	10.5	80	8 400	
	箭筈豌豆	30.4	920	279 864	
	冬牧70黑麦	0.3			
	燕麦	45.1	425	191 760	
	墨西哥类玉米	0.6			
	青饲、青贮高粱	13.5	2 500	337 250	
	草谷子	20.0			
	饲用青稞	1.5			

2-18 2005年各地区分种类一年生牧草生产情况（续）

单位：万亩、公斤/亩、吨

地 区	牧草种类	当年新增种草面积	平均产量	总产量	青贮量
	青饲、青贮玉米	58.2			2 488 600
	大麦	1.4			
	其它一年生牧草	33.8			
小 计		226.7		976 289	2 488 600
青 海	其它一年生牧草	121.0	200	241 980	
小 计		121.0		241 980	
宁 夏	苏丹草	3.8	800	30 400	
	冬牧70黑麦	3.8	660	25 080	
	燕麦	68.4	300	205 200	
	高粱苏丹草杂交种	44.6	1 000	446 000	
	稗	2.0	300	6 000	
	草谷子	17.9	500	89 500	
	谷稗	10.3	280	28 840	
	其它一年生牧草	2.5	260	6 500	
小 计		153.3		837 520	
新 疆	苏丹草	31.1	1 861	578 399	
	燕麦	2.0	1 000	20 000	
	草木樨	21.7	450	97 823	
	一年生黑麦草	0.9			
	墨西哥类玉米	0.1			
	其它一年生牧草	0.2			
小 计		56.0		696 221	
全 国		6 017.0		48 527 766	46 337 104

四、牧草种子生产情况

2－19　全国牧草种子生产情况

单位：万亩、吨

年份	草种田面积	草场采种量	草种生产量	草种销售量
2001	236.0	6 639	127 574	7 090
2002	270.0	14 831	94 889	7 224
2003	280.0	17 099	126 316	7 762
2004	409.0	17 888	172 468	13 448
2005	331.0	21 446	145 674	14 263

2-20　2001年各地区分种类牧草种子生产情况

单位：万亩、公斤/亩、吨

地　区	牧草种类	草种田面积	平均产量	草场采种量	草种生产量	草种销售量
河　北	紫花苜蓿	0.5	26		130	
	沙打旺			100	100	
	老芒麦	9.5	8	5	737	
	披碱草			50	50	
	无芒雀麦			50	50	
	冰草			6	6	
	羊草			5	5	
	冬牧70黑麦	0.3	200		600	
小　计		10.3		216	1 678	
山　西	紫花苜蓿	0.6	20		120	
	红豆草	0.4	60		210	
	青饲、青贮玉米	0.3	120		300	
小　计		1.2			630	
内蒙古	紫花苜蓿	1.3	27		354	
	沙打旺	3.5	20		694	
	柠条	8.9	18	792	2 396	
	老芒麦	0.1	55		66	
	羊草	0.2	10	94	112	
	羊柴	0.5	9.3	434	485	
	披碱草	0.3	39		113	
	冰草	0.01	45		5	
	无芒雀麦	0.3	35		102	
	其它多年生牧草	0.8	15	763	883	
	苏丹草	2.0	220		4 400	
	籽粒苋	0.1	100		70	
	毛苕子（非绿肥）	0.03	90		27	
	箭筈豌豆	0.7	100		700	
	燕麦	1.0	115		1 185	

2-20　2001 年各地区分种类牧草种子生产情况（续）

单位：万亩、公斤/亩、吨

地　区	牧草种类	草种田面积	平均产量	草场采种量	草种生产量	草种销售量
	草木樨	1.5	68		1 020	
	其它一年生牧草	1.1	50	242	787	
	沙蒿			597	597	
小　计		22.4		2 923	13 995	
辽　宁	紫花苜蓿	2.6	16	281	696	141
	沙打旺	0.9	16	267	409	222
	其它多年生牧草	0.6	53	400	718	165
	稗			189	189	
	籽粒苋			186	186	
小　计		4.1		1 323	2 198	528
吉　林	紫花苜蓿	1.4	4	22	71	34
	羊草	11.3	2	68	294	34
	碱茅	0.8	4	36	68	25
小　计		13.5		126	433	93
黑龙江	羊草			280	280	
	其它多年生牧草			60	60	
小　计				340	340	
浙　江	一年生黑麦草	0.8	50		400	
	墨西哥类玉米	0.2	60		120	
小　计		1.0			520	
安　徽	紫花苜蓿	0.2	15		30	
	一年生黑麦草	0.1	70		42	
	冬牧 70 黑麦	0.01	70		7	
小　计		0.3			79	
江　西	雀稗	0.03	30	15	23	22
	一年生黑麦草	0.2	100	150	350	300
	墨西哥类玉米	0.003	120		4	4

2-20 2001年各地区分种类牧草种子生产情况（续）

单位：万亩、公斤/亩、吨

地 区	牧草种类	草种田面积	平均产量	草场采种量	草种生产量	草种销售量
	苏丹草			80	80	
小 计		0.2		245	456	326
山 东	紫花苜蓿	1.2	35		420	
	冬牧70黑麦	3.8	120		4 560	
小 计		5.0			4 980	
河 南	大麦	0.1	250		250	
	冬牧70黑麦	0.2	240		480	
	紫花苜蓿	0.6	25		150	
	沙打旺	0.2	28		56	
	紫花苜蓿	0.04		1	1	
小 计		1.1		1	937	
湖 北	三叶草	0.3		26	26	
	多年生黑麦草	0.3		12	12	
	鸭茅	0.1		5	5	
	青饲、青贮高粱	0.3		10	10	
	苏丹草	0.1		5	5	
	一年生黑麦草	0.1		6	6	
	籽粒苋	0.02		2	2	
	紫云英（非绿肥）	0.02		1	1	
	大麦	0.1		6	6	
	冬牧70黑麦	0.3		16	16	
小 计		1.6		88	88	
湖 南	多年生黑麦草	0.1	35		18	18
小 计		0.1			18	18
广 东	柱花草	0.2	10		23	
小 计		0.2			23	
广 西	柱花草	0.2	9		18	
	狗尾草（多年生）	0.8	12		96	

2－20 2001年各地区分种类牧草种子生产情况（续）

单位：万亩、公斤/亩、吨

地 区	牧草种类	草种田面积	平均产量	草场采种量	草种生产量	草种销售量
	任豆树	1.2	15		180	
	银合欢	0.2	20		40	
	一年生黑麦草	0.4	15		60	
	墨西哥类玉米	0.5	20		100	
小 计		3.3			494	
重 庆	一年生黑麦草	0.5	25		113	
	三叶草	0.2	5		10	
小 计		0.7			123	
四 川	三叶草	0.5	25	10	135	65
	多年生黑麦草	1.0	45	20	470	320
	鸭茅	0.5	40	8	208	50
	老芒麦	1.0	43	9	439	105
	披碱草	0.7	45	5	320	160
	其它多年生牧草	1.6	35	20	580	320
	多花黑麦草	0.7	70	20	510	400
	毛苕子（非绿肥）	3.2	45	50	1 490	1 003
	燕麦	0.7	200	100	1 400	1 000
	其它一年生牧草	1.6	45	60	780	450
小 计		11.5		302	6 332	3 873
西 藏	紫花苜蓿	0.4	40		160	
	披碱草	0.4	50	279	479	
	箭筈豌豆	0.2	70		140	
	燕麦	0.1	200		200	
小 计		1.1		279	979	
陕 西	紫花苜蓿	5.0	20	426	1 426	687
	三叶草	2.0	10		200	
	沙打旺	6.0	30	165	1 965	313
	柠条	2.5	4		90	

2-20　2001 年各地区分种类牧草种子生产情况（续）

单位：万亩、公斤/亩、吨

地　区	牧草种类	草种田面积	平均产量	草场采种量	草种生产量	草种销售量
	其它多年生牧草	0.1	30		15	
小　计		15.6		591	3 696	1 000
甘　肃	紫花苜蓿	103.0	35		36 050	1 000
	柠条			105	105	
	无芒雀麦	0.1	40		40	5
	披碱草	0.3	40		104	100
	红豆草	0.9	40		360	148
	沙蒿			100	100	
小　计		104.3		205	36 759	1 253
青　海	饲用块根块茎作物	0.2	8		16	
	燕麦	2.8	108		3 041	
	披碱草	3.1	18		572	
	其它一年生牧草	20.9	219		45 687	
	箭筈豌豆	1.0	77		796	
	其它多年生牧草	3.2	14		452	
小　计		31.3			50 564	
宁　夏	紫花苜蓿	4.0	17		673	
小　计		4.0			673	
新　疆	青饲、青贮玉米	0.3	250		750	
	紫花苜蓿	2.5	30		750	
	鸭茅	0.2	40		80	
小　计		3.0			1 580	
全　国		236.0		6 639	127 574	7 090

2-21 2002年各地区分种类牧草种子生产情况

单位：万亩、公斤/亩、吨

地 区	牧草种类	草种田面积	平均产量	草场采种量	草种生产量	草种销售量
河 北	紫花苜蓿	1.0	26		260	
	老芒麦	10.0	13	10	1 320	
	无芒雀麦			44	44	
	披碱草	1.0	25	2	252	
	冰草			33	33	
	冬牧70黑麦	0.2	200		400	
	草木樨			540	540	
小 计		12.2		629	2 849	
山 西	紫花苜蓿	0.6	20		120	
	红豆草	0.4	60		210	
	青饲、青贮玉米	0.3	120		300	
小 计		1.2			630	
内蒙古	紫花苜蓿	1.8	25		460	
	沙打旺	2.4	18		430	
	柠条	11.8	18	1 485	3 605	
	老芒麦	0.1	60		72	
	羊草	0.1	10	76	89	
	羊柴	0.6	9	747	801	
	披碱草	0.3	38		95	
	冰草	0.01	45		5	
	无芒雀麦	0.2	36		68	
	其它多年生牧草	0.3	15	5 711	5 756	
	苏丹草	0.9	215		1 935	
	籽粒苋	0.04	98		39	
	毛苕子（非绿肥）	0.03	85		26	
	箭筈豌豆	0.2	105		210	
	燕麦	0.6	115		656	
	草木樨	1.2	66	0	799	

2-21　2002年各地区分种类牧草种子生产情况（续）

单位：万亩、公斤/亩、吨

地　区	牧草种类	草种田面积	平均产量	草场采种量	草种生产量	草种销售量
	沙蒿			2 060	2 060	
	其它一年生牧草			452	452	
小　计		20.6		10 531	17 557	
辽　宁	紫花苜蓿	4.0	15	436	1 036	235
	沙打旺	2.0	15	185	485	178
	其它多年生牧草	1.1	15	38	209	76
小　计		7.1		659	1 730	488
吉　林	紫花苜蓿	2.9	4	34	159	56
	沙打旺	1.5				
	羊草	7.2	3	71	287	31
	胡枝子	1.0	5	25	75	35
	猫尾草	0.8				
	野豌豆	0.3				
	碱茅	1.5	5	66	134	73
小　计		15.2		196	654	195
黑龙江	羊草			278	278	
	其它多年生牧草			108	108	
小　计				386	386	
浙　江	一年生黑麦草	0.8	50		400	
	墨西哥类玉米	0.2	60		120	30
小　计		1.0			520	30
安　徽	冬牧70黑麦	0.1	70		70	
	紫花苜蓿	0.1	15		15	
小　计		0.2			85	
江　西	雀稗	0.03	30	8	16	15
	一年生黑麦草	0.3	100	150	450	380
	墨西哥类玉米		120		4	4
	苏丹草			80	80	
小　计		0.3		238	549	399

2－21 2002年各地区分种类牧草种子生产情况（续）

单位：万亩、公斤/亩、吨

地 区	牧草种类	草种田面积	平均产量	草场采种量	草种生产量	草种销售量
山 东	紫花苜蓿	2.5	35		875	
	冬牧70黑麦	3.5	110		3 850	
小 计		6.0			4 725	
河 南	紫花苜蓿	0.5	25		125	
	沙打旺	0.1	28		28	
	其它多年生牧草	0.1	25		25	
	冬牧70黑麦	0.1	240		240	
小 计		0.8			418	
湖 北	紫花苜蓿	0.2		4	4	
	苏丹草	0.1		5	5	
	三叶草	21.9		58	58	
	多年生黑麦草	0.3	10		24	
	墨西哥类玉米	0.4		12	12	
	一年生黑麦草	0.1		5	5	
	紫云英（非绿肥）	0.02		1	1	
	大麦	0.3		11	11	
	冬牧70黑麦	0.2		9	9	
小 计		23.5		104	128	
湖 南	多年生黑麦草	0.1	35		18	18
	苏丹草	0.01	50		5	5
小 计		0.1			23	23
广 东	柱花草	0.2	10		23	
小 计		0.2			23	
广 西	柱花草	0.1	8		8	
	狗尾草（多年生）	0.5	12		60	
	任豆树	0.8	13		104	
	银合欢	0.2	12		24	
	一年生黑麦草	0.3	20		60	

2-21　2002年各地区分种类牧草种子生产情况（续）

单位：万亩、公斤/亩、吨

地　区	牧草种类	草种田面积	平均产量	草场采种量	草种生产量	草种销售量
	墨西哥类玉米	0.5	45		225	
小　计		2.4			481	
重　庆	多花黑麦草	0.2	10		20	
	三叶草	0.5	2		10	
	苇状羊茅	0.2	10		15	
小　计		0.9			45	
四　川	三叶草	0.5	26	10	140	65
	多年生黑麦草	1.0	44	20	460	320
	鸭茅	0.5	38	8	198	60
	老芒麦	1.3	45	9	594	110
	披碱草	1.0	50	5	505	150
	其它多年生牧草	1.8	35	20	650	300
	多花黑麦草	0.8	74	20	612	500
	毛苕子（非绿肥）	3.5	47	50	1 695	1 250
	燕麦	0.7	210	100	1 570	1 320
	其它一年生牧草	1.8	45	60	870	500
小　计		12.9		302	7 294	4 575
云　南	三叶草	0.7	8		61	
	鸭茅	0.5	19		89	
	狗尾草（多年生）	1.1	18		200	
小　计		2.3			350	
西　藏	紫花苜蓿	0.5	40		200	
	披碱草	0.5	50	370	620	
	箭筈豌豆	1.0	70		700	
小　计		2.0		370	1 520	
陕　西	紫花苜蓿	5.0	20	426	1 426	
	沙打旺	6.0	20	765	1 965	
	柠条	2.0	10		200	
小　计		13.0		1 191	3 591	

2-21 2002 年各地区分种类牧草种子生产情况（续）

单位：万亩、公斤/亩、吨

地区	牧草种类	草种田面积	平均产量	草场采种量	草种生产量	草种销售量
甘肃	青饲、青贮玉米	0.2	268		536	80
	燕麦	1.4	150		2 100	260
	紫花苜蓿	110.0	30		33 000	1 097
	三叶草	0.6	12		72	
	柠条			120	120	
	无芒雀麦	0.2	38		76	
	披碱草	0.3	35		105	26
	红豆草	0.6	45		270	
	沙蒿			103	103	
小计		113.3		223	36 382	1 462
青海	箭筈豌豆	4.7	59		2 762	
	其它一年生牧草	6.3	26		1 662	
	燕麦	4.7	87		4 096	
	披碱草	8.0	29		2 302	
小计		23.7			10 822	
宁夏	紫花苜蓿	4.0	17		682	
	柠条			2	2	53
	沙蒿			0.3	0.3	
小计		4.0		2	684	53
新疆	紫花苜蓿	3.3	30		993	
	鸭茅	0.9	40		340	
	无芒雀麦	0.9	33		281	
	其它多年生牧草	1.4	80		1 080	
	青饲、青贮玉米	0.3	250		750	
小计		6.7			3 444	
全国		270.0		14 831	94 889	7 224

2-22　2003年各地区分种类牧草种子生产情况

单位：万亩、公斤/亩、吨

地　区	牧草种类	草种田面积	平均产量	草场采种量	草种生产量	草种销售量
河　北	紫花苜蓿	3.6	26	18	954	
	柠条	2.0	45	50	950	
	老芒麦	3.7	30	430	1 540	500
	披碱草	2.0	25		500	
	胡枝子	2.0	30		600	
	箭筈豌豆			1 500	1 500	
	青饲、青贮玉米			1 200	1 200	
小　计		13.3		3 198	7 244	500
山　西	紫花苜蓿	0.8	20		150	
	红豆草	0.4	60		240	
	青饲、青贮玉米	0.3	120		360	
小　计		1.5			750	
内蒙古	紫花苜蓿	2.7	20		542	
	沙打旺	3.9	17		655	
	柠条	13.3	18	1 218	3 603	
	老芒麦	0.2	55		105	
	羊草	0.1	10	103	115	
	羊柴	0.9	9	606	689	
	披碱草	0.3	40		112	
	冰草	0.04	35		14	
	无芒雀麦	0.2	35		84	
	其它多年生牧草	1.6	15	4 640	4 880	
	苏丹草	2.1	200		4 200	
	籽粒苋	0.3	95		295	
	毛苕子（非绿肥）	0.2	80		160	
	箭筈豌豆	1.7	96		1 622	
	燕麦	0.8	100		800	

2-22 2003年各地区分种类牧草种子生产情况（续）

单位：万亩、公斤/亩、吨

地 区	牧草种类	草种田面积	平均产量	草场采种量	草种生产量	草种销售量
	草木樨	1.5	65		962	
	其它一年生牧草	0.4	50	939	1 139	
	沙蒿			1 854	1 854	
小 计		30.2		9 360	21 829	
辽 宁	紫花苜蓿	4.5	15	616	1 291	
	沙打旺	0.5	15	212	287	
	其它多年生牧草			33	33	
小 计		5.0		862	1 612	
吉 林	紫花苜蓿	3.1	5	36	189	76
	沙打旺	1.5				
	羊草	7.2	5	255	615	38
	猫尾草	0.8				
	野豌豆	0.3				
	胡枝子	1.1	5	30	85	40
	碱茅	1.5	5	54	129	48
小 计		15.5		375	1 017	202
黑龙江	紫花苜蓿	2.0	7		140	
	无芒雀麦	0.1	50		50	
	羊草	2.6	14	343	694	
	碱茅	0.6	13	120	192	
	籽粒苋	0.2	150		300	
小 计		5.5		463	1 375	
浙 江	一年生黑麦草	0.8	40		320	
	墨西哥类玉米	0.2	60		120	
	雀稗	0.1	30		15	
小 计		1.1			455	

2-22 2003年各地区分种类牧草种子生产情况（续）

单位：万亩、公斤/亩、吨

地区	牧草种类	草种田面积	平均产量	草场采种量	草种生产量	草种销售量
安徽	青饲、青贮玉米	0.2	100		200	
	苏丹草	0.2	100		210	
	一年生黑麦草	0.4	70		280	
	冬牧70黑麦	0.6	100		600	
	紫花苜蓿	0.1	50		50	
	三叶草	0.01	70		7	
	多年生黑麦草	0.01	70		8	
小计		1.5			1 355	
江西	雀稗	0.1	30	12	42	42
	一年生黑麦草	0.5	88	150	590	525
	墨西哥类玉米		100		4	4
	苏丹草			95	95	
小计		0.6	218	257	731	571
河南	紫花苜蓿	0.4	25		88	
	沙打旺	0.1	20		20	
	冬牧70黑麦	0.5	240		1 200	
小计		1.0	285		1 308	
湖北	紫花苜蓿	0.5	4		20	
	三叶草	2.4	4		84	
	多年生黑麦草	0.5	4		17	
	鸭茅	0.3	4		12	
	青饲、青贮高粱	0.3	2		7	
	苏丹草	0.4	4		16	
	一年生黑麦草	0.5	5		27	
	紫云英（非绿肥）	0.02	1		0.2	
	大麦	0.3	2		6	

2-22 2003 年各地区分种类牧草种子生产情况（续）

单位：万亩、公斤/亩、吨

地 区	牧草种类	草种田面积	平均产量	草场采种量	草种生产量	草种销售量
	冬牧 70 黑麦	0.2	1		2	
小 计		5.5			191	
湖 南	多年生黑麦草	0.1	35		23	23
	苏丹草	0.01	50		5	5
小 计		0.1			28	28
广 西	柱花草	0.5	15		75	
	狗尾草（多年生）	0.3	18		54	
	任豆树	0.1	20		20	
	银合欢	0.2	40		80	
	其它多年生牧草	0.1	30		30	
	墨西哥类玉米	0.3	45		135	
小 计		1.5			394	
重 庆	一年生黑麦草	0.2	30		60	
	三叶草	0.3				
	多年生黑麦草	0.3				
	鸭茅	0.1				
	苇状羊茅	2.0	4		80	
小 计		2.9			140	
四 川	多年生黑麦草	1.4	42	15	603	600
	鸭茅	0.6	38	25	253	485
	老芒麦	1.5	40	10	610	366
	披碱草	1.5	44	10	670	156
	红豆草	1.2	42	5	509	400
	苇状羊茅	0.5	50	5	255	100
	其它一年生牧草	2.2	35	20	790	600
小 计		8.9		90	3 690	2 707

2-22　2003年各地区分种类牧草种子生产情况（续）

单位：万亩、公斤/亩、吨

地　区	牧草种类	草种田面积	平均产量	草场采种量	草种生产量	草种销售量
云　南	鸭茅	0.5	20		96	
	三叶草	0.9	9		79	
	狗尾草（多年生）	1.2	20		242	
	旗草	0.1	19	8	27	
小　计		2.6		8	444	
西　藏	紫花苜蓿	3.0	5		150	
	披碱草	2.5	7		175	
小　计		5.5			325	
陕　西	紫花苜蓿	5.0	20	1 050	2 050	
	沙打旺	4.0	20	1 200	2 000	
	柠条	2.5	10	125	375	
小　计		11.5		2 375	4 425	
甘　肃	紫花苜蓿	115.4	35		40 390	1 648
	无芒雀麦	0.1	38		38	35
	老芒麦	0.5	35		175	
	披碱草	1.2	40		480	38
	三叶草	0.5	10		50	
	柠条	0.3	18		54	
	红豆草	2.0	52		1 040	600
	沙蒿	0.3	15	108	153	105
	燕麦	1.2	148		1 776	453
	毛苕子（非绿肥）	2.3	57		1 311	520
	箭筈豌豆	0.5	70		350	300
小　计		124.3		108	45 817	3 699
青　海	紫花苜蓿	0.4	43		175	
	披碱草	7.4	70		5 180	

2-22 2003年各地区分种类牧草种子生产情况（续）

单位：万亩、公斤/亩、吨

地 区	牧草种类	草种田面积	平均产量	草场采种量	草种生产量	草种销售量
	其它多年生牧草	6.3	58		3 659	
	箭筈豌豆	0.7	63		420	
	燕麦	12.1	154		18 603	
小 计		26.9			28 036	
宁 夏	紫花苜蓿	4.0	17	2	686	
	沙蒿	0.3	4	0.3	12	
	杂交酸模	0.1	5	0.05	3	2
	柠条	2.0	15	2	302	53
小 计		6.4		5	1 003	55
新 疆	紫花苜蓿	5.5	20		1 102	
	无芒雀麦	0.9	33		281	
	鸭茅	0.9	10		85	
	其它多年生牧草	1.4	80		1 080	
	青饲、青贮玉米	0.4	400		1 600	
小 计		9.0			4 148	
全 国		280.0		17 099	126 316	7 762

2-23　2004年各地区分种类牧草种子生产情况

单位：万亩、公斤/亩、吨

地　区	牧草种类	草种田面积	平均产量	草场采种量	草种生产量	草种销售量
河　北	紫花苜蓿	5.6	26		1 456	31
	柠条	2.1	45		945	
	老芒麦	3.7	30	42	1 152	320
	披碱草	2.0	45		900	
	青饲、青贮玉米			1 100	1 100	
	箭筈豌豆	1.0	250		2 500	
	冬牧70黑麦	0.1	250		250	
小　计		14.5	646	1 142	8 303	351
山　西	紫花苜蓿	0.8	20		150	
	红豆草	0.4	60		240	
	青饲、青贮玉米	0.3	120		360	
小　计		1.5			750	
内蒙古	紫花苜蓿	4.0	20		784	
	沙打旺	4.7	16		752	
	柠条	20.0	20	1 782	5 778	
	老芒麦	0.3	70		224	
	羊草	0.2	10	108	130	
	羊柴	1.5	9	859	992	
	披碱草	0.4	40		156	
	冰草	0.1	42		34	
	无芒雀麦	0.4	38		144	
	其它多年生牧草	3.6	15	6 301	6 841	
	苏丹草	1.3	180		2 394	
	籽粒苋	0.4	100		400	
	毛苕子（非绿肥）	0.2	75		135	
	箭筈豌豆	1.5	95		1 425	
	燕麦	1.6	90		1 422	

2-23 2004年各地区分种类牧草种子生产情况（续）

单位：万亩、公斤/亩、吨

地　区	牧草种类	草种田面积	平均产量	草场采种量	草种生产量	草种销售量
	草木樨	2.2	75		1 613	
	草谷子	0.1	100		100	
	其它一年生牧草	2.6	50	1 067	2 362	
	沙蒿			2 575	2 575	
小　计		45.0		12 691	28 260	
辽　宁	紫花苜蓿	4.5	10	110	560	
	沙打旺	0.4	35	297	437	
	其它多年生牧草			649	649	
	籽粒苋	0.01	50		3	
小　计		4.9	95	1 056	1 649	
吉　林	紫花苜蓿	2.6	5	18	148	32
	披碱草	0.1	3		3	
	羊草	23.7	2	63	419	130
	碱茅	1.2	5	81	141	45
	猫尾草	0.8	8	14	78	19
	胡枝子	1.0	5	44	94	30
	野豌豆	0.2	20	40	80	24
	青饲、青贮玉米	0.1	360		360	
小　计		29.7		260	1 323	280
黑龙江	紫花苜蓿	3.7	7		248	
	无芒雀麦	0.1	50		50	
	羊草	2.6	13	206	531	
	碱茅	0.6	13	120	192	
小　计		6.9		326	1 021	
浙　江	雀稗	0.1	40		20	
	一年生黑麦草	1.0	50		490	

2-23　2004年各地区分种类牧草种子生产情况（续）

单位：万亩、公斤/亩、吨

地　区	牧草种类	草种田面积	平均产量	草场采种量	草种生产量	草种销售量
	墨西哥类玉米	0.02	60		12	
小　计		1.1			522	
安　徽	多花黑麦草	0.1	100		86	
	冬牧70黑麦	0.01	70		10	
	高粱苏丹草杂交种	0.01	50		3	
小　计		0.1			98	
江　西	雀稗	0.1	30	16	52	35
	一年生黑麦草	0.6	75	100	550	500
	墨西哥类玉米		100		4	4
	苏丹草			90	90	
小　计		0.7		206	696	539
山　东	紫花苜蓿	0.8	35		289	
	冬牧70黑麦	0.7	200		1 320	
小　计		1.5			1 609	
河　南	紫花苜蓿	0.4	25		88	
	沙打旺	0.1	20		20	
小　计		0.5			108	
湖　北	紫花苜蓿	2.4				
	三叶草	6.6				
	多年生黑麦草	2.8				
	鸭茅	2.7				
	青饲、青贮玉米	0.1				
	苏丹草	0.5				
	一年生黑麦草	4.8				
	大麦	0.2				
	冬牧70黑麦	1.5				
小　计		21.5				

2-23　2004年各地区分种类牧草种子生产情况（续）

单位：万亩、公斤/亩、吨

地　区	牧草种类	草种田面积	平均产量	草场采种量	草种生产量	草种销售量
湖　南	多年生黑麦草	0.1	35		35	35
	苏丹草	0.02	50		8	8
小　计		0.1			43	43
广　东	柱花草	0.1	13		10	
小　计		0.1			10	
广　西	银合欢	0.2	25		50	
	任豆树	0.3	13		39	
	墨西哥类玉米	0.2	50		100	
	狗尾草（多年生）	0.6	10		55	
	雀稗	0.3	25		63	
	柱花草	0.1	15		15	
	木豆	0.2	30		66	
小　计		1.8			388	
重　庆	三叶草	1.3	1		13	
	多年生黑麦草	0.3	2		6	
	鸭茅	0.4	2		8	
	苇状羊茅	2.0	1		20	
	多花黑麦草	0.4	25		100	
小　计		4.4			147	
四　川	多年生黑麦草	1.6	45	15	735	650
	鸭茅	0.6	40	25	265	150
	老芒麦	1.8	43	10	784	700
	披碱草	1.4	45	10	640	500
	红豆草	1.0	40	5	405	300
	苇状羊茅	0.5	45	5	230	150
	其它多年生牧草	1.9	35	25	690	500
	多花黑麦草	2.0	70	25	1 425	1 250

2-23　2004年各地区分种类牧草种子生产情况（续）

单位：万亩、公斤/亩、吨

地　区	牧草种类	草种田面积	平均产量	草场采种量	草种生产量	草种销售量
	毛苕子（非绿肥）	4.7	45	60	2 175	1 800
	燕麦	0.7	200	120	1 520	1 250
	其它一年生牧草	2.6	45	70	1 240	900
小　计		18.8		370	10 109	8 150
云　南	三叶草	0.9	9		74	
	鸭茅	0.5	20		93	
	旗草	0.1	18	15	33	
	狗尾草（多年生）	2.0	18		356	
小　计		3.4		15	556	
西　藏	披碱草	4.6	20		920	6
	箭筈豌豆	0.1	143	150	293	6
小　计		4.7		150	1 213	12
陕　西	紫花苜蓿	5.0	23	560	1 710	
	三叶草	3.0	17	440	950	360
	沙打旺	3.0	20	260	860	570
	柠条	1.0	28	200	480	290
	其它多年生牧草	2.0	15		300	170
小　计		14.0		1 460	4 300	1 390
甘　肃	无芒雀麦	5.6	39		2 184	
	披碱草	11.5	35		4 025	42
	红豆草	14.0	58		8 120	75
	沙蒿			112	112	
	猫尾草	4.0	20		800	
	青饲、青贮玉米	2.0	290		5 800	
	箭筈豌豆	2.4	90		2 160	1 600
	燕麦	3.0	150		4 500	85

2-23 2004年各地区分种类牧草种子生产情况（续）

单位：万亩、公斤/亩、吨

地区	牧草种类	草种田面积	平均产量	草场采种量	草种生产量	草种销售量
	毛苕子（非绿肥）	1.0	60		600	
	紫花苜蓿	116.9	35		40 915	850
	三叶草	12.8	13		1 664	
	柠条	5.0	15	100	850	32
	老芒麦	6.0	42		2 520	
小计		184.2		212	74 250	2 684
青海	燕麦	10.1	216		21 731	
	披碱草	17.4	40		6 960	
	紫花苜蓿	0.5	36		160	
	箭筈豌豆	0.3	71		242	
	其它一年生牧草	7.7	59		4 583	
小计		36.0			33 676	
宁夏	紫花苜蓿	4.0	22		884	
	苏丹草	0.04	75		30	
小计		4.1			914	
新疆	紫花苜蓿	5.5	20		1 102	
	其它多年生牧草	2.4	20		470	
	无芒雀麦	1.1	33		363	
	鸭茅	0.9	40		340	
	苏丹草	0.3	100		250	
小计		10.1			2 525	
全国		409.0		17 888	172 468	13 448

2-24 2005年各地区分种类牧草种子生产情况

单位：万亩、公斤/亩、吨

地 区	牧草种类	草种田面积	平均产量	草场采种量	草种生产量	草种销售量
河 北	紫花苜蓿	3.2	26		832	105
	沙打旺	0.3	20		60	
	老芒麦	2.8	38	94	1 158	59
	无芒雀麦	0.3	15	102	147	7
	披碱草	1.1	25		275	
	冰草	0.7	35		245	
	胡枝子	0.3	30		90	
	冬牧70黑麦	0.1	200		200	20
小 计		8.8		196	3 007	191
山 西	紫花苜蓿	0.8	20		150	
	红豆草	0.4	60		240	
	青饲、青贮玉米	0.3	120		360	
小 计		1.5			750	
内蒙古	紫花苜蓿	3.6	18		637	
	沙打旺	4.9	20		983	
	柠条	13.3	15	2 036	4 025	
	老芒麦	0.6	56		336	
	羊草	0.1	11	122	128	
	羊柴	0.1	14	909	927	
	披碱草	0.2	40		64	
	冰草	0.1	21		13	
	无芒雀麦	0.1	30		18	
	其它多年生牧草	5.0	15	7 802	8 549	
	苏丹草	0.7	200		1 360	
	箭筈豌豆	0.5	80		400	
	燕麦	0.4	160		560	
	草木樨	1.1	50		550	
	其它一年生牧草			990	990	
	沙蒿			3 090	3 090	
小 计		30.5		14 948	22 630	

2-24　2005年各地区分种类牧草种子生产情况（续）

单位：万亩、公斤/亩、吨

地　区	牧草种类	草种田面积	平均产量	草场采种量	草种生产量	草种销售量
辽　宁	紫花苜蓿	4.6	6	95	380	221
	沙打旺	0.5	20	79	171	48
	其它多年生牧草	1.4	40	229	785	56
	串叶松香草	0.2	40	9	89	
	籽粒苋			8	8	
	稗			101	101	
小　计		6.7		520	1 534	325
吉　林	紫花苜蓿	2.7	5	24	154	90
	披碱草	0.1	1		1	1
	羊草	23.7	2	128	602	165
	碱茅	1.2	5	65	125	60
	猫尾草	0.8	5	14	54	24
	胡枝子	1.0	5	27	77	38
	野豌豆	0.2	10	50	70	50
	青饲、青贮玉米	0.1	360		360	
小　计		29.8		308	1 443	428
黑龙江	紫花苜蓿	3.7	7		245	
	无芒雀麦	0.1	50		50	
	羊草	2.6	12	243	555	
	碱茅	0.6	13		69	
	青饲、青贮玉米	1.2	100		1 200	
小　计		8.1		243	2 118	
江　苏	紫花苜蓿	0.1	25		25	
	多年生黑麦草	1.1	75		825	
	多花黑麦草	0.7	60		420	
	冬牧70黑麦	0.1	273		273	
小　计		2.0			1 543	
浙　江	一年生黑麦草	0.8	50		400	

2-24　2005年各地区分种类牧草种子生产情况（续）

单位：万亩、公斤/亩、吨

地　区	牧草种类	草种田面积	平均产量	草场采种量	草种生产量	草种销售量
	墨西哥类玉米	0.1	55		55	
	雀稗	0.2	35		70	
小　计		1.1			525	
安　徽	一年生黑麦草	0.2	100		171	
	冬牧70黑麦	0.01	70		10	
	高粱苏丹草杂交种	0.01	50		3	
	其它一年生牧草	0.01	100		10	
小　计		0.2			193	
江　西	一年生黑麦草	0.5	80	225	585	450
	墨西哥类玉米	0.01	100		8	8
	雀稗	0.2	35	8	61	60
	苏丹草			120	120	
小　计		0.6		353	774	518
山　东	紫花苜蓿	0.4	35		151	0.2
	冬牧70黑麦	1.2	120		1 440	
小　计		1.6	155		1 591	0.2
河　南	紫花苜蓿	0.2	25		50	
	冬牧70黑麦	0.3	240		720	
小　计		0.5			770	
湖　北	紫花苜蓿	0.7	0.4	10	12	
	三叶草	7.8	2	132	264	
	多年生黑麦草	1.7	10	50	225	
	鸭茅	1.0	0.5	30	35	
	苇状羊茅	0.9	1	17	24	
	象草（王草）	3.9				
	多花木兰	1.3	55	61	760	
	苏丹草	0.6	50	40	320	
	一年生黑麦草	0.4	45	15	173	

2-24 2005年各地区分种类牧草种子生产情况（续）

单位：万亩、公斤/亩、吨

地区	牧草种类	草种田面积	平均产量	草场采种量	草种生产量	草种销售量
	籽粒苋	0.1	110	10	153	
	冬牧70黑麦	0.1	100	55	165	
	墨西哥类玉米	1.3	80	21	1 061	
小计		19.6		441	3 192	
湖南	多年生黑麦草	0.2	35		53	53
	罗顿豆	0.02	25		5	5
	圆叶决明	0.02	15		3	3
	苏丹草	0.02	50		10	10
小计		0.2			71	71
广东	柱花草	0.1	13		10	
小计		0.1			10	
广西	狗尾草（多年生）	0.4	18		66	
	雀稗	0.1	25		28	
	柱花草	0.1	18		22	
	木豆	0.1	50		55	
	银合欢	0.1	30		36	
	任豆树	0.1	20		24	
	墨西哥类玉米	0.2	40		64	
	一年生黑麦草	0.1	20		10	
小计		1.2			305	
重庆	三叶草	1.4	3		42	
	多年生黑麦草	0.3	10		30	
	鸭茅	0.4	4		16	
	苇状羊茅	2.0	3		50	
	多花黑麦草	0.4	14		56	
小计		4.5			194	
四川	多年生黑麦草	1.0	48	15	495	400
	鸭茅	2.2	46	25	1 037	600

2-24　2005年各地区分种类牧草种子生产情况（续）

单位：万亩、公斤/亩、吨

地　区	牧草种类	草种田面积	平均产量	草场采种量	草种生产量	草种销售量
	老芒麦	2.0	50	10	1 010	600
	披碱草	1.6	51	10	826	560
	红豆草	1.5	43	5	650	250
	苇状羊茅	1.0	51	5	515	210
	其它多年生牧草	2.3	35	25	830	650
小　计		11.6		95	5 363	3 270
云　南	三叶草	0.9	9		75	
	鸭茅	0.5	20		93	
	旗草	0.1	18	22	40	
	狗尾草（多年生）	2.0	17		343	
小　计		3.4		22	551	
陕　西	紫花苜蓿	13.0	30	1 800	5 700	2 673
	沙打旺	9.0	25	800	3 050	1 050
	多年生黑麦草	2.0	30		600	561
	柠条			480	480	440
	草木樨			1 000	1 000	976
小　计		24.0		4 080	10 830	5 700
甘　肃	紫花苜蓿	119.1	38		45 258	1 567
	三叶草	0.2	15		30	5
	多年生黑麦草	0.4	87		348	
	柠条			113	113	
	老芒麦	0.5	55		275	
	无芒雀麦	1.0	61		610	11
	披碱草	0.2	51		102	153
	红豆草	0.8	60		480	200
	沙蒿			120	120	
	猫尾草	0.1	56		56	5
	毛苕子（非绿肥）	0.1	60		60	

2-24　2005 年各地区分种类牧草种子生产情况（续）

单位：万亩、公斤/亩、吨

地　区	牧草种类	草种田面积	平均产量	草场采种量	草种生产量	草种销售量
	箭筈豌豆	1.8	120		2 160	1 600
	燕麦	1.1	145		1 595	
	青饲、青贮高粱	0.1	250		250	
	青饲、青贮玉米	0.2	290		580	
小　计		125.6		233	52 037	3 541
青　海	披碱草	15.4	25		3 850	
	其它多年生牧草	7.1	27		1 898	
	燕麦	11.6	231		26 811	
	紫花苜蓿	0.5	23		110	
	箭筈豌豆	0.7	90		585	
小　计		35.2			33 255	
宁　夏	紫花苜蓿	2.0	20	1	401	200
	柠条	0.5	10	5	55	
	红豆草	0.5	20		100	20
小　计		3.0	50	6	556	220
新　疆	紫花苜蓿	5.5	21		1 157	
	鸭茅	0.9	10		85	
	无芒雀麦	1.1	33		358	
	红豆草	1.0	40		400	
	其它多年生牧草	2.4	10		235	
	苏丹草	0.3	80		200	
小　计		11.1			2 435	
全　国		331.0		21 446	145 674	14 263

五、商品草生产情况

2－25 全国商品草生产情况

单位：万亩、吨

年份	生产面积	总产量	销售量
2001	273.1	1 492 176	1 122 143
2002	362.5	1 975 151	1 225 215
2003	766.8	4 098 922	2 651 901
2004	1 026.7	4 664 304	2 049 492
2005	1 002.8	4 542 421	2 821 008

2－26　2001 年各地区分种类商品草生产情况

单位：万亩、公斤/亩、吨

地　区	牧草种类	生产面积	平均产量	总产量	销售量
河　北	紫花苜蓿	20.0	1 000	200 000	100 000
小　计		20.0		200 000	100 000
山　西	紫花苜蓿				
小　计					
内蒙古	紫花苜蓿	60.0	500	30 000	30 000
小　计		60.0		30 000	30 000
辽　宁	紫花苜蓿	11.5	500	57 600	4 200
小　计		11.5		57 600	4 200
吉　林	紫花苜蓿	1.6	288	4 600	1 000
	羊草	31.0	141	43 701	10 000
小　计		32.6		48 301	11 000
安　徽	其它多年生牧草	0.1	500	500	500
	其它一年生牧草	0.3	1 000	3 000	3 000
小　计		0.4		3 500	3 500
河　南	紫花苜蓿	0.5	800	4 000	3 000
小　计		0.5		4 000	3 000
湖　北	其它多年生牧草		10		
	其它一年生牧草		31		
小　计					
四　川	多花黑麦草	28.0	1 342	375 760	369 050
	高梁苏丹草杂交种	2.3	1 318	30 578	30 578
	老芒麦	2.0	400	8 000	8 000
	披碱草	2.1	430	8 815	8 815
小　计		34.4		423 153	416 443
西　藏	紫花苜蓿	0.01	1 000	75	
	披碱草	0.003	700	18	
	青饲、青贮玉米	0.2	625	1 250	
	箭筈豌豆	9.3	500	46 500	
	燕麦	1.2	690	8 280	
小　计		10.7		56 123	
甘　肃	紫花苜蓿	103.0	650	669 500	554 000
小　计		103.0		669 500	554 000
全　国		273.0		1 492 176	1 122 143

2－27　2002年各地区分种类商品草生产情况

单位：万亩、公斤/亩、吨

地　区	牧草种类	生产面积	平均产量	总产量	销售量
河　北	紫花苜蓿	24.0	1 000	240 000	100 000
小　计		24.0		240 000	100 000
山　西	紫花苜蓿				
小　计					
内蒙古	紫花苜蓿	65.0	500	32 500	32 500
小　计		65.0		32 500	32 500
辽　宁	紫花苜蓿	50.4	500	252 000	20 700
小　计		50.4		252 000	20 700
吉　林	紫花苜蓿	1.8	198	3 555	1 245
	羊草	33.0	136	45 002	15 000
小　计		34.8		48 557	16 245
浙　江	鸭茅	9.0			
	老芒麦	9.0			
小　计		18.0			
安　徽	其它多年生牧草	2.8	500	13 750	13 750
安　徽	其它一年生牧草	1.1	1 000	10 500	10 500
小　计		3.8		24 250	24 250
河　南	紫花苜蓿	1.3	800	10 400	8 000
小　计		1.3		10 400	8 000
湖　北	其它多年生牧草		33		
	其它一年生牧草		55		
小　计					
四　川	多花黑麦草	31.0	1 355	420 050	420 180
	高粱苏丹草杂交种	3.1	1 331	40 995	41 000
	老芒麦	2.0	420	8 484	8 484
	披碱草	2.1	432	8 856	8 856
小　计		38.2		478 385	478 520
西　藏	箭筈豌豆		690	14	
	紫花苜蓿	0.001	1 200	15	
	披碱草	0.004	700	30	
小　计		0.01		59	
甘　肃	紫花苜蓿	127.0	700	889 000	545 000
小　计		127.0		889 000	545 000
全　国		362.0		1 975 151	1 225 215

2-28 2003年各地区分种类商品草生产情况

单位：万亩、公斤/亩、吨

地 区	牧草种类	生产面积	平均产量	总产量	销售量
河 北	紫花苜蓿	10.0	1 000	100 000	14 000
	老芒麦	1.0	280	2 800	1 300
	青饲、青贮玉米	39.0	2 500	975 000	834 000
小 计		50.0		1 077 800	849 300
山 西	紫花苜蓿				
小 计					
内蒙古	紫花苜蓿	70.0	500	35 000	35 000
小 计		70.0		35 000	35 000
辽 宁	紫花苜蓿	87.4	500	437 000	52 300
小 计		87.4		437 000	52 300
吉 林	紫花苜蓿	2.3	248	5 704	1 400
	羊草	38.0	122	46 303	18 100
小 计		40.3		52007	19 500
黑龙江	紫花苜蓿	70.0	410	287 000	250 000
	羊草	80.0	150	120 000	100 000
	碱茅	60.0	100	60 000	60 000
	其它多年生牧草	22.5	170	38 250	38 250
小 计		232.5		505 250	448 250
安 徽	其它多年生牧草	5.0	500	24 750	24 750
	其它一年生牧草	1.9	1 000	18 600	18 600
小 计		6.8		43 350	43 350
河 南	紫花苜蓿	2.4	900	21 600	15 000
小 计		2.4		21 600	15 000
湖 北	其它多年生牧草		33		
	其它一年生牧草		58		
小 计					
四 川	多花黑麦草	35.0	1 369	479 150	477 725
	高粱苏丹草杂交种	3.1	1 344	40 992	41 003
	老芒麦	2.3	415	9 338	9 338
	披碱草	2.1	435	9 135	9 135
小 计		42.4		538 615	537 201
甘 肃	紫花苜蓿	135.0	658	888 300	649 000
小 计		135.0		888 300	649 000
宁 夏	紫花苜蓿	100.0	500	500 000	3 000
小 计		100.0		500 000	3 000
全 国		766.8		4 098 922	2 651 901

2-29 2004年各地区分种类商品草生产情况

单位：万亩、公斤/亩、吨

地区	牧草种类	生产面积	平均产量	总产量	销售量
河北	紫花苜蓿	24.0	1 000	240 000	98 000
	老芒麦	0.2	2 500	5 000	1 000
小计		24.2		245 000	99 000
山西	紫花苜蓿				
小计					
内蒙古	紫花苜蓿	80.0	500	40 000	40 000
小计		80.0		40 000	40 000
辽宁	紫花苜蓿	75.6	500	378 000	12 000
小计		75.6		378 000	12 000
吉林	紫花苜蓿	4.3	400	17 000	6 500
	披碱草	3.0	200	6 000	3 000
	羊草	42.0	110	46 032	20 900
	碱茅	3.0	200	6 000	
小计		52.3		75 032	30 400
黑龙江	紫花苜蓿	60.0	410	246 000	200 000
	羊草	120.0	160	192 000	192 000
	碱茅	40.0	100	40 000	40 000
	其它多年生牧草	46.0	180	82 800	82 800
小计		266.0		560 800	514 800
安徽	饲用块根块茎作物	42.8	122	52 216	
	一年生黑麦草	0.5	2 000	9 000	
	高梁苏丹草杂交种	2.8	2 000	56 000	
	一年生黑麦草	0.5	500	2 250	2 250
小计		46.5		119 466	2 250
福建	青饲、青贮玉米	13.1	1	98	
	其它多年生牧草	72.9	0.4	255	
	大麦	2.2	0.2	4	
小计		88.2		357	
山东	紫花苜蓿	102.9	1 000	1 028 700	28 660
小计		102.9		1 028 700	28 660

2-29　2004年各地区分种类商品草生产情况（续）

单位：万亩、公斤/亩、吨

地　区	牧草种类	生产面积	平均产量	总产量	销售量
河　南	紫花苜蓿	6.0	900	54 000	46 000
小　计		6.0		54 000	46 000
广　西	柱花草	0.1	500	600	100
小　计		0.1		600	100
重　庆	紫花苜蓿	0.7	1 000	6 500	6 500
	象草（王草）	0.1	1 000	1 000	1 000
	狼尾草（多年生）	0.01	1 000	50	50
小　计		0.8		7 550	7 550
四　川	多花黑麦草	39.7	1 329	527 613	527 446
	高粱苏丹草杂交种	3.1	1 305	40 840	40 841
	老芒麦	4.9	425	20 825	20 825
	披碱草	4.5	436	19 620	19 620
小　计		52.2		608 898	608 732
陕　西	三叶草	26.0	550	143 000	
	沙打旺	8.0	1 500	120 000	
	紫花苜蓿	40.0	650	260 000	
	多年生黑麦草	5.0	700	35 000	
	柠条	7.0	280	19 600	
	草木樨	5.0	600	30 000	
	其它多年生牧草	5.0	800	40 000	
小　计		96.0		647 600	
甘　肃	紫花苜蓿	135.0	658	888 300	650 000
小　计		135.0		888 300	650 000
青　海	青饲、青贮玉米	1.0	1 000	10 000	10 000
小　计		1.0		10 000	10 000
全　国		1 026.7		4 664 304	2 049 492

2-30　2005年各地区分种类商品草生产情况

单位：万亩、公斤/亩、吨

地　区	牧草种类	生产面积	平均产量	总产量	销售量
河　北	紫花苜蓿	68.7	1 000	687 000	541 000
	披碱草	0.6	500	3 000	1 600
	冰草	0.4	500	2 000	1 000
小　计		69.7		692 000	543 600
山　西	紫花苜蓿				
小　计					
内蒙古	紫花苜蓿	65.0	500	32 500	32 500
小　计		65.0		32 500	32 500
辽　宁	紫花苜蓿	81.4	500	407 000	9 000
小　计		81.4		407 000	9 000
吉　林	紫花苜蓿	4.0	300	12 000	8 000
	羊草	70.0	100	70 000	37 000
	碱茅	2.0	100	2 000	
小　计		76.0		84 000	45 000
黑龙江	紫花苜蓿	60.0	410	246 000	83 000
	羊草	120.0	155	186 000	134 000
	碱茅	40.0	100	40 000	40 000
	其它多年生牧草	46.0	177	81 420	20 800
小　计		266.0		553 420	277 800
安　徽	饲用块根块茎作物	46.3	122	56 486	
	大麦	20.8	210	43 680	
	青饲、青贮玉米	6.6	1 500	99 000	99 000
	一年生黑麦草	0.5	800	3 600	3 600
	高梁苏丹草杂交种	3.0	2 000	60 000	60 000
小　计		77.2		262 766	162 600
山　东	紫花苜蓿	42.0	1 000	419 630	71 835
小　计		42.0		419 630	71 835
河　南	紫花苜蓿	6.5	900	58 500	37 800
小　计		6.5		58 500	37 800
湖　北	其它多年生牧草	50.2	1	446	

2－30 2005年各地区分种类商品草生产情况（续）

单位：万亩、公斤/亩、吨

地区	牧草种类	生产面积	平均产量	总产量	销售量
	其它一年生牧草	26.5	1	217	
小计		76.7		664	
广西	柱花草	0.1	500	600	100
小计		0.1		600	100
重庆	三叶草	2.0			
小计		2.0			
四川	多花黑麦草	43.0	1 382	594 260	598 519
	高梁苏丹草杂交种	3.3	1 358	44 814	44 799
	老芒麦	7.5	423	31 725	31 725
	披碱草	7.3	430	31 390	31 390
小计		61.1		702 189	706 433
甘肃	苏丹草	3.0	1 400	42 000	
	籽粒苋	0.5			
	毛苕子（非绿肥）	0.2	64	128	0.1
	箭筈豌豆	7.5	736	55 200	0.1
	燕麦	5.6	340	19 040	40
	青饲、青贮玉米	0.6	1 104	6 624	
	紫花苜蓿	143.9	800	1 151 200	932 300
	三叶草	0.1	400	400	
	无芒雀麦	0.2	500	1 000	
	披碱草	0.6	500	3 000	
	冰草	0.5	200	1 000	
	猫尾草		600		
小计		162.7		1 279 592	932 340
青海	老芒麦	12.6	300	37 800	1 000
	披碱草	3.9	300	11 760	1 000
小计		16.5		49 560	2 000
全国		1 002.8		4 542 421	2 821 008

六、草产品加工企业生产情况

2-31　全国草产品加工企业生产情况

单位：吨

年份	实际生产量	草捆产量	草块产量	草颗粒产量	草粉产量	其他	出口量	进口量
2001	57 000	52 000		5 000	200		3 000	
2002	54 000	53 000		1 000	500		5 000	
2003	66 500	56 500	100	10 100			5 000	
2004	1 043 659	348 527	218 945	74 208	340	50	68 360	
2005	1 052 740	425 405	203 325	101 750	1 600		78 300	

2－32 2001年各地区草产品

地 区	企业名称	产品牧草种类	生产能力	实际生产量	草捆产量
河 北	方圆草业公司	紫花苜蓿	15 000	8 000	8 000
	埃洛草业公司	紫花苜蓿	20 000	14 000	14 000
	冀州加禾农产品有限公司	紫花苜蓿	30 000	10 000	10 000
	飞豹草业有限公司	紫花苜蓿	40 000	3 000	3 000
	国富草业公司	紫花苜蓿	50 000	13 000	13 000
河 南	河南省瑞丰实业股份有限公司	紫花苜蓿	4 000	2 000	2 000
	新湖滨（三门峡）发展有限责任公司	紫花苜蓿	50 000	2 000	2 000
四 川	四川正农牧集团有限公司		30 000	5 000	

2－33 2002年各地区草产品

地 区	企业名称	产品牧草种类	生产能力	实际生产量	草捆产量
河 北	飞豹草业有限公司	紫花苜蓿	40 000	3 000	3 000
	冀州加禾农产品有限公司	紫花苜蓿	30 000	10 000	10 000
	国富草业公司	紫花苜蓿	50 000	13 000	13 000
	中旺绿缘草业有限公司	紫花苜蓿	10 000	2 000	2 000
	埃洛草业公司	紫花苜蓿	20 000	14 000	14 000
河 南	方城县绿源牧草业开发有限责任公司	紫花苜蓿	10 000	2 000	2 000
	新湖滨（三门峡）发展有限责任公司	紫花苜蓿	50 000	6 000	6 000
	河南省瑞丰实业股份有限公司	紫花苜蓿	4 000	3 000	3 000
四 川	剑阁县汉阳镇草粉厂		5 000	1 000	

加工企业生产情况

单位：吨

草块产量	草颗粒产量	草粉产量	其他	出口量	进口量	出口地	联系方式
							南皮许长清 13931704317
							南皮李瑞德 8616423
							苏鹏亮 0318—8612176
				3 000		韩国及东南亚	邢台广泉县 7232111
							黄骅李树林 13503173876
		200					13837432167
							0398—2960486
	5 000						0832—7010867

加工企业生产情况

单位：吨

草块产量	草颗粒产量	草粉产量	其他	出口量	进口量	出口地	联系方式
				3 000		韩国及东南亚	邢台广泉县 7232111
							苏鹏亮 0318—8612176
							黄骅市李树林 13503173876
				2 000		韩国	邢台隆尧县 6598248
							南皮李瑞德 8616423
							13837387930
		500					0398—2960486
							13837432167
	1 000						0839—6625921

2-34　2003 年各地区草产品

地　区	企业名称	产品牧草种类	生产能力	实际生产量	草捆产量
河　北	飞豹草业有限公司	紫花苜蓿	40 000	3 000	3 000
	冀州加禾农产品有限公司	紫花苜蓿	30 000	3 000	3 000
	国富草业公司	紫花苜蓿	50 000	13 000	13 000
	永旺草业有限公司	紫花苜蓿	10 000	2 000	2 000
	埃洛草业公司	紫花苜蓿	20 000	14 000	14 000
河　南	范县黄河草业公司	紫花苜蓿	10 000	4 000	4 000
	河南省瑞丰实业股份有限公司	紫花苜蓿	4 000	3 500	3 500
	新湖滨（三门峡）发展有限责任公司	紫花苜蓿	50 000	6 000	6 000
	渑池县豫芃草业有限公司	紫花苜蓿	10 000	2 000	2 000
	渑池县朝阳草业发展有限公司	紫花苜蓿	20 000	3 000	3 000
	封丘县新丰草业发展有限公司	紫花苜蓿	10 000	3 000	3 000
四　川	洪雅县合力饲料有限公司			10 000	

加工企业生产情况

单位：吨

草块产量	草颗粒产量	草粉产量	其他	出口量	进口量	出口地	联系方式
				3 000		韩国及东南亚	邢台广泉县 7232111
							苏鹏亮 0318—8612176
							黄骅市李树林 13503173876
				2 000		韩国	永年宁屯村杜尚所 0310—6791229
							南皮县李瑞德 8616423
							0393—5265359
							13837432167
							0398—2960486
100							13949752996
							0398—4777288
	100						13837387930
	10 000						13708168839

2-35 2004 年各地区草产品

地 区	企业名称	产品牧草种类	生产能力	实际生产量	草捆产量
河 北	武邑县饲草饲料场	紫花苜蓿	1 000	500	250
	万全盛隆草业公司	紫花苜蓿，老芒麦，披碱草	3 000	3 000	
	绿缘有限公司	紫花苜蓿	3 600	3 000	3 000
	方源草业公司	紫花苜蓿	10 000	6 000	5 400
	中旺绿缘	紫花苜蓿	50 000	30 000	24 000
	国富草业公司	紫花苜蓿	50 000	16 000	16 000
	方圆草业公司	紫花苜蓿	15 000	8 000	5 600
	埃洛草业公司	紫花苜蓿	20 000	13 000	10 000
山 西	欣源草业	紫花苜蓿	50 000	10 000	3 000
	美华饲草有限公司	紫花苜蓿	50 000	20 000	
	白僧庄牧场	紫花苜蓿	15 000	10 000	8 000
内蒙古	扎兰屯市布特哈草业科技开发有限公司		1 500	500	500
	通辽市三星草业科技开发有限公司		1 000	500	
	乌拉特前旗祥庆种畜改良有限公司		400	100	50
	广德公百合草业		3 000	1 000	
	鄂前旗亿利集团上海庙生态科技公司		4 000	400	
	杜尔基饲料厂		2 000	700	70
	磴口伍信秀旺饲料公司		2 000	1 000	
	磴口蒙欣饲料公司		600	550	
	通辽市东蒙草业有限公司		10 000	450	
	天宇公司饲料厂		5 000	1 000	
	乌拉特前旗青松草业有限公司		6 000	5 000	
	内蒙古黄羊洼草业有限公司		10 000	5 000	1 000
	临河康西饲料公司		5 000	5 000	
	临河恒牧科技饲料公司		10 000	1 000	
	临河飞虹饲料公司		5 000	1 000	
	林西县阳光秸草有限公司		10 000	5 000	

加工企业生产情况

单位：吨

草块产量	草颗粒产量	草粉产量	其他	出口量	进口量	出口地	联系方式
200	50						0318—5713825
1500	1 500						13323236628
							邯郸县北张庄镇
600							13582737188
6000							隆尧县
							13503173876
2400							南皮县 13703179473
3000							0317—8616423
3000	4 000						
10 000	10 000						
1000	1 000						
							扎兰屯市杨广勇 13847006348
500							通辽市科尔沁区李建东 13019547500
50							前旗西山咀镇 13947807949
300							惠至贤 13848667698
120							鄂前旗上海庙镇田壮荣 13327077798
280							徐国忠 0482—5700060
400							磴口巴彦高勒镇 13947843892
280							磴口巴彦高勒镇 13034781187
260							科左中旗杨醉宇 13604751718
100							李强 0482—5180761
100							前旗西山咀镇 0478—3212526
1000							孟宪龙 0476—4329039
1000							临河区 0478—8313896
1000							临河区 0478—8276246
500							临河区 13500686611
500							0476—5460119

2－35　2004 年各地区草产品

地　区	企业名称	产品牧草种类	生产能力	实际生产量	草捆产量
	杭锦旗亿丰饲料公司		20 000	1 000	
	得利海草业开发有限公司		13 000	1 000	
	林西县天津大洋饲料厂		8 000	10 000	
	杭锦旗欣欣饲料公司		10 000	10 000	
	杭锦旗佳丰饲料公司		10 000	3 000	
	鄂温克旗大地草业经济技术有限公司		10 000	2 000	
	敖汉旗芳源草产品加工厂		5 000	1 500	
	敖汉苜蓿草业有限公司		5 000	1 000	
	松昌草业		60 000	25 000	
	前旗树林乡饲料公司		3 500	1 000	
	内蒙古大公草畜有限公司		32 000	1 000	
	内蒙古草原万旗公司		60 000	10 000	
	临河昌河饲料公司		10 000	2 000	
	华蒙金河农业公司		20 000	2 000	
	鄂旗塞乌素草业公司		30 000	1 000	
	达旗正东生物科技有限公司		40 000	2 000	
	达旗华森草业公司		80 000	4 000	
	赤峰中正饲料公司		60 000	4 000	
	赤峰中牧饲料科技公司		58 000	10 000	
	锡盟饲料供应站		15 000	2 500	
	乌拉盖鸿图草业公司		15 000	2 000	
	通辽市库伦旗绿丰草业有限公司		20 000	10 000	
	内蒙古特木牧业开发有限公司		20 000	10 000	
	临河富川科技饲料公司		20 000	2 000	
辽　宁	禾丰牧业	紫花苜蓿	50 000	3 000	1 800
	大丰牧业	紫花苜蓿	50 000	10 000	10 000
	阜新天照草业	紫花苜蓿	50 000	2 000	1 200

加工企业生产情况（续）

单位：吨

草块产量	草颗粒产量	草粉产量	其他	出口量	进口量	出口地	联系方式
100							杭锦旗呼和木独镇 乔学军 0477—6861148
100							马晓光 0476—6233528
1000							0476—5560204
1000							杭锦旗呼和木独镇郭培容
300							杭锦旗呼和木独镇盛长刚
150							鄂温克旗、黎明 13904709164
100							杨文俊 0476—4620203
100							霍洪山 0476—4530103
250							张仁坡 13704761948
100							前旗树林乡 0478—3652081
150							常瑞江 0482—8220086
400							潘秀春 13804769929
400							临河开发区 0478—8236782
100							
200							鄂旗草籽场 杨阳 0477—6541111
400							达旗树林召镇 13327062888
400							达旗大树湾镇 0477—5764726
1500							
260							王国军 13947639988
200							锡林浩特市 梁广耀 0479—8262609
1000							乌拉盖开发区
1000							库伦旗张秀泉 13015144076
1000							巴彦呼舒镇 13948974999
200							临河区 13304788302
1200							0418—7746001
800							0418—7889505

2－35 2004 年各地区草产品

地 区	企业名称	产品牧草种类	生产能力	实际生产量	草捆产量
	建平圣丰草业	紫花苜蓿	50 000	3 000	2 100
	科茵草业	紫花苜蓿	12 000	12 000	12 000
	中农草业	紫花苜蓿	6 000	6 000	6 000
	绿州草业		5 000	1 450	783
	锦州小东畜牧开发分场	紫花苜蓿	5 000	3 600	3 600
	锦州畜牧兽医总站	紫花苜蓿	2 400	2 000	2 000
吉 林	吉林时代绿源草产业有限公司	羊草	30 000	15 000	9 000
	吉农草业科技发展有限公司	紫花苜蓿	30 000	3 000	150
	振兴饲草饲料有限公司	羊草	20 000	13 000	13 000
	华城草业公司	羊草	15 000	10 000	10 000
	大安宏日草业公司	羊草	10 000	6 000	6 000
	洮河草业公司	羊草	10 000	6 000	6 000
	延边草原开发公司	猫尾草	10 000	3 000	3 000
	龙井市草原站	猫尾草	10 000	2 500	2 500
	红星草业公司	羊草	5 000	5 000	5 000
	省畜禽总公司	羊草	5 000	3 000	3 000
	镇南草业公司	羊草	5 000	3 000	3 000
	沁原草业公司	羊草	5 000	2 000	2 000
	宝甸草业公司	羊草	5 000	2 000	2 000
	百晨草业公司	羊草	5 000	3 000	3 000
山 东	山东省三角洲农牧有限公司		70 000	1 500	600
	明芳饲料		90 000	40 000	
	群岛饲料		40 000	15 000	
	凤祥集团公司草业公司		14 600	6 000	
	光风草业		10 000	10 000	8 000
	同发饲料		10 000	3 000	
	宁阳鑫元草业公司		20 000	15 000	7 500

加工企业生产情况（续）

单位：吨

草块产量	草颗粒产量	草粉产量	其他	出口量	进口量	出口地	联系方式
900							
							0419—7155555
							0410—6863811
677							0418—8824318
							0416—5900002
							0416—2915608
6000				1 500		韩国	长春市 张宪亭 0431—5691713
	2 850			2 000		韩国	公主岭市 李树生 0434—6282011
				10 000		日本	镇赉县 邹树元 0436—7881009
				10 000		日本	白城市 石国志 13596833104
				2 000		韩国、日本	长春市 闫日清 13009116393
				2 000		日本	白城市洮北区 朱正赤 13504368328
				1 000		韩国	延吉市 金永奎 0433—2830760
				500		韩国	龙井市 金龙洙 0433—3223220
				2 000		韩国	前郭县 王树芳 13904382701
				1 500		日本	长春市 王洪录 0431—5626806
				2 000		韩国、日本	镇赉县 李楚斌 13804362149
							长岭县 张庆超 13943305718
							前郭县 修友 0438—2540098
							镇赉县 王军发 0436—7255800
450	450			10		韩国	菏泽单县 张杰（0530）4680060
20 000	20 000					韩国	张金芳 0535—2867988
7500	7 500					韩国	0535—2209251
3000	3 000						
							大王寨江海军 0635—7589976
						韩国	赵锡亭 0535—2742321
3750	3 750						宁阳县王学功 0538—5543198

2-35　2004 年各地区草产品

地　区	企业名称	产品牧草种类	生产能力	实际生产量	草捆产量
	开元公司		5 000	3 000	3 000
	陈家墩饲料		5 000	2 000	
	莱阳草业		5 000	5 000	
	横店集团滨洲草业		15 000	5 000	5 000
	青岛兴牧农业科技公司		10 000	6 000	
	绵马公司		3 000	2 000	1 400
	超军公司		4 000	2 500	1 875
	潍坊绿丰纤维饲料		5 000	3 000	900
	无棣县苜蓿粉场		4 000	3 200	320
	神内牧草加工厂		2 000	1 300	1 040
	滨洲市草业中心		4 000	3 500	2 450
河　南	新乡市裕华农牧科技发展有限公司	紫花苜蓿	30 000	3 000	3 000
	新乡市华太生物草业有限公司	紫花苜蓿	60 000	5 000	5 000
	渑池县豫芃草业有限公司	紫花苜蓿	10 000	3 000	3 000
	新湖滨（三门峡）发展有限责任公司	紫花苜蓿	50 000	5 000	5 000
	河南省瑞丰实业股份有限公司	紫花苜蓿	4 000	3 000	3 000
	范县黄河草业公司	紫花苜蓿	10 000	5 000	5 000
	新乡市海润苜蓿秸草发展有限公司	紫花苜蓿	37 000	3 000	
	渑池县朝阳草业发展有限公司	紫花苜蓿	23 000	2 000	
	封丘县新丰草业发展有限公司	紫花苜蓿	12 000	10 000	
	河南合博草业有限公司	紫花苜蓿	6 000	5 000	
	郑州黄河草业畜牧有限公司	紫花苜蓿	5 000	5 000	
	方城县绿源牧草业开发有限责任公司	紫花苜蓿	8 000	6 000	
广　西	广西壮族自治区牧草工作站	柱花草	1 500	500	450
重　庆	重庆万绿草业	紫花苜蓿	20 000	6 500	6 000
	迪尔牧业	象草（王草）	8 000	1 000	1 000
	重庆市开县山人种业集团	狼尾草（多年生）	20	15	

加工企业生产情况（续）

单位：吨

草块产量	草颗粒产量	草粉产量	其他	出口量	进口量	出口地	联系方式
							东营市李杰 13854649215
1 000	1 000						韩学义 13854527749
2 500	2 500						辛建海 7200905
							张总
							即墨 曲志业 13964260688
300	300						东营市李希才 13054649215
313	313						东营市陈华 13963368728
900	900					韩国	寒亭区高里镇
1 440	1 440						尚玉恒
130	130						张令进
525	525						张涛
							0373－3135689
		140					13937399869
		200					13707645033
							0398－2960486
							13837432167
							0393－5265359
							0373－2029581
							0398－4776279
							0373－8299918
							0371－65778895
							0371－66218505
			50				广西崇左市渠黎镇陈兴乾：0771－7562380
500							
				1 000		日本、韩国	重庆市大足县石马镇 13983117836
15							全军 023－52615178

2－35　2004 年各地区草产品

地　区	企业名称	产品牧草种类	生产能力	实际生产量	草捆产量
	重庆市开县山川种羊场	皇竹草	40	35	
四　川	洪雅县合力饲料有限公司		100 000	13 000	
甘　肃	陇东克劳沃		20 000	120	120
	丰达草业公司		20 000	300	150
	兰州田园草业生态科技有限公司		3 000	800	480
	农科草业公司		10 000	8 000	8 000
	民勤县紫荆花草产品开发公司		10 000	8 000	8 000
	民勤新希望草产品开发公司		10 000	6 000	6 000
	积石山县兴禹饲料公司		5 000	1 357	1 357
	甘肃杨柳牧草饲料公司		10 000	5 000	2 000
	崇信宏达草业公司		10 000	10	10
	玉门大业牧草有限公司		100 000	20 000	16 000
	新西部草业公司		50 000	25 000	
	酒泉大业牧草有限公司		100 000	35 000	24 500
	华池通达草业公司		50 000	50 000	1 650
	高台大业公司		100 000	26 000	
	甘肃天耀草业科技有限公司		50 000	1 000	1 000
	成都大业甘州公司		100 000	15 000	
	镇原县武沟草粉厂		20 000	140	140
	通渭鸿泰牧业公司		20 000	1 000	1 000
	庆阳绿鑫草业开发公司		20 000	500	500
	宁县绿鑫草业开发公司		20 000	132	132
	凉州区黄羊草畜公司		30 000	10 000	
	甘肃中农草业开发公司		30 000	15 000	4 950
青　海	青海贵南丰润草畜有限责任公司	无芒雀麦	100 000	40 000	25 000
宁　夏	金泉草业	紫花苜蓿	60 000	60 000	
	盐池绿海草业公司	紫花苜蓿	40 000	30 000	
	卉丰农林牧场	紫花苜蓿	30 000	27 000	
	贺兰山茂盛草业公司	紫花苜蓿	80 000	70 000	

加工企业生产情况（续）

单位：吨

草块产量	草颗粒产量	草粉产量	其他	出口量	进口量	出口地	联系方式
35							刘贵培。13509442322
	13 000						13708168840
							庆阳市西峰区
150				50		日本	平凉市泾川县 13993329028
320							武威市民勤县 13919035657
							白银市景泰县
				2 600		日本、韩国	武威市民勤县
							武威市民勤县
							临夏州积石山县
3000							金昌市永昌县 13993594890
						日本	平凉市崇信县
4000				8 000		日本、韩国	玉门市 0937－3368600
25 000				2 000		韩国	白银市景泰县 13893334593
10 500				10 000		日本、韩国	酒泉市 0937－5918316
3350				3 000		日本	庆阳市华池县 13319105596
26 000							张掖市高台县
							定西市通渭县
15 000				4 000		日本韩国	张掖市甘州区
140							庆阳市镇原县
							定西市通渭县
							庆阳市环县
							庆阳市宁县
10 000				3 000		韩国	武威市凉州区
10 050							金昌市永昌县 0935－7530556
15 000				200			0974－8509038
							0954－2081590
							0953－6015885
							惠农区新简泉路
							0951－2156618

2-36 2005年各地区草产品

地区	企业名称	产品牧草种类	生产能力	实际生产量	草捆产量
河北	埃洛草业公司	紫花苜蓿	20 000	14 000	10 000
	冀州加禾农产品有限公司	紫花苜蓿	40 000	3 000	
	绿缘有限公司	紫花苜蓿	10 000	2 000	2 000
	方圆草业公司	紫花苜蓿	15 000	8 000	6 000
	三河金农草业公司	紫花苜蓿	20 000	10 000	1 500
山西	美华草业公司	紫花苜蓿	50 000	20 000	16 000
	森汇隆草发展有限公司	紫花苜蓿	40 000	10 000	8 000
	通达草业公司	紫花苜蓿	30 000	10 000	6 000
	欣源草业公司	紫花苜蓿	50 000	10 000	3 000
内蒙古	包头市九原区邦达兴草业投资有限公		20 000	12 000	
	科右中旗内蒙特木牧业开发公司		3 000	1 500	
	科右前旗内蒙古大公草畜饲草饲料加工厂		3 000	2 000	200
	鄂旗赛乌素绿洲草业有限责任公司		8 000	4 000	
	内蒙古科维尔绿色畜牧草业有限责任公司		1 000	200	200
	赤峰松山区哈拉道口镇孙立军葵花加工厂		6 000	470	
	通辽市霍市正昌草业公司		3 000	600	600
	敖汉旗大连雪龙稻草加工厂		1 000	900	
	敖汉旗苜蓿草业有限公司		360	300	
	敖汉芳原草产品有限公司		1 000	1 000	
	巴林左旗草业公司		1 000	20	
	敖汉内蒙古黄羊洼草业有限公司		20 000	16 000	
	乌前旗青松草业有限责任公司		600	500	500
	宁城草原万旗饲料公司		12 000	3 200	
	宁城赤峰中牧饲料公司		10 000	3 500	
辽宁	禾丰牧业	紫花苜蓿	50 000	1 520	1 520
	阜新天照草业	紫花苜蓿	50 000	7 660	4 098
	建平圣丰草业	紫花苜蓿	50 000	19 550	19 550
	科茵草业	紫花苜蓿	12 000	3 000	3 000
	锦州小东畜牧开发分场	紫花苜蓿	5 000	5 000	5 000

加工企业生产情况

单位：吨

草块产量	草颗粒产量	草粉产量	其他	出口量	进口量	出口地	联系方式
1 000	3 000						0317－8616423
2 000	1 000						0318－7232111
							0319－6598248
2 000							13931704317
8 500							13503265896
2 000	2 000						
2 000							
2 000	2 000						
3 000	4 000						
1 000							包头市九原区
500							兴安盟科尔沁右翼中旗
							兴安盟科尔沁右翼中旗
	400						鄂尔多斯市鄂托克旗
							乌兰察布市丰镇市
	470						赤峰市松山区
							通辽市霍林郭勒市
500							赤峰市敖汉旗
	300						赤峰市敖汉旗
		500					赤峰市敖汉旗
	20						赤峰市巴林左旗
	1 000	600					赤峰市敖汉旗
							巴彦淖尔市乌拉特前旗
	1 000						赤峰市宁城县
	1 000						赤峰市宁城县
							0418－7746001
3 562							0418－7889505
							13898088089
							0419－7155555
							0416－5900002

2－36 2005年各地区草产品

地 区	企业名称	产品牧草种类	生产能力	实际生产量	草捆产量
吉 林	吉林时代绿源草产业有限公司	羊草	30 000	15 000	15 000
	吉农草业科技发展有限公司	紫花苜蓿	30 000	3 500	
	振兴饲草饲料有限公司	羊草	20 000	12 000	12 000
	华城草业公司	羊草	15 000	10 000	10 000
	吉林华雨草业有限公司	羊草	10 000	6 000	6 000
	大安宏日草业公司	羊草	10 000	6 000	6 000
	洮河草业公司	羊草	10 000	6 000	6 000
	延边草原开发公司	猫尾草	10 000	3 000	3 000
	龙井市草原站	猫尾草	10 000	1 000	1 000
	镇南草业公司	羊草	7 000	3 000	3 000
	红星草业公司	羊草	5 000	5 000	5 000
	省畜禽总公司	羊草	5 000	3 000	3 000
	百晨草业公司	羊草	5 000	3 000	3 000
	宝甸草业公司	羊草	5 000	2 000	2 000
	沁原草业公司	羊草	5 000	1 000	1 000
	天一草业公司	羊草	5 000	300	300
山 东	陈家墩饲料公司		5 000	1 000	
	于义军玉米青贮饲料公司		5 000	2 000	
	临沂市畜牧场		4 500	2 000	1 600
	临沂盛能集团公司		4 000	1 800	1 080
	宁阳金阳林草牧合作社		1 500	1 200	1 200
	山东省杰瑞牧业科技开发中心		1 200	1 000	
	明芳饲料		40 000	25 000	
	群岛饲料		40 000	5 000	
	山东横店草业	紫花苜蓿	150 000	130 000	13 000
	潍坊绿丰纤维饲料		5 000	3 000	
	山东无棣黄河草业公司		2 000	1 000	500
	滨洲市草业开发中心		3 000	2 000	800
	宁阳鑫元草业公司		20 000	20 000	12 000

加工企业生产情况（续）

单位：吨

草块产量	草颗粒产量	草粉产量	其他	出口量	进口量	出口地	联系方式
				1 500		韩国	长春市 张宪亭 0431－5691799
	3 500			500		韩国	公主岭市 孙玉龙 0434－6282006
							镇赉县 邹树元 0436－7881009
							白城市 石国志 13596833104
							大安市 姜旭平 13894655777
				2 000		韩国	长春市 石英发 0431－7932544
							白城市洮北区 朱正赤 13504368328
				1 000		韩国	延吉市 金成吉 0433－2830760
				500		韩国	龙井市 权京植 0433－3223220
				1 000		韩国	镇赉县 李楚斌 0436－6178017
				2 000		韩国	前郭县 王树芳 0438－2720099
							长春市 王洪录 0431－5626806
							镇赉县 王军发 0436－7255800
							前郭县 修友 0438－2540098
							长岭县 张庆超 13943305718
							德惠市 徐凤祥 0431－7250968
500	500						韩学义 13854527709
1 000	1 000						于义军
200	200						
360	360						
							王延金 13395383897
							杨洁 0634－6133973
12 500	12 500					韩国	崔其锋 13791247672
2 500	2 500					韩国	金永焕 0535－2209251
						韩国	李霞 0546－830852
						韩国	
250	250						
600	600						张涛 0543－3387252
4 000	4 000			8 000		韩国	王学功 0538－5543198

2－36 2005 年各地区草产品

地 区	企业名称	产品牧草种类	生产能力	实际生产量	草捆产量
	同发饲料		10 000	2 000	
	招远金都饲料公司		10 000	2 000	
	莱阳牛乐草业加工场		12 000	2 000	1 600
	宁阳环友饲料草业公司		10 000	6 000	6 000
河 南	范县黄河草业公司	紫花苜蓿	5 000	800	800
	方城县绿源牧草业开发有限责任公司	紫花苜蓿	4 000	2 000	2 000
	河南三门峡华源兔业开发公司	紫花苜蓿	1 800	500	300
	河南省瑞丰实业股份有限公司	紫花苜蓿	5 000	4 000	4 000
	鹤壁市碧云天草业有限公司	紫花苜蓿	15 000	3 000	2 800
	洛宁天意农业科技发展有限公司	紫花苜蓿	7 000	3 000	3 000
	洛阳天象草业有限公司	紫花苜蓿	6 000	2 500	2 500
	偃师市古绿草业有限公司	串叶松香草	10 000	1 500	1 500
	渑池县豫苋草业有限公司	紫花苜蓿	10 000	7 000	7 000
	偃师市岳滩镇建发饲料厂	紫花苜蓿	800	500	400
	郑州市新密富牛草业有限公司	紫花苜蓿	4 000	2 500	2 500
	新乡金利尔奶业有限公司	紫花苜蓿	5 000	1 000	1 000
	南阳市三绿草业公司	紫花苜蓿	10 000	5 000	5 000
	新湖滨（三门峡）发展有限责任公司	紫花苜蓿	50 000	10 000	8 000
	新金源生物科技有限公司	紫花苜蓿	20 000	5 000	5 000
	新乡市海润苜蓿秸草发展有限公司	紫花苜蓿	37 000	3 000	2 000
	渑池县朝阳草业发展有限公司	紫花苜蓿	20 000	3 000	3 000
	封丘县新丰草业发展有限公司	紫花苜蓿	6 000	5 000	5 000
	河南合博草业有限公司	紫花苜蓿	4 000	2 000	2 000
	郑州黄河草业畜牧有限公司	紫花苜蓿	7 000	5 000	5 000
湖 北	湖北加澳草牧业发展有限公司		20 000	180 000	80 000
湖 南	加华牛业	多年生黑麦草	10 000	6 000	6 000
	攸县百草乳业	高梁苏丹草杂交种	3 000	1 000	750
	祁东白地市养羊场	狼尾草（多年生）	5 000	3 000	1 800
广 西	广西壮族自治区牧草工作站	柱花草	1 500	600	600

加工企业生产情况（续）

单位：吨

草块产量	草颗粒产量	草粉产量	其他	出口量	进口量	出口地	联系方式
1 000	1 000			1 600		韩国	赵锡亭 0535－2742321
1 000	1 000						李树坤 8112857
200	200						王新生 7229234
							刘进洲 13605380066
							13839297399
							0377－7598569
100	100						0398－3806332
							13837432167
	200						0392－7228795
							0379－66231770
	250						13592021788
		200					13938816606
		300					0398－4777288
	100						0379－7612486
							0371－67336299
							0373－5066198
							0377－63521072
2 000							0398－2960486
							0398－8857097
	1 000						13903808878
							0398－4777288
							0373－8530007
							0371－65778895
							13700858549
	20 000						安陆市 0712－5251281
250							
1 000	200						
							广西崇左市扶绥县渠黎镇 陈兴乾 0771－7562380

2-36　2005 年各地区草产品

地　区	企业名称	产品牧草种类	生产能力	实际生产量	草捆产量
重　庆	重庆市巫溪县文鑫农牧有限责任公司	红三叶	20 000	3 600	1 500
四　川	四川正农牧集团有限公司		30 000	6 000	
陕　西	延河草业有限责任公司		50 000	22 000	
	紫瑞饲草公司		50 000	24 000	
	中农草业有限公司		30 000	20 000	
	铜川市草产业协会		15 000	6 000	
	大河草业公司		8 000	6 000	
	紫丰草业公司		10 000	4 000	
	秦源草业有限公司		10 000	5 000	
	绿丰草业公司		1 500	1 000	
	铜川绿色草业有限公司		3 000	2 000	
甘　肃	玉门大业牧草有限公司	紫花苜蓿	150 000	20 000	4 000
	高台大业公司	紫花苜蓿	100 000	25 000	
	张掖大业公司	紫花苜蓿	100 000	10 000	
	西部草业公司	紫花苜蓿	50 000	30 000	
	酒泉大业牧草有限公司	紫花苜蓿	200 000	30 000	6 000
	甘肃中农草业开发公司	紫花苜蓿	30 000	26 000	13 000
	陇东克劳沃	紫花苜蓿	20 000	800	800
	华池通达草业公司	紫花苜蓿	20 000	1 000	400
	泾川丰达草业公司	紫花苜蓿	30 000		
	甘肃杨柳牧草饲料公司	紫花苜蓿	10 000	5 000	3 125
	甘肃田升草业公司	紫花苜蓿	9 000	9 060	1 232
	崇信宏达草业公司	紫花苜蓿	10 000	500	
	凉州区黄羊草畜公司	紫花苜蓿	10 000	7 000	
	成县三立兴牧公司	紫花苜蓿	7 500	200	140
	宁县绿鑫草业开发公司	紫花苜蓿	10 000	200	200
	甘肃天耀草业科技有限公司	紫花苜蓿	10 000	1 900	
	积石山县兴禹草业公司	紫花苜蓿	10 000	2 000	

加工企业生产情况（续）

单位：吨

草块产量	草颗粒产量	草粉产量	其他	出口量	进口量	出口地	联系方式
	2 100						冉春雨 023—51 812 169
	6 000						0832—7010 867
36 000						日本	玉门市 0937—3368 600
	25 000						张掖市高台县
10 000				30 000		韩国	张掖市甘州区
30 000				30 000		韩国	白银市景泰县 13 893 334 594
24 000						日本、韩国	酒泉市、闫卫东 13 309 378 218
13 000							金昌市永昌县 0935—7530 556
							庆城县驿马镇
600							庆阳市华池县 13 319 105 596
							平凉市泾川县 13 993 329028（停产）
1875							金昌市永昌县 13 993 594 890
7828							金川区天生炕农场
							平凉市崇信县工业园区
7000							武威市凉州区
60							陇南市成县 0939—3212 224
							庆阳市宁县早胜镇
1900							定西市通渭县
2000							临夏州积石山县

2-36　2005 年各地区草产品

地　区	企业名称	产品牧草种类	生产能力	实际生产量	草捆产量
	镇原丰源草业公司	紫花苜蓿	5 000	200	200
	镇原金泉草业公司	紫花苜蓿	2 000	200	200
	玉门大禹公司	紫花苜蓿	2 000	300	300
	酒泉大兴公司	紫花苜蓿	2 000	500	500
	甘南绿宝缘畜牧草业公司	紫花苜蓿	800	600	30
	甘南兴牧草业公司	紫花苜蓿	500	400	28
	徽县饲料厂	紫花苜蓿	7 500	4 600	4 600
	张家川张良紫花苜蓿加工厂	紫花苜蓿	500	200	100
	张家川县紫花苜蓿加工厂	紫花苜蓿	1 000	700	700
	甘肃方正草业开发有限公司	紫花苜蓿	5 000	1 160	1 160
青　海	青海贵南丰润草畜有限责任公司	燕麦	100 000	19 500	14 001
	贵南县新禾草业工贸公司	燕麦苜蓿	10 000	8 000	8 000
	青海省三角城种羊场饲料加工厂	披碱草老芒麦	10 000	4 600	800
宁　夏	花神草业	紫花苜蓿	5 000	1 000	
	牧丰草业	紫花苜蓿	3 000	1 000	
	绿野草业公司	紫花苜蓿	500	450	
	隆德县丰源饲草有限责任公司	紫花苜蓿	500	300	
	青铜峡市旭升草业发展有限公司	紫花苜蓿	300	150	
新　疆	乌什县新疆大川生态有限公司		5 000	3 000	1 800
	巩留农场天山畜牧业			1 000	
	博乐市前进牧场		5 000	2 500	
	阿勒泰地区青年农场		4 000	1 300	390
	拜成兴科牧业公司		10 000	4 000	
	察布查尔县玖苜草业公司		50 000	5 000	1 000
	特克斯县玖牧草业公司		50 000	200	
	轮台金石西域草业有限责任公司		50 000	10 000	8 000
	库尔勒大华实业开发有限责任公司		100 000		

加工企业生产情况（续）

单位：吨

草块产量	草颗粒产量	草粉产量	其他	出口量	进口量	出口地	联系方式
							镇原县马渠乡
							镇原县庙渠乡
							玉门市，崔承禹、13893775529
							酒泉市，倪兴泽、13993729903
570							甘南州 0941－3391912 李旭昕
372							甘南州 13893999728 任建军
							陇南市徽县
100							天水市
							天水市张家川县
							定西市
5 499				200			0974－8509038
							0971－5220301
3 800							0970－8653318
							宁夏隆德奠安乡 13909546113
							宁夏隆德观庄乡 13995446338
2 000	2 000						侯经理 13565248658
200							特克斯县四环路 18 号 0999－6629559
1 000	1 000						杨洪福 13150259999
							徐润广 13999015696

七、农闲田面积情况

2-37 全国农闲田

年份	农闲田可利用面积					
	合计	冬闲田	夏秋闲田	果园隙地	四边地	其他
2001	27 231.0	21 465.9	2 188.9	1 872.8	1 300.6	402.8
2002	27 268.4	21 551.8	2 122.8	1 871.1	1 314.5	408.1
2003	30 579.4	24 679.4	2 265.2	1 932.2	1 301.1	401.4
2004	28 133.7	22 210.1	2 115.5	2 130.5	1 306.5	371.1
2005	27 680.8	21 598.3	2 118.5	2 162.3	1 257.7	544.0

面积情况

单位：万亩

农闲田已利用面积					
合计	冬闲田	夏秋闲田	果园隙地	四边地	其他
1 957.6	815.7	717.9	147.3	151.3	122.3
2 556.6	1 297.9	669.3	262.2	196.9	130.3
3 054.3	1 705.3	703.9	257.3	212.8	175.1
3 097.7	1 659.6	683.0	301.8	257.4	195.9
3 519.2	1 632.8	990.3	342.6	286.7	266.8

2－38 2001年各地区

地区	农闲田可利用面积					
	合计	冬闲田	夏秋闲田	果园隙地	四边地	其他
河北	2 180.0	2 000.0	40.0	20.0	30.0	90.0
山西	23.0		8.0	6.0	5.0	4.0
吉林	6 190.0	6 000.0	10.0	100.0	50.0	30.0
浙江	500.0	500.0				
安徽	818.8	571.7	48.3	111.6	70.4	16.8
福建	2 900.0	2 900.0				
江西	1 838.0	1 250.0	264.0	150.0	114.0	60.0
山东	1 560.0	1 560.0				
河南	851.6	9.0	0.6	300.0	500.0	42.0
湖北						
湖南	4 700.0	3 000.0	750.0	500.0	350.0	100.0
广东	875.0	755.0		120.0		
广西	2 370.0	1 900.0	100.0	300.0	70.0	
重庆	360.0	150.0	60.0	40.0	60.0	50.0
四川						
云南	1 549.0	829.0	540.0	180.0		
陕西	113.0	20.0	18.0	30.0	40.0	5.0
甘肃	402.6	21.2	350.0	15.2	11.2	5.0
宁夏						
全国	27 231.0	21 465.9	2 188.9	1 872.8	1 300.6	402.8

农闲田面积情况

单位：万亩

农闲田已利用面积					
合计	冬闲田	夏秋闲田	果园隙地	四边地	其他
29.0	8.0	16.7	1.3	3.0	
6.1		1.8	2.7	1.6	
58.9	32.5	26.4			
32.0	29.5		1.1	1.3	0.1
43.5	27.4	11.1	1.6	3.5	
138.2	61.1	20.0	19.5	21.1	16.5
68.0	68.0				
10.7	0.2		6.5	4.0	
137.8	103.4	5.8	16.6	3.8	5.1
9.1	7.1		0.3	1.7	
36.8	23.3		3.2	10.3	
18.2	16.6	0.9	0.5	0.2	
20.4	15.5	1.7	0.8	2.4	
865.1	352.4	241.6	81.1	89.5	100.6
83.0	50.0	29.0	4.0		
15.0	10.0	5.0			
245.0	10.6	221.2	7.6	5.6	
140.9	0.2	136.8	0.6	3.3	
1 957.6	815.7	717.9	147.3	151.3	122.3

2-39 2002 年各地区

地区	农闲田可利用面积					
	合计	冬闲田	夏秋闲田	果园隙地	四边地	其他
河北	2 180.0	2 000.0	40.0	20.0	30.0	90.0
山西	23.0		8.0	6.0	5.0	4.0
吉林	6 190.0	6 000.0	10.0	100.0	50.0	30.0
江苏						
浙江	500.0	500.0				
安徽	829.8	577.4	44.3	102.6	74.4	31.1
福建	2 900.0	2 900.0				
江西	1 724.0	1 200.0	220.0	130.0	114.0	60.0
山东	1 680.0	1 680.0				
河南	866.5	8.0	0.5	320.0	500.0	38.0
湖北						
湖南	4 700.0	3 000.0	750.0	500.0	350.0	100.0
广东	875.0	755.0		120.0		
广西	2 370.0	1 900.0	100.0	300.0	70.0	
重庆	360.0	150.0	60.0	40.0	60.0	50.0
四川						
云南	1 549.0	829.0	540.0	180.0		
陕西	110.0	30.0		30.0	50.0	
甘肃	411.0	22.5	350.0	22.5	11.0	5.0
宁夏						
全国	27 268.4	21 551.9	2 122.8	1 871.1	1 314.5	408.1

农闲田面积情况

单位：万亩

农闲田已利用面积					
合计	冬闲田	夏秋闲田	果园隙地	四边地	其他
34.7	10.0	18.9	5.8		
5.9		1.4	2.6	1.6	0.3
60.8	42.7		10.8	7.3	
55.0	45.0	10.0			
209.0	195.7	0.5	7.7	5.0	
50.1	24.1	17.2	5.3	3.5	
158.5	78.5	22.3	24.7	21.0	12.0
55.0	55.0				
17.3	0.6		13.7	3.0	
205.6	127.2	13.8	38.9	21.9	3.9
10.3	7.8		1.1	1.4	
45.1	25.5		5.1	14.5	
18.1	16.3	1.2	0.6	0.1	
21.6	16.0	2.2	0.9	2.6	
984.4	394.8	281.8	89.9	103.8	114.1
320.0	227.0	83.0	10.0		
57.0	17.0	10.0	30.0		
154.2	14.5	118.1	14.5	7.1	
94.1	0.3	89.0	0.7	4.2	
2 556.6	1 297.9	669.3	262.2	196.9	130.3

2－40 2003 年各地区

地区	农闲田可利用面积					
	合计	冬闲田	夏秋闲田	果园隙地	四边地	其他
河北	2 180.0	2 000.0	40.0	20.0	30.0	90.0
山西	23.0		8.0	6.0	5.0	4.0
吉林	6 190.0	6 000.0	10.0	100.0	50.0	30.0
浙江	500.0	500.0				
安徽	830.2	577.4	44.3	102.6	74.4	31.4
福建	2 900.0	2 900.0				
江西	1 620.0	1 100.0	220.0	130.0	110.0	60.0
山东	1 720.0	1 720.0				
河南	889.9	8.0	0.9	350.0	500.0	31.0
湖北						
湖南	4 700.0	3 000.0	750.0	500.0	350.0	100.0
广东	875.0	755.0		120.0		
广西	2 370.0	1 900.0	100.0	300.0	70.0	
重庆	360.0	150.0	60.0	40.0	60.0	50.0
四川						
贵州	3 480.0	3 200.0	200.0	40.0	40.0	
云南	1 549.0	829.0	540.0	180.0		
陕西	62.0	20.0	12.0	30.0		
甘肃	330.3	20.0	280.0	13.6	11.7	5.0
宁夏						
全国	30 579.4	24 679.4	2 265.2	1 932.2	1 301.1	401.4

农闲田面积情况

单位：万亩

农闲田已利用面积					
合计	冬闲田	夏秋闲田	果园隙地	四边地	其他
16.6	7.4	2.8	1.6	4.7	0.03
4.0		1.5	2.3		0.2
57.6	46.0	11.6			
245.2	222.7	2.8	12.2	7.6	
59.9	21.0	21.2	7.0	5.7	5.0
168.5	84.6	25.8	19.7	23.1	15.3
62.0	62.0				
25.0	1.3		21.0	2.7	
114.2	32.2	6.4	41.3	16.3	18.1
13.4	9.6		1.7	2.1	
55.0	30.1		10.0	14.9	
15.3	13.2	1.4	0.5	0.2	
6.0	4.3	0.6	1.0	0.1	
1 135.8	457.8	319.6	104.7	117.4	136.3
440.0	420.0	5.0	5.0	10.0	
363.9	263.8	90.4	9.7		
34.0	21.0	3.0	10.0		
103.1	1.4	85.5	8.7	7.5	
134.8	6.9	126.3	0.9	0.6	0.1
3 054.3	1 705.3	703.9	257.3	212.8	175.1

2-41 2004年各地区

地区	农闲田可利用面积					
	合计	冬闲田	夏秋闲田	果园隙地	四边地	其他
河北	2 180.0	2 000.0	40.0	20.0	30.0	90.0
山西	23.0		8.0	6.0	5.0	4.0
吉林	6 190.0	6 000.0	10.0	100.0	50.0	30.0
江苏						
浙江	500.0	500.0				
安徽	818.8	571.7	48.3	111.6	70.4	16.8
福建	2 700.0	2 700.0				
江西	1 610.0	1 100.0	220.0	120.0	110.0	60.0
山东	1 850.0	1 850.0				
河南	862.7	7.0	0.7	330.0	500.0	25.0
湖北						
湖南	4 700.0	3 000.0	750.0	500.0	350.0	100.0
广东	875.0	755.0		120.0		
广西	2 280.0	1 710.0	100.0	400.0	70.0	
重庆	528.2	269.5	37.5	132.2	48.7	40.3
四川						
贵州	1 097.0	877.9	96.0	65.7	57.4	
云南	1 549.0	829.0	540.0	180.0		
陕西	65.0	20.0	15.0	30.0		
甘肃	305.0	20.0	250.0	15.0	15.0	5.0
宁夏						
全国	28 133.7	22 210.1	2 115.5	2 130.5	1 306.5	371.1

农闲田面积情况

单位：万亩

农闲田已利用面积					
合计	冬闲田	夏秋闲田	果园隙地	四边地	其他
16.5	7.4	2.9	1.6	4.6	
4.0		1.0	2.5	0.5	
54.3	34.6	3.0	7.0	9.7	
47.0	37.5	9.5			
314.4	242.6	6.0	36.0	16.0	13.8
68.4	24.2	27.7	2.0	10.0	4.5
187.6	97.2	30.4	30.4	20.1	9.5
97.2	88.2		9.0		
8.2			8.0	0.2	
100.4	33.6	10.8	30.9	16.5	8.7
15.5	10.8		2.4	2.3	
45.4	27.0		2.1	16.3	
18.5	15.9	1.5	0.6	0.5	
82.0	49.6	11.1	7.3	10.8	3.1
1 335.6	503.0	412.1	129.2	135.0	156.3
140.6	139.7		0.2	0.8	
425.1	329.7	85.7	9.7		
35.0	15.0	5.0	15.0		
102.0	3.7	76.4	7.8	14.1	
3 097.7	1 659.6	683.0	301.8	257.4	195.9

2-42 2005年各地区

地区	农闲田可利用面积					
	合计	冬闲田	夏秋闲田	果园隙地	四边地	其他
河　北	2 180.0	2 000.0	40.0	20.0	30.0	90.0
山　西	23.0		8.0	6.0	5.0	4.0
吉　林	6 190.0	6 000.0	10.0	100.0	50.0	30.0
黑龙江	21.0					21.0
江　苏						
浙　江	500.0	500.0				
安　徽	818.8	571.7	48.3	111.6	70.4	16.8
福　建	2 700.0	2 700.0				
江　西	1 541.0	1 050.0	206.0	120.0	110.0	55.0
山　东	1 960.0	1 960.0				
河　南	900.7	6.0	0.7	370.0	500.0	24.0
湖　北						
湖　南	4 700.0	3 000.0	750.0	500.0	350.0	100.0
广　东	875.0	755.0		120.0		
广　西	2 760.6	1 910.0	170.1	443.4	76.2	161.0
重　庆	530.7	271.6	35.4	141.3	45.1	37.3
四　川						
云　南	1 549.0	829.0	540.0	180.0		
陕　西	65.0	25.0	10.0	30.0		
甘　肃	366.0	20.0	300.0	20.0	21.0	5.0
宁　夏						
全　国	27 680.8	21 598.3	2 118.5	2 162.3	1 257.7	544.0

农闲田面积情况

单位：万亩

农闲田已利用面积					
合计	冬闲田	夏秋闲田	果园隙地	四边地	其他
1.6	1.3	0.2	0.1		
4.9		1.5		3.0	0.4
0.9					0.9
46.0	29.0	2.1	4.4	7.9	2.6
51.5	42.0	9.5			
353.0	248.6	6.0	36.3	20.6	41.5
68.5	19.0	33.0	1.5	10.0	5.0
189.1	98.7	32.3	29.8	17.0	11.3
56.7	56.7				
20.9	2.0		18.2	0.7	
191.0	124.6	8.9	31.0	17.2	9.4
19.9	10.9		4.2	4.8	
51.5	34.4		1.1	16.0	
40.2	25.6	1.5	6.4	2.9	3.7
95.2	43.7	13.8	21.5	12.5	3.7
1 535.0	543.4	522.5	146.0	152.7	170.4
415.8	322.8	83.3	9.7		
49.0	20.0	10.0	19.0		
230.6	6.6	189.2	12.5	20.2	2.1
98.0	3.6	76.5	0.8	1.2	15.9
3 519.2	1 632.8	990.3	342.6	286.7	266.8

八、各地区分种类农闲田种草情况

2-43　2001 年各地区分种类农闲田种草情况

单位：万亩

地　区	牧草种类	农闲田牧草种植面积					
		冬闲田	夏秋闲田	果园隙地	四边地	其他	合计
河　北	小黑麦		1.7	1.3			3.0
	冬牧 70 黑麦	8.0			3.0		11.0
	大麦		15.0				15.0
小　计		8.0	16.7	1.3	3.0		29.0
浙　江	苦荬菜		1.0				1.0
	墨西哥类玉米		8.0				8.0
	青饲、青贮玉米		2.5				2.5
	狼尾草（一年生）		0.5				0.5
	苏丹草		0.4				0.4
	紫云英（非绿肥）		14.0				14.0
	一年生黑麦草	32.5					32.5
小　计		32.5	26.4				58.9
安　徽	一年生黑麦草	4.5		0.6			5.1
	冬牧 70 黑麦	0.8		0.6	1.3		2.6
	野豌豆	0.1				0.1	0.2
	紫云英（非绿肥）	24.1					24.1
小　计		29.5		1.1	1.3	0.1	32.0
福　建	多年生黑麦草	4.9					4.9
	狼尾草（多年生）		6.5		3.5		10.0
	印度豇豆			1.6			1.6
	紫云英（非绿肥）	4.5					4.5
	青饲、青贮玉米		4.6				4.6
	大麦	18.0					18.0
小　计		27.4	11.1	1.6	3.5		43.5
江　西	一年生黑麦草	57.0	20.0	6.0	4.0	3.0	90.0
	苏丹草			8.0	6.0	3.0	17.0
	墨西哥类玉米				0.3	0.2	0.5
	高粱苏丹草杂交种				0.1	0.2	0.3
	青饲、青贮玉米			5.0	10.5	10.0	25.5
	紫云英（非绿肥）	2.5					2.5

2－43　2001年各地区分种类农闲田种草情况（续）

单位：万亩

地　区	牧草种类	农闲田牧草种植面积					
		冬闲田	夏秋闲田	果园隙地	四边地	其他	合计
	其它一年生牧草	1.6		0.5	0.2	0.1	2.4
小　计		61.1	20.0	19.5	21.1	16.5	138.2
山　东	冬牧70黑麦	68.0					68.0
小　计		68.0					68.0
河　南	冬牧70黑麦	0.2		5.0	2.0		7.2
	多花黑麦草			1.5	1.0		2.5
	紫云英（非绿肥）				1.0		1.0
小　计		0.2		6.5	4.0		10.7
湖　北	一年生黑麦草	18.8	0.6	15.9			38.5
	冬牧70黑麦	12.8	0.2	0.2	0.7		13.9
	毛苕子（非绿肥）	10.0	3.9	0.4	2.5		16.8
	大麦	2.8			0.5		3.3
	紫云英（非绿肥）	59.0					59.0
	三叶草				0.04	5.1	5.1
	多年生黑麦草			0.1			0.1
	籽粒苋			0.02			0.02
	鸭茅			0.01			0.01
	象草（王草）		0.2				0.2
	墨西哥类玉米		0.1				0.1
	紫花苜蓿		0.8				0.8
小　计		103.4	5.8	16.6	3.8	5.1	137.8
湖　南	冬牧70黑麦	2.6					2.6
	一年生黑麦草	4.5					4.5
	多年生黑麦草			0.3	0.5		0.8
	象草（王草）				0.2		0.2
	狼尾草（多年生）				1.0		1.0
小　计		7.1		0.3	1.7		9.1
广　东	多花黑麦草	23.3					23.3
	柱花草			3.2			3.2
	苏丹草				1.3		1.3

2-43　2001 年各地区分种类农闲田种草情况（续）

单位：万亩

地　区	牧草种类	农闲田牧草种植面积					
		冬闲田	夏秋闲田	果园隙地	四边地	其他	合计
	其它一年生牧草				2.1		2.1
	墨西哥类玉米				2.3		2.3
	象草（王草）				3.5		3.5
	其它多年生牧草				1.1		1.1
小　计		23.3		3.2	10.3		36.8
广　西	一年生黑麦草	16.5					16.5
	冬牧 70 黑麦	0.1					0.1
	墨西哥类玉米		0.9	0.5	0.2		1.6
小　计		16.6	0.9	0.5	0.2		18.2
重　庆	多花黑麦草	11.7		0.5	1.1		13.3
	冬牧 70 黑麦	1.6		0.3	0.3		2.2
	毛苕子（非绿肥）		0.5				0.5
	大麦	0.3			0.8		1.1
	紫云英（非绿肥）	1.9					1.9
	苏丹草		0.5				0.5
	青饲、青贮玉米		0.3				0.3
	墨西哥类玉米		0.4				0.4
	籽粒苋				0.2		0.2
小　计		15.5	1.7	0.8	2.4		20.4
四　川	多花黑麦草	192.0		27.0	32.0	24.0	275.0
	高粱苏丹草杂交种		33.0		10.0	3.4	46.4
	毛苕子（非绿肥）	62.5		10.8	9.0	5.3	87.6
	青饲、青贮玉米		21.0				21.0
	苦荬菜		27.5	3.0	3.8	2.4	36.7
	籽粒苋		12.5	1.5	2.0	0.7	16.7
	紫云英（非绿肥）	18.6	4.6	3.3	3.9	5.9	36.3
	箭筈豌豆	3.0	7.2	1.7	1.4	7.9	21.2
	燕麦	4.0	22.5	3.5	2.8	26.6	59.4
	紫花苜蓿	4.8	1.2	1.1	0.6	1.9	9.6
	鸭茅		3.6	0.9	0.7	0.4	5.5
	其它多年生牧草		81.3	11.8	9.5	13.1	115.7
	其它一年生牧草	67.5	27.2	16.5	13.8	9.0	134.0
小　计		352.4	241.6	81.1	89.5	100.6	865.1

2-43　2001年各地区分种类农闲田种草情况（续）

单位：万亩

地区	牧草种类	农闲田牧草种植面积					
		冬闲田	夏秋闲田	果园隙地	四边地	其他	合计
云南	一年生黑麦草	10.0	5.0	4.0			19.0
	毛苕子（非绿肥）	40.0	24.0				64.0
小计		50.0	29.0	4.0			83.0
陕西	一年生黑麦草	1.0	5.0				6.0
	冬牧70黑麦	5.0					5.0
	大麦	1.0					1.0
	紫云英（非绿肥）	1.0					1.0
	其它一年生牧草	2.0					2.0
小计		10.0	5.0				15.0
甘肃	一年生黑麦草	0.7	0.1				0.8
	冬牧70黑麦		0.1				0.1
	箭筈豌豆		16.2	2.1	0.5		18.8
	毛苕子（非绿肥）	2.0		1.1	1.0		4.1
	紫花苜蓿	6.1		3.3	1.2		10.6
	草谷子		22.0				22.0
	野豌豆		0.9				0.9
	燕麦	1.0	43.4				44.4
	早熟禾		37.0				37.0
	聚合草			0.4	2.8		3.2
	红豆草	0.8	1.6				2.4
	籽粒苋		2.0	0.1	0.1		2.2
	青饲、青贮高粱		4.4				4.4
	其它一年生牧草		93.5	0.6			94.1
小计		10.6	221.2	7.6	5.6		245.0
宁夏	冬牧70黑麦	0.2					0.2
	稗		2.7				2.7
	草谷子		43.5				43.5
	高粱苏丹草杂交种		23.1				23.1
	青莜麦		60.1				60.1
	紫花苜蓿			0.6	3.3		3.9
	墨西哥类玉米		7.4				7.4
小计		0.2	136.8	0.6	3.3		140.9
全国		815.7	716.1	144.6	149.7	122.3	1 951.5

2－44 2002 年各地区分种类农闲田种草情况

单位：万亩

地区	牧草种类	农闲田牧草种植面积					
		冬闲田	夏秋闲田	果园隙地	四边地	其他	合计
河北	小黑麦		0.9	2.8			3.7
	冬牧 70 黑麦	10.0	1.0	3.0			14.0
	大麦		17.0				17.0
小计		10.0	18.9	5.8			34.7
山西	紫花苜蓿		1.4			0.3	1.7
	青饲、青贮玉米			2.6			2.6
	青饲、青贮高粱				1.6		1.6
小计			1.4	2.6	1.6	0.3	5.9
江苏	多年生黑麦草	35.0		3.0	1.0		39.0
	冬牧 70 黑麦	7.5		0.5	0.3		8.3
	紫云英（非绿肥）	0.2		0.3	0.5		1.0
	三叶草			7.0	1.5		8.5
	苏丹草				4.0		4.0
小计		42.7		10.8	7.3		60.8
浙江	苦荬菜		1.0				1.0
	墨西哥类玉米		5.0				5.0
	紫花苜蓿		0.5				0.5
	狼尾草（一年生）		1.0				1.0
	青饲、青贮玉米		2.0				2.0
	雀稗		0.1				0.1
	紫云英（非绿肥）	12.0					12.0
	苏丹草		0.4				0.4
	一年生黑麦草	33.0					33.0
小计		45.0	10.0				55.0
安徽	一年生黑麦草	19.1	0.5	1.8	1.1		22.5
	冬牧 70 黑麦	5.3		0.6	1.3		7.2
	野豌豆	2.7		0.4			3.1
	大麦	11.7		4.6			16.3
	紫云英（非绿肥）	149.0			0.1		149.0
	苦荬菜	3.0			2.0		5.0

2－44　2002年各地区分种类农闲田种草情况（续）

单位：万亩

地　区	牧草种类	农闲田牧草种植面积					
		冬闲田	夏秋闲田	果园隙地	四边地	其他	合计
	青饲、青贮玉米		0.1				0.1
	苏丹草	5.0		0.3	0.5		5.8
小　计		195.7	0.5	7.7	5.0		209.0
福　建	一年生黑麦草	5.5					5.5
	大麦	14.0					14.0
	紫云英（非绿肥）	4.6					4.6
	狼尾草（多年生）		9.8		3.5		13.3
	圆叶决明			3.7			3.7
	印度豇豆			1.7			1.7
	青饲、青贮玉米		7.4				7.4
小　计		24.1	17.2	5.3	3.5		50.1
江　西	一年生黑麦草	75.0	22.0	6.0	2.0	1.0	106.0
	苏丹草			11.0	7.0	1.0	19.0
	墨西哥类玉米			0.2	0.3	0.2	0.7
	高粱苏丹草杂交种			0.1	0.1	0.2	0.4
	青饲、青贮玉米			7.0	11.0	9.0	27.0
	紫云英（非绿肥）	2.3					2.3
	其它一年生牧草	1.2	0.3	0.4	0.6	0.6	3.1
小　计		78.5	22.3	24.7	21.0	12.0	158.5
山　东	冬牧70黑麦	55.0					55.0
小　计		55.0					55.0
河　南	冬牧70黑麦	0.1		10.0	2.0		12.1
	紫云英（非绿肥）				1.0		1.0
	一年生黑麦草	0.5		2.0			2.5
	小黑麦			1.7			1.7
小　计		0.6		13.7	3.0		17.3
湖　北	一年生黑麦草	20.0	0.1	20.4	10.7		51.2
	冬牧70黑麦	8.0	0.6	2.4	6.7		17.7
	其它多年生牧草	12.9	4.4	0.3	2.2		19.8
	大麦	1.6	4.5	10.6	1.4		18.0

2-44 2002年各地区分种类农闲田种草情况（续）

单位：万亩

地 区	牧草种类	农闲田牧草种植面积					
		冬闲田	夏秋闲田	果园隙地	四边地	其他	合计
	紫云英（非绿肥）	84.7	3.3	5.0			93.0
	苏丹草				0.2		0.2
	紫花苜蓿			0.1			0.1
	墨西哥类玉米		0.8				0.8
	杂交酸模			0.01	0.01	0.1	0.1
	三叶草			0.1	0.8	3.7	4.5
	象草（王草）		0.2			0.04	0.2
	串叶松香草					0.1	0.1
	多年生黑麦草				0.1		0.1
小 计		127.2	13.8	38.9	21.9	3.9	205.6
湖 南	多年生黑麦草			0.5	0.2		0.7
	串叶松香草				0.2		0.2
	象草（王草）				0.3		0.3
	狗尾草（多年生）			0.1	0.3		0.4
	其它多年生牧草			0.2	0.2		0.4
	冬牧70黑麦	2.8					2.8
	一年生黑麦草	4.5					4.5
	苏丹草			0.3	0.2		0.5
	其它一年生牧草	0.5					0.5
小 计		7.8		1.1	1.4		10.3
广 东	一年生黑麦草	25.5					25.5
	柱花草			5.1			5.1
	其它一年生牧草				0.5		0.5
	苏丹草				2.0		2.0
	墨西哥类玉米				2.5		2.5
	象草（王草）				5.0		5.0
	其它多年生牧草				2.0		2.0
	冬牧70黑麦				1.0		1.0
	高粱苏丹草杂交种				1.5		1.5
小 计		25.5		5.1	14.5		45.1

2-44 2002年各地区分种类农闲田种草情况（续）

单位：万亩

地区	牧草种类	农闲田牧草种植面积					
		冬闲田	夏秋闲田	果园隙地	四边地	其他	合计
广西	一年生黑麦草	16.2					16.2
	冬牧70黑麦	0.1					0.1
	墨西哥类玉米		1.2	0.6	0.1		1.9
小计		16.3	1.2	0.6	0.1		18.1
重庆	多花黑麦草	11.5		0.6	0.9		13.0
	冬牧70黑麦	2.0		0.3	0.5		2.8
	毛苕子（非绿肥）		0.5				0.5
	大麦	0.2			0.8		1.0
	紫云英（非绿肥）	2.3					2.3
	苏丹草		0.5				0.5
	青饲、青贮玉米		0.7				0.7
	墨西哥类玉米		0.5		0.1		0.5
	籽粒苋				0.3		0.3
小计		16.0	2.2	0.9	2.6		21.6
四川	多花黑麦草	220.0		30.5	38.0	21.5	310.0
	高粱苏丹草杂交种		42.5		13.0	6.1	61.6
	毛苕子（非绿肥）	82.6		14.3	11.5	7.8	116.2
	青饲、青贮玉米		30.3				30.3
	苦荬菜		36.1	3.5	4.9	4.3	48.8
	籽粒苋		16.5	1.9	2.7	1.0	22.1
	紫云英（非绿肥）	24.4	6.1	4.3	5.2	8.1	48.1
	箭筈豌豆	3.6	9.6	2.4	2.0	10.6	28.1
	燕麦	5.6	29.6	5.0	4.0	34.3	78.5
	紫花苜蓿	5.1	1.3	1.2	0.6	1.9	10.1
	鸭茅		4.0	1.0	0.8	0.3	6.0
	其它多年生牧草		84.5	12.5	9.8	13.2	120.0
	其它一年生牧草	53.5	21.3	13.3	11.3	5.1	104.5
小计		394.8	281.8	89.9	103.8	114.1	984.4
云南	一年生黑麦草	4.0	1.0				5.0
	毛苕子（非绿肥）	215.0	80.0	10.0			305.0
	大麦	8.0	2.0				10.0
小计		227.0	83.0	10.0			320.0

2-44　2002年各地区分种类农闲田种草情况（续）

单位：万亩

地区	牧草种类	农闲田牧草种植面积					
		冬闲田	夏秋闲田	果园隙地	四边地	其他	合计
陕　西	冬牧70黑麦	8.0					8.0
	一年生黑麦草	5.0	10.0				15.0
	三叶草			30.0			30.0
	大麦	3.0					3.0
	紫云英（非绿肥）	1.0					1.0
小　计		17.0	10.0	30.0			57.0
甘　肃	聚合草			0.5	1.8		2.3
	红豆草	1.8	0.6	0.01			2.4
	籽粒苋		0.7	0.1	0.1		0.9
	青饲、青贮高粱		1.2				1.2
	其它一年生牧草		5.2	1.8	0.6		7.6
	一年生黑麦草	0.6					0.6
	冬牧70黑麦		2.0				2.0
	饲用青稞		0.4				0.4
	箭筈豌豆		19.3	2.1	0.6		22.0
	毛苕子（非绿肥）		9.8	1.1	1.1		11.9
	紫花苜蓿	11.1	5.4	7.8	2.9		27.2
	饲用块根块茎作物		0.7	0.1			0.8
	草谷子		3.8	0.5	0.04		4.4
	野豌豆		25.2	0.5	0.01		25.7
	燕麦	1.0	17.2				18.2
	早熟禾		26.6	0.1			26.7
小　计		14.5	118.1	14.5	7.1		154.2
宁　夏	紫花苜蓿			0.7	4.2		4.9
	稗		2.4				2.4
	草谷子		16.7				16.7
	高粱苏丹草杂交种		23.0				23.0
	青莜麦		40.3				40.3
	墨西哥类玉米		6.7				6.7
	冬牧70黑麦	0.3					0.3
小　计		0.3	89.0	0.7	4.2		94.1
全　国		1 297.9	669.3	262.2	196.9	130.3	2 556.6

2－45　2003年各地区分种类农闲田种草情况

单位：万亩

地　区	牧草种类	农闲田牧草种植面积					
		冬闲田	夏秋闲田	果园隙地	四边地	其他	合计
河　北	小黑麦	1.1	0.1	0.01			1.1
	冬牧70黑麦	4.1	0.1	0.1			4.2
	青饲、青贮玉米		0.1	0.04	0.01		0.2
	三叶草				0.02	0.03	0.1
	紫花苜蓿	2.3	2.6	1.5	4.6		11.0
	狼尾草（多年生）	0.03					0.03
小　计		7.4	2.8	1.6	4.7	0.03	16.6
山　西	紫花苜蓿		1.5			0.2	1.7
	青饲、青贮玉米			2.3			2.3
小　计			1.5	2.3		0.2	4.0
浙　江	苦荬菜		1.0				1.0
	墨西哥类玉米		5.0				5.0
	紫花苜蓿		0.5				0.5
	青饲、青贮玉米		2.0				2.0
	狼尾草（一年生）		1.0				1.0
	雀稗		1.6				1.6
	紫云英（非绿肥）	12.0					12.0
	苏丹草		0.5				0.5
	一年生黑麦草	34.0					34.0
小　计		46.0	11.6				57.6
安　徽	一年生黑麦草	14.7	2.8	4.9	1.8		24.2
	冬牧70黑麦	3.2		1.4	1.8		6.4
	野豌豆	2.7		0.4			3.1
	大麦	13.5		5.2			18.7
	紫云英（非绿肥）	178.0			0.4		178.4
	苦荬菜	3.0			3.0		6.0
	青饲、青贮玉米	0.9					0.9
	苏丹草	0.8					0.8
	饲用块根块茎作物	6.0					6.0
	其它一年生牧草			0.3	0.5		0.8
小　计		222.7	2.8	12.2	7.6		245.2
福　建	一年生黑麦草	4.9		1.0	2.5	1.0	9.4

2-45 2003 年各地区分种类农闲田种草情况（续）

单位：万亩

地区	牧草种类	农闲田牧草种植面积					
		冬闲田	夏秋闲田	果园隙地	四边地	其他	合计
	大麦	12.1					12.1
	紫云英（非绿肥）	4.1					4.1
	圆叶决明			3.7			3.7
	狼尾草（多年生）		11.0		3.2	2.0	16.2
	印度豇豆			2.3			2.3
	青饲、青贮玉米		10.2			2.0	12.2
小计		21.0	21.2	7.0	5.7	5.0	59.9
江西	一年生黑麦草	82.0	25.0	6.0	0.8	1.0	114.8
	三叶草				0.1		0.1
	苏丹草			6.0	10.0	3.0	19.0
	高粱苏丹草杂交种			0.6	0.5	0.3	1.4
	墨西哥类玉米				0.6	0.3	0.9
	青饲、青贮玉米			6.0	10.0	10.0	26.0
	紫云英（非绿肥）	1.6					1.6
	狼尾草（一年生）				0.2	0.1	0.3
	苦荬菜			0.1	0.1	0.1	0.3
	其它一年生牧草	1.0	0.8	1.0	0.8	0.5	4.1
小计		84.6	25.8	19.7	23.1	15.3	168.5
山东	冬牧 70 黑麦	62.0					62.0
小计		62.0					62.0
河南	一年生黑麦草	0.2		18.0	1.0		19.2
	毛苕子（非绿肥）				0.7		0.7
	紫云英（非绿肥）			1.0			1.0
	其它一年生牧草			2.0			2.0
	小黑麦	1.1			1.0		2.1
小计		1.3		21.0	2.7		25.0
湖北	一年生黑麦草	5.0	0.5	22.4	7.2	2.3	37.4
	冬牧 70 黑麦	6.8	3.0	0.4	0.6	0.5	11.1
	毛苕子（非绿肥）	0.7	1.0	0.2	2.2		4.1
	大麦	1.0		11.0	1.4		13.3
	紫云英（非绿肥）	17.1			0.5		17.6
	三叶草	0.1	0.2	0.9	0.9	6.7	8.8

2－45　2003 年各地区分种类农闲田种草情况（续）

单位：万亩

地　区	牧草种类	农闲田牧草种植面积					
		冬闲田	夏秋闲田	果园隙地	四边地	其他	合计
	多年生黑麦草	0.4	0.3	1.9	2.1	4.3	8.9
	籽粒苋		0.2				0.2
	鸭茅			0.02	0.1	0.3	0.4
	象草（王草）			3.0	1.5	2.0	6.5
	墨西哥类玉米		0.6	0.5	0.1	0.8	2.0
	紫花苜蓿	1.1	0.6	0.9	0.1	1.0	3.7
	杂交酸模					0.2	0.2
小　计		32.2	6.4	41.3	16.3	18.1	114.2
湖　南	三叶草				0.2		0.2
	多年生黑麦草			0.2	0.5		0.7
	串叶松香草				0.3		0.3
	象草（王草）			0.1	0.2		0.3
	狼尾草（多年生）			0.2	0.5		0.7
	其它多年生牧草			0.2	0.2		0.4
	冬牧 70 黑麦	3.1					3.1
	苏丹草			0.5	0.2		0.7
	高粱苏丹草杂交种			0.5			0.5
	一年生黑麦草	5.5					5.5
	其它一年生牧草	1.0					1.0
小　计		9.6		1.7	2.1		13.4
广　东	柱花草			10.0			10.0
	象草（王草）				5.5		5.5
	其它多年生牧草				2.7		2.7
	多花黑麦草	30.1					30.1
	高粱苏丹草杂交种				2.7		2.7
	墨西哥类玉米				2.1		2.1
	其它一年生牧草				1.9		1.9
小　计		30.1		10.0	14.9		55.0
广　西	一年生黑麦草	13.1					13.1
	冬牧 70 黑麦	0.1					0.1
	墨西哥类玉米		1.4	0.5	0.2		2.1
小　计		13.2	1.4	0.5	0.2		15.3

2-45 2003年各地区分种类农闲田种草情况（续）

单位：万亩

地 区	牧草种类	农闲田牧草种植面积					
		冬闲田	夏秋闲田	果园隙地	四边地	其他	合计
重 庆	墨西哥类玉米		0.1				0.1
	多花黑麦草	2.0		1.0			3.0
	大麦	0.8					0.8
	紫云英（非绿肥）	1.5					1.5
	苏丹草		0.3				0.3
	青饲、青贮玉米		0.2				0.2
	籽粒苋				0.1		0.1
小 计		4.3	0.6	1.0	0.1		6.0
四 川	多花黑麦草	240.0		34.3	41.0	33.7	349.0
	高粱苏丹草杂交种		43.5		12.8	4.8	61.1
	毛苕子（非绿肥）	81.8		13.5	11.8	8.1	115.2
	青饲、青贮玉米		31.4				31.4
	苦荬菜		34.6	3.9	4.8	5.0	48.3
	籽粒苋		34.6	3.9	4.8	5.0	48.3
	紫云英（非绿肥）	24.2	6.1	4.4	5.1	7.9	47.7
	箭筈豌豆	4.5	9.0	2.3	1.9	9.7	27.4
	燕麦	8.2	26.4	4.9	4.3	31.1	74.9
	紫花苜蓿	11.8	3.0	2.5	1.5	4.4	23.2
	鸭茅		4.3	1.0	0.9	0.4	6.5
	其它多年生牧草		91.6	13.2	10.6	14.9	130.3
	其它一年生牧草	87.2	35.2	20.8	17.9	11.5	172.6
小 计		457.9	319.6	104.7	117.4	136.3	1 135.8
贵 州	一年生黑麦草	20.0	1.0	2.0	2.0		25.0
	冬牧70黑麦	9.0					9.0
	毛苕子（非绿肥）	200.0					200.0
	大麦	15.0					15.0
	紫云英（非绿肥）	160.0					160.0
	小黑麦	2.0					2.0
	箭筈豌豆	8.0		3.0	3.0		14.0
	燕麦	6.0					6.0
	籽粒苋		2.0		2.0		4.0
	苏丹草		2.0		3.0		5.0
小 计		420.0	5.0	5.0	10.0		440.0

2-45　2003年各地区分种类农闲田种草情况（续）

单位：万亩

地　区	牧草种类	农闲田牧草种植面积					
		冬闲田	夏秋闲田	果园隙地	四边地	其他	合计
云　南	一年生黑麦草	13.5	3.5				17.0
	毛苕子（非绿肥）	236.0	74.3	9.7			320.0
	大麦	6.0	7.0				13.0
	墨西哥类玉米	8.3	5.6				13.9
小　计		263.8	90.4	9.7			363.9
陕　西	一年生黑麦草		3.0				3.0
	冬牧70黑麦	8.0					8.0
	三叶草	13.0		5.0			18.0
	燕麦			5.0			5.0
小　计		21.0	3.0	10.0			34.0
甘　肃	一年生黑麦草	0.1	0.4				0.5
	箭筈豌豆		5.3	0.1			5.4
	毛苕子（非绿肥）		9.8	0.7	0.1		10.7
	紫花苜蓿		0.3	1.2	6.3		7.7
	饲用块根块茎作物						
	草谷子			4.2			4.2
	野豌豆		0.6	0.6	0.1		1.2
	燕麦		36.9	1.8	0.6		39.3
	早熟禾		16.8				16.8
	青饲、青贮高粱		2.8				2.8
	其它一年生牧草	1.3	12.7	0.2	0.5		14.7
小　计		1.4	85.5	8.7	7.5		103.1
宁　夏	冬牧70黑麦	6.9					6.9
	紫花苜蓿			0.9	0.6	0.1	1.6
	稗		1.8				1.8
	高粱苏丹草杂交种		30.9				30.9
	草谷子		53.0				53.0
	其它一年生牧草		10.5				10.5
	青莜麦		30.0				30.0
小　计		6.9	126.3	0.9	0.6	0.1	134.8
全　国		1 705.3	703.9	257.3	212.8	175.1	3 054.3

2-46 2004年各地区分种类农闲田种草情况

单位：万亩

地区	牧草种类	农闲田牧草种植面积					
		冬闲田	夏秋闲田	果园隙地	四边地	其他	合计
河北	小黑麦	1.1	0.1				1.2
	冬牧70黑麦	4.0	0.1	0.1			4.2
	紫花苜蓿	2.3	2.6	1.5	4.6		11.0
	青饲、青贮玉米		0.1				0.1
小计		7.4	2.9	1.6	4.6		16.5
山西	紫花苜蓿		1.0				1.0
	青饲、青贮高粱			0.5			0.5
	青饲、青贮玉米			2.0	0.5		2.5
小计			1.0	2.5	0.5		4.0
江苏	多花黑麦草	10.8					10.8
	大麦	12.6					12.6
	紫云英（非绿肥）	3.0					3.0
	紫花苜蓿			0.3			0.3
	印度豇豆			2.3			2.3
	圆叶决明			4.4			4.4
	象草（王草）				0.9		0.9
	狼尾草（多年生）				8.8		8.8
	青饲、青贮玉米	8.2	3.0				11.2
小计		34.6	3.0	7.0	9.7		54.3
浙江	紫花苜蓿		0.5				0.5
	狼尾草（一年生）		1.0				1.0
	青饲、青贮玉米		2.0				2.0
	一年生黑麦草	17.5					17.5
	紫云英（非绿肥）	20.0					20.0
	苦荬菜		1.0				1.0
	墨西哥类玉米		5.0				5.0
小计		37.5	9.5				47.0
安徽	一年生黑麦草	21.3	6.0	21.8	6.4	10.2	65.7
	冬牧70黑麦	21.5		2.3		1.5	25.3
	三叶草			3.7	3.0	0.6	7.3
	野豌豆	2.7		0.4			3.1

2-46　2004年各地区分种类农闲田种草情况（续）

单位：万亩

地　区	牧草种类	农闲田牧草种植面积					
		冬闲田	夏秋闲田	果园隙地	四边地	其他	合计
	大麦	13.5		5.2		0.9	19.5
	紫云英（非绿肥）	178.0			0.4		178.4
	苦荬菜	3.0			3.0		6.0
	青饲、青贮玉米	0.9					0.9
	苏丹草	1.8		2.6	3.2	0.7	8.3
小　计		242.6	6.0	36.0	16.0	13.8	314.4
福　建	一年生黑麦草	9.2					9.2
	大麦	11.0					11.0
	紫云英（非绿肥）	4.0					4.0
	印度豇豆			1.0			1.0
	青饲、青贮玉米		9.5			4.5	14.0
	圆叶决明			1.0			1.0
	狼尾草（多年生）		18.2		10.0		28.2
小　计		24.2	27.7	2.0	10.0	4.5	68.4
江　西	一年生黑麦草	95.0	30.0	10.0	1.0	1.0	137.0
	三叶草			0.2			0.2
	苏丹草			9.0	7.0	2.0	18.0
	青饲、青贮玉米			10.0	11.0	6.0	27.0
	紫云英（非绿肥）	1.5					1.5
	其它一年生牧草	0.7	0.4	1.2	1.1	0.5	3.9
小　计		97.2	30.4	30.4	20.1	9.5	187.6
山　东	多花黑麦草	40.9		9.0			49.9
	冬牧70黑麦	47.3					47.3
小　计		88.2		9.0			97.2
河　南	一年生黑麦草			8.0			8.0
	紫云英（非绿肥）				0.1		0.1
	毛苕子（非绿肥）				0.1		0.1
小　计				8.0	0.2		8.2
湖　北	一年生黑麦草	6.7	0.9	16.5	6.4	1.9	32.4
	冬牧70黑麦	7.3	4.8	0.5	2.9	0.3	15.8
	野豌豆	0.6	3.1	0.1	0.4		4.1

2-46　2004年各地区分种类农闲田种草情况（续）

单位：万亩

地　区	牧草种类	农闲田牧草种植面积					
		冬闲田	夏秋闲田	果园隙地	四边地	其他	合计
	大麦	1.2		6.8	1.1		9.1
	紫云英（非绿肥）	15.0			0.9		15.9
	三叶草	0.3	0.7	3.0	0.5	3.0	7.5
	多年生黑麦草	1.0	0.9	1.0	0.3	2.0	5.2
	籽粒苋		0.5		1.0		1.5
	鸭茅			0.1	0.2	0.3	0.5
	象草（王草）			1.1	1.2	0.4	2.7
	墨西哥类玉米			0.3	1.5	0.3	2.1
	紫花苜蓿	1.5		1.5	0.2	0.6	3.7
小　计		33.6	10.8	30.9	16.5	8.7	100.4
湖　南	三叶草			0.1	0.1		0.2
	多年生黑麦草			0.4	0.5		0.9
	串叶松香草				0.5		0.5
	狼尾草（多年生）			0.2	0.5		0.7
	象草（王草）			0.1	0.3		0.4
	其它多年生牧草			0.2	0.4		0.6
	冬牧70黑麦	3.5					3.5
	苏丹草			0.5			0.5
	高粱苏丹草杂交种			0.4			0.4
	一年生黑麦草	6.5					6.5
	墨西哥类玉米			0.5			0.5
	其它一年生牧草	0.8					0.8
小　计		10.8		2.4	2.3		15.5
广　东	柱花草			2.1			2.1
	象草（王草）				4.1		4.1
	狼尾草（多年生）				3.9		3.9
	其它多年生牧草				2.3		2.3
	多花黑麦草	27.0					27.0
	墨西哥类玉米				2.5		2.5

2-46　2004年各地区分种类农闲田种草情况（续）

单位：万亩

地区	牧草种类	农闲田牧草种植面积					
		冬闲田	夏秋闲田	果园隙地	四边地	其他	合计
	高粱苏丹草杂交种				3.0		3.0
	其它一年生牧草				0.5		0.5
小　计		27.0		2.1	16.3		45.4
广　西	一年生黑麦草	15.9	1.5	0.1	0.5		18.0
	柱花草			0.5			0.5
小　计		15.9	1.5	0.6	0.5		18.5
重　庆	多花黑麦草	15.8	2.4	5.1	3.6	0.4	27.2
	冬牧70黑麦	0.2	0.1	0.1		0.1	0.5
	三叶草	1.0	2.4	0.9	4.1	1.0	9.4
	毛苕子（非绿肥）					0.02	0.02
	大麦	1.1	0.2	0.1	0.1		1.5
	紫云英（非绿肥）	2.2		0.04		0.01	2.3
	燕麦	0.5		0.4	0.2		1.0
	紫花苜蓿			0.2	0.3		0.5
	多年生黑麦草	12.0		0.3	0.3	0.1	12.7
	苇状羊茅			0.1	0.1	1.3	1.4
	饲用块根块茎作物	16.8	5.1	0.02	0.8	0.2	23.0
	牛鞭草		0.6		0.1	0.1	0.8
	象草（王草）	0.02		0.2	0.2		0.4
	籽粒苋		0.3				0.3
	苏丹草		0.02				0.02
	聚合草				1.0		1.0
小　计		49.6	11.1	7.3	10.8	3.1	82.0
四　川	多花黑麦草	275.0		40.3	45.6	36.1	397.0
	高粱苏丹草杂交种		44.0		13.5	5.1	62.6
	毛苕子（非绿肥）	83.2		15.2	12.3	7.4	118.1

2-46　2004 年各地区分种类农闲田种草情况（续）

单位：万亩

地　区	牧草种类	农闲田牧草种植面积					
		冬闲田	夏秋闲田	果园隙地	四边地	其他	合计
	青饲、青贮玉米		37.1				37.1
	苦荬菜		36.4	4.5	5.3	3.3	49.5
	籽粒苋		15.8	1.8	2.8	2.1	22.5
	紫云英（非绿肥）	24.6	6.4	4.3	5.2	8.7	49.1
	箭筈豌豆	4.4	9.3	2.4	2.0	10.1	28.2
	燕麦	7.5	27.8	5.3	4.2	32.7	77.5
	紫花苜蓿	22.0	5.5	4.8	2.8	8.9	44.0
	鸭茅		4.5	1.2	0.9	0.2	6.8
	其它多年生牧草		190.5	28.2	22.3	30.3	271.3
	其它一年生牧草	86.3	34.8	21.3	18.2	11.3	171.9
小　计		503.0	412.1	129.2	135.0	156.3	1 335.6
贵　州	一年生黑麦草	74.4			0.2		74.6
	冬牧 70 黑麦	0.5					0.5
	三叶草			0.2	0.5		0.7
	毛苕子（非绿肥）	26.3					26.3
	紫云英（非绿肥）	36.7					36.7
	燕麦	1.1					1.1
	其它一年生牧草	0.7					0.7
小　计		139.7		0.2	0.8		140.6
云　南	一年生黑麦草	35.4	9.4				44.8
	毛苕子（非绿肥）	246.0	74.3	9.7			330.0
	紫云英（非绿肥）	3.0	1.0				4.0
	楚雄南苜蓿	8.0					8.0
	燕麦	2.0	1.0				3.0
	墨西哥类玉米	20.3					20.3

2－46　2004年各地区分种类农闲田种草情况（续）

单位：万亩

地　区	牧草种类	农闲田牧草种植面积					
		冬闲田	夏秋闲田	果园隙地	四边地	其他	合计
	饲用块根块茎作物	15.0					15.0
小　计		329.7	85.7	9.7			425.1
陕　西	一年生黑麦草		5.0				5.0
	冬牧70黑麦	8.0		2.0			10.0
	三叶草	7.0		8.0			15.0
	燕麦			5.0			5.0
小　计		15.0	5.0	15.0			35.0
甘　肃	红豆草	1.0	1.6	0.1			2.6
	籽粒苋	0.5	0.3		0.01		0.8
	青饲、青贮高粱		5.3		3.7		9.0
	早熟禾		0.3	0.03			0.4
	其它一年生牧草	0.2	35.0	2.0	1.6		38.9
	一年生黑麦草	0.1	0.5	0.1			0.7
	冬牧70黑麦		0.01	0.1	0.1		0.1
	毛苕子（非绿肥）		0.5	0.8			1.3
	饲用青稞		1.5	0.1	0.1		1.7
	箭筈豌豆		15.7	1.5	0.4		17.6
	紫花苜蓿	0.7	6.3	3.0	2.4		12.4
	饲用块根块茎作物	0.02	0.6				0.7
	草谷子		8.5	0.2	5.8		14.4
	燕麦	1.1	0.3		0.1		1.5
	聚合草	0.01					0.01
小　计		3.7	76.4	7.8	14.1		102.0
全　国		1 659.6	683.0	301.8	257.4	195.9	3 097.7

2-47 2005年各地区分种类农闲田种草情况

单位：万亩

地 区	牧草种类	农闲田牧草种植面积					
		冬闲田	夏秋闲田	果园隙地	四边地	其他	合计
河 北	小黑麦	0.1	0.1				0.2
	冬牧70黑麦	1.2	0.1	0.1			1.4
小 计		1.3	0.2	0.1			1.6
山 西	紫花苜蓿		1.5			0.4	1.9
	青饲、青贮玉米				3.0		3.0
小 计			1.5		3.0	0.4	4.9
黑龙江	燕麦					0.9	0.9
小 计						0.9	0.9
江 苏	多花黑麦草	18.0		0.7	5.6	2.4	26.7
	冬牧70黑麦	6.6	0.8	0.3	0.5		8.2
	三叶草	0.2	0.1	0.5	0.5	0.1	1.4
	毛苕子（非绿肥）		0.2		0.1		0.3
	大麦	3.6	0.4	2.5	0.2		6.7
	紫云英（非绿肥）	0.2	0.1				0.3
	紫花苜蓿	0.4	0.5	0.4	1.0	0.1	2.4
小 计		29.0	2.1	4.4	7.9	2.6	46.0
浙 江	一年生黑麦草	31.0					31.0
	紫云英（非绿肥）	11.0					11.0
	苦荬菜		1.0				1.0
	墨西哥类玉米		5.0				5.0
	紫花苜蓿		0.5				0.5
	狗尾草（一年生）		1.0				1.0
	青饲、青贮玉米		2.0				2.0
小 计		42.0	9.5				51.5
安 徽	一年生黑麦草	21.3	6.0	21.8	8.9	39.4	97.4
	冬牧70黑麦	21.5		2.3	1.5		25.3
	三叶草			3.7	3.0	0.6	7.3
	野豌豆	2.7		0.4			3.1
	大麦	13.5		5.2		0.9	19.5

2－47　2005年各地区分种类农闲田种草情况（续）

单位：万亩

地　区	牧草种类	农闲田牧草种植面积					
		冬闲田	夏秋闲田	果园隙地	四边地	其他	合计
	紫云英（非绿肥）	178.0			0.4		178.4
	苦荬菜	3.0			3.0		6.0
	青饲、青贮玉米	0.9					0.9
	苏丹草	1.8		2.6	3.2	0.7	8.3
	其它一年生牧草	6.0		0.3	0.5		6.8
小　计		248.6	6.0	36.3	20.6	41.5	353.0
福　建	一年生黑麦草	11.0					11.0
	大麦	1.0					1.0
	紫云英（非绿肥）	7.0					7.0
	印度豇豆			1.0			1.0
	青饲、青贮玉米		11.0			5.0	16.0
	圆叶决明			0.5			0.5
	狼尾草（多年生）		22.0		10.0		32.0
小　计		19.0	33.0	1.5	10.0	5.0	68.5
江　西	一年生黑麦草	96.0	32.0	5.9	2.0	1.0	136.9
	三叶草			0.4			0.4
	高粱苏丹草杂交种			1.0	0.3	0.2	1.5
	青饲、青贮玉米			12.0	8.0	8.0	28.0
	其它一年生牧草	0.6	0.3	2.0	1.1	0.6	4.6
	苏丹草			8.0	5.0	1.0	14.0
	墨西哥类玉米			0.3	0.3	0.2	0.8
	狼尾草（一年生）				0.2	0.2	0.4
	苦荬菜			0.2	0.1	0.1	0.4
	紫云英（非绿肥）	2.1					2.1
小　计		98.7	32.3	29.8	17.0	11.3	189.1
山　东	多花黑麦草	6.4					6.4
	冬牧70黑麦	50.4					50.4
小　计		56.7					56.7

2-47 2005年各地区分种类农闲田种草情况（续）

单位：万亩

地区	牧草种类	农闲田牧草种植面积					
		冬闲田	夏秋闲田	果园隙地	四边地	其他	合计
河南	一年生黑麦草			14.0			14.0
	毛苕子（非绿肥）			2.0			2.0
	紫云英（非绿肥）				0.7		0.7
	其它一年生牧草	2.0					2.0
	大麦			2.2			2.2
小计		2.0		18.2	0.7		20.9
湖北	一年生黑麦草	5.1	0.4	17.3	5.2	0.4	28.4
	冬牧70黑麦	3.8	0.1	1.0	0.3	0.3	5.4
	三叶草	1.1	0.2	9.3	5.8	0.7	17.1
	毛苕子（非绿肥）	30.2			0.03		30.3
	其它一年生牧草	5.4	4.0		1.5	0.2	11.1
	大麦	1.0	0.4	0.2	0.1	0.2	1.9
	紫云英（非绿肥）	77.0	3.0		2.0		82.0
	紫花苜蓿			0.03			0.03
	燕麦	0.03					0.03
	箭筈豌豆				0.5		0.5
	楚雄南苜蓿	0.3	0.2	3.1	0.1	2.5	6.0
	其它多年生牧草	0.8	0.7	0.1	1.6	5.2	8.4
小计		124.6	8.9	31.0	17.2	9.4	191.0
湖南	三叶草			0.3	0.2		0.5
	多年生黑麦草			0.5	0.5		1.0
	串叶松香草			0.1	0.8		0.9
	鸭茅			0.2			0.2
	象草（王草）			0.3	0.5		0.8
	狼尾草（多年生）			0.3	1.0		1.3
	其它多年生牧草			0.4	0.5		0.9
	饲用块根块茎作物				0.5		0.5
	冬牧70黑麦	3.6					3.6

2-47　2005年各地区分种类农闲田种草情况（续）

单位：万亩

地　区	牧草种类	农闲田牧草种植面积					
		冬闲田	夏秋闲田	果园隙地	四边地	其他	合计
	苏丹草			0.5	0.2		0.7
	高粱苏丹草杂交种			0.8	0.2		1.0
	一年生黑麦草	6.5			0.2		6.7
	其它一年生牧草	0.8					0.8
	墨西哥类玉米			0.8	0.2		1.0
小　计		10.9		4.2	4.8		19.9
广　东	柱花草			1.1			1.1
	象草（王草）				9.8		9.8
	狼尾草（多年生）				2.1		2.1
	其它多年生牧草				1.5		1.5
	多花黑麦草	34.4					34.4
	墨西哥类玉米				1.5		1.5
	其它一年生牧草				0.6		0.6
	高粱苏丹草杂交种				0.5		0.5
小　计		34.4		1.1	16.0		51.5
广　西	一年生黑麦草	25.0	1.5	0.8	0.5	0.5	28.3
	菊苣	0.03		0.1	0.2	0.3	0.5
	三叶草					0.03	0.03
	大麦	0.6					0.6
	柱花草			5.5	0.1	0.3	6.0
	象草（王草）				2.2	2.6	4.8
小　计		25.6	1.5	6.4	2.9	3.7	40.2
重　庆	多花黑麦草	22.7		5.6	5.6	0.5	34.4
	冬牧70黑麦	2.9			0.4		3.3
	毛苕子（非绿肥）	0.3					0.3
	大麦	2.8			0.4		3.2
	紫云英（非绿肥）	3.3					3.3
	燕麦		0.6				0.6
	饲用块根块茎作物	11.7	12.0	15.9	5.6	3.1	48.3
	籽粒苋				0.5		0.5

2－47　2005年各地区分种类农闲田种草情况（续）

单位：万亩

地　区	牧草种类	农闲田牧草种植面积					
		冬闲田	夏秋闲田	果园隙地	四边地	其他	合计
	高粱苏丹草杂交种		0.6				0.6
	马唐		0.4			0.1	0.5
	墨西哥类玉米		0.2				0.2
小　计		43.7	13.8	21.5	12.5	3.7	95.2
四　川	多花黑麦草	305.0		43.0	50.5	34.5	433.0
	高粱苏丹草杂交种		46.8		14.2	5.1	66.1
	毛苕子（非绿肥）	88.3		15.6	12.8	8.0	124.7
	青饲、青贮玉米		47.8				47.8
	苦荬菜		38.6	4.2	5.2	4.3	52.3
	籽粒苋		17.3	2.0	2.9	1.6	23.8
	紫云英（非绿肥）	25.3	6.7	4.6	5.5	9.7	51.8
	箭筈豌豆	4.8	9.3	2.5	2.1	10.5	29.2
	燕麦	8.4	28.9	5.5	4.6	34.0	81.4
	紫花苜蓿	24.5	6.1	5.3	3.0	9.5	48.4
	鸭茅		6.7	1.5	1.2	0.8	10.2
	其它多年生牧草		278.4	40.3	32.6	42.2	393.5
	其它一年生牧草	87.1	35.9	21.6	18.1	10.3	173.0
小　计		543.4	522.5	146.0	152.7	170.4	1 535.0
云　南	一年生黑麦草	31.0	7.0				38.0
	毛苕子（非绿肥）	246.0	74.3	9.7			330.0
	紫云英（非绿肥）	3.0	1.0				4.0
	楚雄南苜蓿	8.0					8.0
	燕麦	9.0	1.0				10.0
	墨西哥类玉米	20.3					20.3
	饲用块根块茎作物	5.5					5.5
小　计		322.8	83.3	9.7			415.8
陕　西	一年生黑麦草	10.0	2.0				12.0
	冬牧70黑麦	5.0	3.0				8.0
	三叶草			19.0			19.0
	草木樨		5.0				5.0

2－47　2005年各地区分种类农闲田种草情况（续）

单位：万亩

地　区	牧草种类	农闲田牧草种植面积					
		冬闲田	夏秋闲田	果园隙地	四边地	其他	合计
	其它一年生牧草	5.0					5.0
小　计		20.0	10.0	19.0			49.0
甘　肃	一年生黑麦草		1.0				1.0
	冬牧70黑麦		1.0				1.0
	三叶草			1.3			1.3
	毛苕子（非绿肥）		8.0	1.0			9.0
	箭筈豌豆		20.0	2.0			22.0
	籽粒苋		0.5				0.5
	青饲、青贮玉米		2.2				2.2
	大麦		1.5	0.5	2.0		4.0
	青饲、青贮高粱		20.0		4.0		24.0
	燕麦	1.0	11.2				12.2
	红豆草	1.0	2.0				3.0
	聚合草						
	饲用块根块茎作物		1.0				1.0
	饲用青稞		2.0				2.0
	紫花苜蓿	1.0	6.0	3.0	2.0		12.0
	早熟禾						
	草谷子		10.0		6.0		16.0
	其它一年生牧草	3.6	102.8	4.7	6.2	2.1	119.4
小　计		6.6	189.2	12.5	20.2	2.1	230.6
宁　夏	小黑麦	0.5					0.5
	冬牧70黑麦	3.1					3.1
	青莜麦		56.4			3.4	59.8
	紫花苜蓿		0.9	0.8	1.1	1.3	4.1
	苏丹草				0.1		0.1
	高粱苏丹草杂交种		0.3			11.2	11.5
	草谷子		17.9				17.9
	草木樨		1.0				1.0
小　计		3.6	76.5	0.8	1.2	15.9	98.0
全　国		1 632.8	990.3	342.6	286.7	266.8	3 519.2

九、各地区飞播种草情况

2-48　2001 年度各地区

地　区	2001 年累计保留面积		当年新增面积			
	合计	其中：更新重播面积	合计		其中：更新重播面积	应用飞机播种面积
			面积	比上年增减（±）%		
内蒙古	838.0	278.0	122.9	(35.7)		73.2
青海省	105.9	9.1	10.0			
甘肃省	87.4	39.6	13.8	27.8	8.4	
陕西省	90.0	42.0	11.5	(28.0)	4.5	7.5
新疆区	345.0	9.0	9.0		3.0	
宁　夏	45.8	8.0				
黑龙江	139.6		6.5	38.0	2.5	
吉林省	42.2	16.0				
辽宁省	39.8					
河北省	56.6	21.9	5.0			
河南省	68.6	13.0	5.5	10.0		5.0
山东省	78.0					
山西省	113.9	38.9	5.0			
云南省	37.7		6.1		1.2	
贵州省	37.0					
四川省	125.5	33.5				
广东省	8.0		4.0			
广西区	42.9	10.8	5.4	7.8	0.3	
湖南省	23.0	2.5	5.5		1.6	
湖北省	62.9	10.5				
江西省	4.8	0.7				
安徽省	22.8					
福建省	16.2	5.2				
合　计	2 431.4	538.8	210.2	19.9	21.5	85.7

飞播种草情况

单位：万亩、万元

当年经费					
合计	中央	省级	地级	县级	群众
1786	120	285		814	567
558	100	130			338
279	100	25		95	58
211	90	53		68	
180	90		54		36
480	60	60			360
250	60	50		50	100
280	50	50	40	70	70
340	50	100	25	65	100
191	60	40	19	25	47
	40				
155	40	40		30	45
356	40			214	102
5065	900	833	138	1 431	1 823

2-49 2002年度各地区

地 区	2002年累计保留面积		当年新增面积			
	合 计	其中：更新重播面积	合计		其中：更新重播面积	应用飞机播种面积
			面 积	比上年增减（±）%		
内蒙古	887.0	278.0	112.3	(10.6)		68.8
青海省	115.9	9.1	9.8			
甘肃省	95.5	39.4	14.6	5.8	5.6	
陕西省	90.0	42.0				
新疆区	360.0	15.0	15.0		3.0	
宁 夏	45.8	8.0				
黑龙江	139.6					
吉林省	42.2	16.0				
辽宁省	39.8					
河北省	66.6	21.9	10.0	100.0		8.5
河南省	68.6	13.0				
山东省	78.0					
山西省	124.0	38.9	10.1			6.0
云南省	43.8	44.5	10.0		3.7	0.3
贵州省	37.0					
四川省	136.8	44.5	11.5			10.0
广东省	12.0					
广西区	47.7	10.9	4.8	(12.5)	0.1	
湖南省	27.0	2.5				
湖北省	62.9	10.5				
江西省	4.8	0.7				
安徽省	22.8					
福建省	16.2	5.2				
合 计	2 563.8	600.1	198.1			93.6

飞播种草情况

单位：万亩、万元

当年经费					
合计	中央	省级	地级	县级	群众
2746	150	285		1 910	401
666	100	130			436
265	100	25	8	50	82
	150				
500	100	160		60	180
568	100	200	30	38	200
	100				
350	100	150		100	
130		50		40	40
5225	900	1 000	38	2 198	1 339

2－50 2003 年度各地区

地 区	2003 年累计保留面积		当年新增面积		草种丸衣拌种面积	
	合 计	其中：更新重播面积	合计	其中：更新重播面积	根瘤菌拌种面积	增产菌拌种面积
内蒙古	1 000.0	278.0	154.2		14.6	48.8
青 海	115.9	9.1	10.0			
甘 肃	95.5	39.4	3.2			
陕 西	90.0	42.0				
新 疆	375.4	15.0	14.8		8	
宁 夏	45.8	8.0	20.0			
黑龙江	139.6					
吉 林	42.2	16.0				
辽 宁	39.8					
河 北	76.6	21.9	25.5			
河 南	68.6	13.0				
山 东	78.0					
山 西	124.0	38.9	7.0			
云 南	84.8	23.2	1.6			
贵 州	37.0					
四 川	136.8	44.5				
广 东	12.0					
广 西	47.7	10.9				
湖 南	27.0	2.5				
湖 北	62.9	10.5				
江 西	4.8	0.7				
安 徽	22.8					
福 建	16.2	5.2				
合 计	2 743.1	578.8	236.3		22.6	48.8

飞播种草情况

单位：万亩、万元

当年经费				
合计	中央	省级	地、县级	群众
3 816	300	285	2 348	883
105		75	30	
281	150		104	27
200	200			
910	250			660
5312	900	360	2 482	1 570

注：此表数字是从1979—2003年以前各省（区）上报累计情况统计，2004、2005年各省（区）统计数据应在此表数据的基础上累计。

2-51 2004 年度各地区

地 区	2003 年累计保留面积		当年新增面积		经费筹措					
	合 计	其中：更新重播面积	合 计	其中：更新重播面积	合计	中央	省级	地级	县级	群众投工折算
内蒙古	1 040.0	186.0	112.5		3 376	135	285	1 976	186	794
新 疆	390.0	15.0	17.6	2.0	135	135				
青 海	215.0		2.0		211	90			121	
四 川	137.0	20.0	20.0		1 332	90	688	380	120	54
河 北	84.0		28.0		1 236	90				1 146
山 西	131.0	38.9	2.5		186	90	20		2	56
云 南	86.8	23.2	2.0	0.7	240	90	30			120
甘 肃	97.5	42.2	0.8	0.8	127	90	25			12
河 南					90	90				
合 计	2 181.2	325.3	185.4	3.5	6 933	900	1 048	2 356	429	2 182

飞播种草情况

单位：万亩、万元

经费支出								飞播情况						
飞行	种子	地面处理	地面服务	围栏	项目管理	技术推广	其他	技术人员（人）	培训人次	出工（人．天）	飞机（架次）	飞行时间（小时）	种子（吨）	机械（台·辆）
296	1 102	786	162	885	48	97		206	875	8	971	486	465	124
27	53	15	4	20		17				18/20	48	72	30	12
13	66	40	7	50	7	20	8	15	53	215	80	26.4	30	10
297	423	68	45	468	9	23		450	9 000	1 800/10	117	162	180	45
50	136	946	22	68	50	53		52	1 840		125	250	125	7 800
14	45	75	17		22	13		22	75	900	20	26	19	24
15	74	120	21		8	4		70	600	10 000	55	43.5	14	4
	13	12			8	4	90						7	
713	1 912	2 062	278	1 491	152	231	98	815	12 443		1 416	1 066	870	8 019

2－52 2005 年度各地区

项目地点		2005 年前累计飞播面积	2005 年前累计保留面积	当年飞播面积	经费筹措					
					合计	中央	省级	地级	县级	群众投工折算
中央财政飞播种草补助项目	内蒙	2 418.5	1 123.0	3.0	238	135	13	39	37	14
	青海	129.9	60.0	2.0	157	90				67
	甘肃	167.4	100.5	3.0	225	135				90
	四川	141.1	90.3	4.2	260	135	50	58		18
	云南	90.0	57.6	3.0	319	135				184
	河北	186.0	87.2	3.0	231	135			90	6
	河南	76.9	49.0	3.0	210	135				75
	小计	3 209.8	1 567.6	21.2	1 639	900	63	97	127	453
其他飞播项目	内蒙			30.5	1 141		37	195	813	95
	河北			10.0	645	500			128	17
	小计			40.5	1 786	500	37	195	941	113
合计		3 209.8	1 567.6	61.7	3 425	1 400	100	292	1 068	565

飞播种草情况

单位：万亩、万元

经费支出							作业投入					
合计	租赁飞机	购草种	拌种处理	地面处理	围栏补播	其他	飞机（架次）	飞行时间（小时）	种子（吨）	机械（台・辆）	技术人员（人次）	出工（人次）
238	19	56	10	59	82	13	23	7	45	10	98	3 000
157	21	39	6	34	40	17	44	15	24	13	27	1 220
225	44	64	6	52	27	32	52	90				
260	60	85		26	61	28	18	9	30	5	40	350
319	15	52	4	188	29	31	28	28	17	12	300	9 200
231	18	39	18	90	54	12	20	29	43	26	130	3 000
210	31	60	9	60	50		21	24	30	58	119	3 377
1639	208	395	52	509	343	133	206	202	189	124	714	20 147
1141	73	291	7	230	488	52	262	166	215	16	149	47 975
645	37	203	29	185	154	37	54	120	52	56	250	8 600
1786	110	494	36	415	642	89	316	286	267	72	399	56 575
3425	318	889	88	923	985	222	522	488	456	196	1 113	76 722

十、各地区牧草种质资源保存情况

2－53　2001 年各地区牧草

单　位	收集种质材料		
	小计	国内	国外
合计	1 070	965	105
甘肃农业大学	169	167	2
中国农科院畜牧所	189	164	25
新疆草原总站	160	160	
内蒙古草原工作站	120	120	
四川草原工作站	232	212	20
吉林农科院草地所	150	92	58
中国热带农科院热带牧草中心	50	50	

2－54　2002 年各地区牧草

单　位	收集种质材料		
	小计	国内	国外
合计	1 240	1 042	198
甘肃农业大学	96	70	26
中国农科院畜牧所	154	58	96
新疆草原总站	200	200	
内蒙古草原工作站	120	120	
四川草原工作站	157	141	16
江苏省农科院牧草中心	150	90	60
中国热带农科院热带牧草中心			
湖北省农科院畜牧所	308	308	
吉林农科院草地所	55	55	
北京克劳沃草业技术开发中心			

种质资源保存情况

单位：份、亩

繁殖备份入库	农艺评价上交入库	抗性鉴定评价	种质资源评价圃	备注
450	738	34	93	
	104			
	300	34	30	
50				
400	120		30	
	200		30	
	14		3	

种质资源保存情况

单位：份、亩

提纯复壮	繁殖备份入库	农艺评价上交入库	抗性鉴定评价	种质资源评价圃	备注
293	520	712	120	403	
		56		50	
100		103		50	
40		150	20	100	
	400	120		30	
		92		70	
	120	29		3	
150					
3		162			
			100	100	

2-55 2003 年各地区牧草

单 位	收集种质材料			
	小计	普通	珍稀野生	国外
合 计	3 105	1 695	806	654
内蒙古草原工作站	130	90	40	
四川草原工作站	568	310	258	
甘肃农业大学	250	100	142	8
新疆草原总站	120	70	50	
江苏省农科院牧草中心	222	180	2	40
湖北省农科院畜牧所	299	166	183	
吉林农科院草地所	205	158	12	35
中国农科院畜牧所	482	270	100	112
农科院草原所	100	54	16	30
中国热带农科院热带牧草中心	240	200	3	37
总站畜禽保种中心				
北京克劳沃草业技术开发中心	489	97		392

2-56 2004 年各地区牧草

单 位	收集种质材料			
	小计	普通种	珍稀野生种	国外引进
合 计	2 775	1 830	640	305
内蒙草原总站	100	50	50	
四川草原总站	400	250	100	50
甘肃农业大学	300	150	150	
新疆草原站	400	300	100	
江苏省农科院	120	80		40
湖北省农科院	300	300		
青海省畜牧科学院	535	500	20	15
吉林省农科院草地所	220	100	20	100
中国农科院畜牧所	350	100	150	100
中国农科院草原所	50		50	
全国牧草保种中心				

种质资源保存情况

单位：份、亩

提纯复壮	繁殖备份入库	农艺评价上交入库	抗性鉴定评价	种质资源评价圃	无性及特殊材料保存	整理入库	备注
451		1 125	195	100	1 371	2 619	
80			20	30	15		
		373		30	266		
		191	12		67		
			5	10			
30			10	10	75		
3		288		20			
					2		
		273					
200					46		
120			48		400		
						2 619	
18			100		500		

种质资源保存情况

单位：份、亩

农艺评价上交入库	抗性鉴定	种质资源评价圃	无性材料田间保存	更新繁殖入库	生活力测定	整理入库	备注
1 500	600	130	620	300	200	2 300	
100	20	20	20				
250			400				
200	10						
50	20	10					
50	10	30	100				
200		10	25				
100		10					
150	30	20					
200	350		25				
200	100		50	300	200		
	60	30				2 300	

2－57 2005 年各地区牧草

单 位	收集种质材料			
	小计	普通	珍稀野生	国外
合计	3 354	998	1 054	897
甘肃农业大学	370	245	75	50
湖北省农科院畜牧所	305	200	105	
吉林省草原站	675	100	150	20
江苏省农科院草牧业研究开发中心	140	100		40
四川省草原总站	565	114	374	77
云南省草山站	39	39		
内蒙古草原工作站	150	100	50	
中国农科院草原所	100		100	
中国农科院畜牧所（俄罗斯）	650			650
中国农科院畜牧所	360	100	200	60

种质资源保存情况

单位：份、亩

繁殖备份入库	农艺评价上交入库	抗性鉴定评价	种质资源评价圃	无性及特殊材料保存	备注
519	2 084	539	100	883	
	351				
163	163		10	27	
	200				
50	50	10	30	100	
	260			566	
			30	30	
	120	50		20	
306	200	100		100	
	520	210	30		
	220	169		40	

十一、全国草品种审定登记情况

2-58 1987—2005 年草品种

序号	科	属	品种名称	学　名	登记年份
1	禾本科	冰草属	蒙农杂种冰草	*Agropyron cristatum* × *A. desertorum* cv. Hycrest-Mengnong	1999
2	禾本科	冰草属	诺丹沙生冰草	*Agropyron desertorum* (Fisch.) Schult. cv. Nordan	1992
3	禾本科	冰草属	内蒙沙芦草（蒙古冰草）	*Agropyron. mongolicum* Keng. cv. Neimeng	1991
4	禾本科	冰草属	蒙农 1 号蒙古冰草	*Agropyron mongolicum* Keng cv. Mengnong No. 1	2005
5	禾本科	翦股颖属	粤选 1 号匍匐翦股颖	*Agrostis stolonifera* L. cv. Yuexuan No. 1	2004
6	禾本科	燕麦属	丹麦 444 燕麦	*Avena sativa* L. cv. Danmark 444	1992
7	禾本科	燕麦属	锋利燕麦	*Avena sativa* L. cv. Enterprise	2006
8	禾本科	燕麦属	哈尔满燕麦	*Avena sativa* L. cv. Harmon	1988

审定登记情况

登记号	申报单位	申报者	品种类别	适应区域
200	内蒙古农业大学	云锦凤等	育成品种	在我国北方年降水量300～400毫米的干旱半干旱地区均可种植
111	内蒙古农牧学院、内蒙古包头市固阳县草原站、内蒙古伊克昭盟畜牧研究所	云锦凤等	引进品种	适应在我国北方降水量为250～400毫米的干旱及半干旱地区推广。如内蒙古中、西部，宁夏、甘肃、青海及新疆诸省区
96	内蒙古农牧学院、中国农业科学院草原研究所、内蒙古草原工作站、内蒙古畜牧科学院	云锦凤等	野生栽培品种	适应在我国北方年降雨量为200～400毫米的干旱、半干旱地区推广，如内蒙古中、西部，甘肃、青海、宁夏、新疆诸省区
305	内蒙古农业大学	云锦凤等	育成品种	适宜我国内蒙古自治区及北方年降水量200～400毫米的干旱半干旱地区种植
288	仲恺农业技术学院、中山大学、中山伟胜高尔夫服务有限公司	陈平等	育成品种	适宜长江流域及其以南地区，年降水量在800毫米以上的亚热带、南亚热带地区种植
109	青海省畜牧兽医科学院草原研究所	郎百宁等	引进品种	适应在青海、甘肃、内蒙古、西藏、山西、东北等地栽培
332	中国农业科学院北京畜牧兽医研究所、百绿（天津）国际草业有限公司	袁庆华等	引进品种	种植区域广泛，在我国南方地区适宜秋播，北方地区适宜春播
29	中国农业科学院草原研究所	刘秉信等	引进品种	适应在内蒙古、河北坝上、黑龙江、吉林、甘肃、青海、宁夏、西藏、四川、贵州、广西等地区栽培

2-58 1987—2005 年草品种

序号	科	属	品种名称	学　　名	登记年份
9	禾本科	燕麦属	马匹牙燕麦	*Avena sativa* L. cv. Mapur	1988
10	禾本科	燕麦属	青引 1 号燕麦	*Avena sativa* L. cv. Qingyin No. 1	2004
11	禾本科	燕麦属	青引 2 号燕麦	*Avena sativa* L. cv. Qingyin No. 2	2004
12	禾本科	燕麦属	青早 1 号燕麦	*Avena sativa* L. cv. Qingzao No. 1	1999
13	禾本科	燕麦属	苏联燕麦	*Avena sativa* L. cv. Soviet Union	1992
14	禾本科	地毯草属	华南地毯草	*Axonopus compressus* （Sw.） Beauv. cv. Huanan	2000
15	禾本科	臂形草属	热研 6 号珊状臂形草	*Brachiaria brizantha* （Hochst. ex A. Rich） Stapf. cv. Reyan No. 6	2000
16	禾本科	臂形草属	贝斯莉斯克俯仰臂形草	*Brachiaria decumbens* Stapf. cv. Basilisk	1992
17	禾本科	臂形草属	热研 3 号俯仰臂形草（旗草）	*Brachiaria decumbens* Stapf. cv. Reyan No. 3	1991
18	禾本科	臂形草属	热研 14 号网脉臂形草	*Brachiaria dictyoneura* （Fig &De Not） Stapf. cv. Reyan No. 14	2004

审定登记情况（续）

登记号	申报单位	申报者	品种类别	适应区域
28	中国农业科学院草原研究所	祁翠兰等	引进品种	适应在内蒙古、河北坝上、黑龙江、吉林、四川、贵州、广西等地区栽培
281	青海省畜牧兽医科学院草原研究所	韩志林等	引进品种	适宜于青海省海拔3000米以下地区粮草兼用，3000米以上的地区作饲草种植
282	青海省畜牧兽医科学院草原研究所	周青平等	引进品种	适宜于青海省海拔3000米以下地区粮草兼用，3000米以上地区作饲草种植
203	青海大学农牧学院草原系	尹大海等	育成品种	在≥5℃年积温900℃左右，无绝对无霜期的高寒地区均可种植
108	青海省畜牧兽医科学院草原研究所	杨仁和等	引进品种	适应在青海、甘肃、内蒙古、西藏、山西、东北等地栽培
216	中国热带农业科学院热带牧草研究中心	白昌军等	野生栽培品种	适宜长江以南无霜或少霜，年降水量775毫米以上的热带、亚热带地区种植
215	中国热带农业科学院热带牧草研究中心	刘国道等	引进品种	海南、广东、广西、福建等省区及云南南部和四川省的仁和、米易等地均可种植
110	云南省肉牛和牧草研究中心	李淑安等	引进品种	云南省及平均气温19℃以上，年降水量800毫米以上，海拔1200米以下的热带、亚热带地区均可种植
101	华南热带作物研究院	邢诒能等	引进品种	适宜我国北回归线以南广大的热带和南亚热带红壤地区种植
283	中国热带农业科学院热带作物品种资源研究所	刘国道等	引进品种	适宜年降水量750毫米以上热带和南亚热带地区种植

2－58 1987—2005 年草品种

序号	科	属	品种名称	学　　名	登记年份
19	禾本科	臂形草属	热研 15 号 刚果臂形草	*Brachiaria ruziziensis* Germain& Evard. cv. Reyan No. 15	2005
20	禾本科	雀麦属	锡林郭勒 缘毛雀麦	*Bromus ciliatus* L. cv. Xilinguole	2002
21	禾本科	雀麦属	卡尔顿 无芒雀麦	*Bromus inermis* Leyss. cv. Carlton	1990
22	禾本科	雀麦属	公农无芒雀麦	*Bromus inermis* Leyss. cv. Gongnong	1988
23	禾本科	雀麦属	林肯无芒雀麦	*Bromus inermis* Leyss. cv. Lincoln	1990
24	禾本科	雀麦属	奇台无芒雀麦	*Bromus inermis* Leyss. cv. Qitai	1991
25	禾本科	雀麦属	锡林郭勒 无芒雀麦	*Bromus inermis* Leyss. cv. Xilinguole	1991

审定登记情况（续）

登记号	申报单位	申报者	品种类别	适应区域
306	中国热带农业科学院热带作物品种资源研究所	白昌军等	引进品种	适宜我国年降水量750毫米以上热带和南亚热带地区种植，可用于草地改良、固土护坡、刈割或放牧利用
239	内蒙古农业大学	石凤翎等	野生栽培品种	适宜我国北方年降水量300毫米以上的地区种植
73	山西省牧草工作站、山西省畜牧兽医研究所	白原生等	引进品种	在年均温3～13℃，年降水量350～800毫米的地区均能生长，以年均温10℃左右，年降水量500～700毫米地区生长最好
21	吉林省农业科学院畜牧分院	吴青年等	野生栽培品种	适宜在北纬37°30′～48°56′，东经106°50′～124°48′，海拔148～1 500米，≥10℃活动积温1 858～3 017℃的地区栽培
74	中国农业科学院畜牧研究所	苏加楷等	引进品种	适应长城以南，辽宁南部、北京、天津、河北、山西、陕西、河南，直至黄河流域暖温带地区种植
90	新疆维吾尔自治区畜牧厅草原处、新疆八一农学院草原系、奇台县草原工作站	李梦林等	地方品种	适宜新疆北疆平原绿洲、干旱半干旱的灌溉农区以及年降雨量在300毫米以上的草原地区栽培
95	中国农业科学院草原研究所、内蒙古自治区草原工作站	陈凤林等	野生栽培品种	适于在内蒙古和我国东北诸省年降雨量350毫米以上的地区推广种植。如有灌溉条件，种植范围还可以扩大

2-58　1987—2005 年草品种

序号	科	属	品种名称	学　　名	登记年份
26	禾本科	雀麦属	新雀1号无芒雀麦	*Bromus inermis* Leyss. cv. Xinque No. 1	1996
27	禾本科	雀麦属	乌苏1号无芒雀麦	*Bromus inermis* Leyss. cv. Wusu No. 1	2003
28	禾本科	野牛草属	京引野牛草	*Buchloe dactyloides* (Nutt.) Engelm. cv. Jingyin	2003
29	禾本科	狗牙根属	兰引1号草坪型狗牙根	*Cynodon dactylon* (L.) Pars. cv. Lanyin No. 1	1994
30	禾本科	狗牙根属	喀什狗牙根	*Cynodon dactylon* (L.) Pers. cv. Kashi	2001
31	禾本科	狗牙根属	南京狗牙根	*Cynodon dactylon* (L.) Pers. cv. Nanjing	2001
32	禾本科	狗牙根属	新农1号狗牙根	*Cynodon dactylon* (L.) Pers. cv. Xinnong No. 1	2001
33	禾本科	狗牙根属	新农2号狗牙根	*Cynodon dactylon* (L.) Pers. cv. Xinnong No. 2	2005
34	禾本科	鸭茅属	安巴鸭茅	*Dactylis glomerata* L. cv. Anba	2005
35	禾本科	鸭茅属	宝兴鸭茅	*Dactylis glomerata* L. cv. Baoxing	1999

审定登记情况（续）

登记号	申报单位	申报者	品种类别	适应区域
168	新疆农业大学畜牧分院牧草生产育种教研室	肖凤等	育成品种	新疆平原绿洲有灌溉条件的农区，以及年降雨量在300～350毫米以上的半农半牧区、草原地区栽培
259	新疆乌苏市草原工作站	张鸿书等	育成品种	适宜新疆海拔2 500米以下，年降水量350毫米地区或有灌溉条件的干旱地区种植
258	北京天坛公园、中国农业大学	牛建忠等	野生栽培品种	适宜北京及其气候条件相类似的地区种植
161	甘肃省草原生态研究所	张巨明等	引进品种	适宜长江以南地区种植
229	新疆农业大学	阿不来提等	野生栽培品种	适宜我国南方和北方较寒冷、干旱、半干旱平原区种植
231	江苏省中国科学院植物研究所	刘建秀等	野生栽培品种	适宜长江中下游地区种植
221	新疆农业大学	阿不来提等	育成品种	适宜我国南方和北方较寒冷、干旱、半干旱的平原区种植
301	新疆农业大学	阿不来提等	育成品种	适宜我国南方和北方较寒冷、干旱、半干旱平原区种植
308	四川省金种燎原种业科技有限责任公司、四川省草原工作总站	谢永良等	引进品种	适宜长江中游海拔600～2 500米的丘陵、山地温凉地区种植
197	四川农业大学	张新全等	野生栽培品种	适宜长江中游丘陵、平原和海拔600～2 500米的地区种植

2-58　1987—2005 年草品种

序号	科	属	品种名称	学　　名	登记年份
36	禾本科	鸭茅属	川东鸭茅	*Dactylis glomerata* L. cv. Chuandong	2003
37	禾本科	鸭茅属	古蔺鸭茅	*Dactylis glomerata* L. cv. Gulin	1994
38	禾本科	马唐属	涪陵十字马唐	*Digitaria cruciata* (Nees.) A. Camus. cv. Fuling	1991
39	禾本科	稗属	朝牧 1 号稗子	*Echinochloa crusgalli* (L.) Beauv. cv. Chaomu No. 1	1990
40	禾本科	稗属	海子 1 号 湖南稷子	*Echinochloa crusgalli* (L.) Beauv. var. *frumentacea* (Roxb.) W. F. Wight cv. Haizi No. 1	1988
41	禾本科	稗属	宁夏无芒稗	*Echinochloa crusgalli* (L.) Beauv. var. *mitis* (Pursh) Peter. cv. Ningxia	1999
42	禾本科	披碱草属	察北披碱草	*Elymus dahuricus* Turcz. cv. Chabei	1990
43	禾本科	披碱草属	甘南垂穗 披碱草	*Elymus nutans* Griseb. cv. Gannan	1990

审定登记情况（续）

登记号	申报单位	申报者	品种类别	适应区域
262	四川长江草业研究中心、四川省草原工作总站、四川省达州市饲草饲料站	吴立伦等	野生栽培品种	适宜四川东部及气候条件类似地区种植
143	四川省古蔺县畜牧局	郑启坤等	野生栽培品种	适宜四川盆地周边地区、川西北高原部分地区及贵州、云南、湖南、江西山区种植
91	四川省武隆县畜牧局	邹祥铭等	地方品种	适宜我国四川、云南的十字马唐自然分布区种植
53	辽宁省朝阳市畜牧研究所	郜玉田等	育成品种	华北、华东及东北、西北无霜期140天以上的沿海滩涂、低洼易涝、盐碱地上均可种植
13	宁夏回族自治区草原工作站	万力生等	育成品种	我国南北方都有种植。在≥10℃活动积温2 850℃以上，年降水量350毫米以上或有灌溉条件地区均可种植。可用来改良中度渍水盐碱地
198	宁夏回族自治区牧草种子检验站	吴素琴等	地方品种	适宜在宁夏银北盐碱地、河漫滩及其他省区类似地区种植
70	河北省张家口市草原畜牧研究所	孟庆臣等	野生栽培品种	适应于寒冷、干旱地区栽培，如河北省北部、山西省北部、内蒙古、青海、甘肃等地区均可种植
69	甘肃省甘南藏族自治州草原工作站	张卫国	野生栽培品种	在我国海拔4 000米以下，降水量350毫米以上的地区均可种植。尤其适宜于海拔3 000～4 000米、降水量450～600毫米的高寒阴湿地区种植

2-58 1987—2005 年草品种

序号	科	属	品种名称	学 名	登记年份
44	禾本科	披碱草属	康巴垂穗披碱草	*Elymus nutans* Griseb. cv. Kang-ba	2005
45	禾本科	披碱草属	川草1号老芒麦	*Elymus sibiricus* L. cv. Chuancao No. 1	1990
46	禾本科	披碱草属	川草2号老芒麦	*Elymus sibiricus* L. cv. Chuancao No. 2	1991
47	禾本科	披碱草属	吉林老芒麦	*Elymus sibiricus* L. cv. Jilin	1988
48	禾本科	披碱草属	农牧老芒麦	*Elymus sibiricus* L. cv. Nongmu	1993
49	禾本科	披碱草属	青牧1号老芒麦	*Elymus sibiricus* L. cv. Qingmu No. 1	2004
50	禾本科	披碱草属	同德老芒麦	*Elymus sibiricus* L. cv. Tongde	2004
51	禾本科	类蜀黍属	墨西哥类玉米	*Euchlaena mexicana* Schrad.	1993
52	禾本科	羊茅属	凌志高羊茅	*Festuca arundinacea* Schreb. cv. Barlexas	2000
53	禾本科	羊草属	北山1号高羊茅	*Festuca arundinacea* Schreb. cv. Beishan No. 1	2005

审定登记情况（续）

登记号	申报单位	申报者	品种类别	适应区域
307	四川省草原工作总站、四川省金种燎原种业科技有限责任公司、甘孜藏族自治州草原工作站	张新跃等	野生栽培品种	适宜在四川西北海拔 1 500～4 700米的高寒牧区种植
51	四川省草原研究所	杨智永等	育成品种	适于川西北高原地区种植，在省内山地温带气候地区亦可种植
83	四川省草原研究所	杨智永等	育成品种	适于川西北高原地区推广，在省内山地温带气候地区亦可种植
20	中国农业科学院草原研究所	董景实等	地方品种	适宜内蒙古、辽宁、吉林、黑龙江等省区种植
128	内蒙古农牧学院草原科学系	张众等	育成品种	适宜内蒙古中东部地区及我国北方大部分省区种植
279	青海省牧草良种繁殖场、青海省畜牧兽医科学院草原研究所、青海省草原总站	周青平等	育成品种	适宜青海全省海拔 4 500 米以下高寒地区种植
280	青海省牧草良种繁殖场、中国农业大学、青海省畜牧兽医科学院、青海省草原总站	王堃等	野生栽培品种	在青海省内海拔 2 200～4 200 米的地区均可种植
135	华南农业大学	陈德新等	引进品种	辽宁以南各省均可种植作青饲用
212	荷兰百绿种子集团公司中国代表处	陈谷等	引进品种	适宜中国北方及温暖湿润地区种植
298	北京大学	林忠平等	育成品种	适宜我国华北、东北及西部诸省区种植

2-58　1987—2005 年草品种

序号	科	属	品种名称	学　　名	登记年份
54	禾本科	羊草属	长江 1 号苇状羊茅	*Festuca arundinacea* Schreb. cv. Changjiang No. 1	2003
55	禾本科	羊草属	可奇思高羊茅	*Festuca arundinacea* Schreb. cv. Cochise	2004
56	禾本科	羊茅属	法恩苇状羊茅	*Festuca arundinacea* Schreb. cv. Fawn	1987
57	禾本科	羊草属	黔草 1 号高羊茅	*Festuca arundinacea* Schreb. cv. Qiancao No. 1	2005
58	禾本科	羊茅属	盐城苇状羊茅（牛尾草）	*Festuca arundinacea* Schreb. cv. Yancheng	1990
59	禾本科	羊草属	青海中华羊茅	*Festuca sinensis* Keng. cv. Qinghai	2003
60	禾本科	牛鞭草属	重高扁穗牛鞭草	*Hemarthria compressa* (L. F.) R. Br. cv. Chonggao	1987
61	禾本科	牛鞭草属	广益扁穗牛鞭草	*Hemarthria compressa* (L. F.) R. Br. cv. Guangyi	1987
62	禾本科	绒毛草属	南山绒毛草	*Holcus lanatus* L. cv. Nanshan	1997

审定登记情况（续）

登记号	申报单位	申报者	品种类别	适应区域
260	四川长江草业研究中心、四川省草原工作总站、四川省阳平种牛场	何丕阳等	育成品种	适宜长江中下游低山、丘陵和平原地区种植
286	北京林业大学	韩烈保等	引进品种	我国华北、西南、西北较湿润地区，内蒙古东南部，东北平原南部，华中及华东的武汉、杭州、上海等地均可种植
12	湖北省农业科学院畜牧兽医研究所	鲍健寅等	引进品种	适宜我国温带和亚热带地区种植
299	贵州省草业研究所、贵州阳光草业科技有限责任公司、四川农业大学	吴佳海等	育成品种	适宜我国长江中上游中低山、丘陵、平原及其它类似地区种植
65	江苏省沿海地区农业科学研究所	陆炳章等	地方品种	适宜我国华东地区各省以及河南、湖南、湖北等省种植
261	青海省牧草良种繁殖场、中国农业大学	孙明德等	野生栽培品种	适宜在青藏高原海拔 2 000～4 000米，年降水量 400 毫米左右的高寒地区种植，是建立牧刈兼用人工草地和天然草地补播的优良品种
10	四川农业大学	杜逸等	野生栽培品种	适宜南方各省、区的低湿地种植
11	四川农业大学	杜逸等	野生栽培品种	适宜南方各省、区海拔 1 500 米以下地区种植
179	湖南农业大学、湖南省南山牧场	屠敏仪等	野生栽培品种	南方夏无酷暑、冬无严寒的山区均可种植

2-58　1987—2005 年草品种

序号	科	属	品种名称	学　　名	登记年份
63	禾本科	大麦属	察北野大麦	*Hordeum brevisubulatum*（Trin.）Link. cv. Chabei	1989
64	禾本科	大麦属	军需 1 号野大麦	*Hordeum brevisubulatum* cv. Junxu No. 1	2002
65	禾本科	大麦属	鄂大麦 7 号	*Hordeum valgare* L. cv. Edamai No. 7	1998
66	禾本科	大麦属	蒙克尔大麦	*Hordeum valgare* L. cv. Manker	1988
67	禾本科	大麦属	斯特泼大麦	*Hordeum valgare* L. cv. Stepoe	1991
68	禾本科	赖草属	东北羊草	*Leymus chinensis*（Trin.）Tzvel. cv. Dongbei	1988
69	禾本科	赖草属	吉生 1 号羊草	*Leymus chinensis*（Trin.）Tzvel. cv. Jisheng No. 1	1992
70	禾本科	赖草属	吉生 2 号羊草	*Leymus chinensis*（Trin.）Tzvel. cv. Jisheng No. 2	1993
71	禾本科	赖草属	吉生 3 号羊草	*Leymus chinensis*（Trin.）Tzvel. cv. Jisheng No. 3	1994

审定登记情况（续）

登记号	申报单位	申报者	品种类别	适应区域
42	河北省张家口市草原畜牧研究所	刘树强等	野生栽培品种	适宜河北北部、内蒙古东南部、吉林、黑龙江、辽宁、甘肃、新疆等地种植
233	中国人民解放军军需大学	李彦舫等	育成品种	适宜吉林、辽宁、内蒙古、山东等省区种植
191	湖北省农科院粮食作物研究所	秦盈卜等	育成品种	适应于湖北各地及江苏、湖南、河南、福建等省栽培
27	中国农业科学院草原研究所	拾方坚等	引进品种	适应在我国华北、西北和东北春大麦区，以及云贵高原冬大麦区种植
105	四川省古蔺县畜牧局	叶玉林等	引进品种	适于在四川、贵州省海拔 300～1 350 米的盆地周边山区种植，在盆地内部也能生长
22	中国农业科学院草原研究所、黑龙江省畜牧研究所	袁有福等	野生栽培品种	适宜黑龙江、吉林及内蒙古东部地区种植
120	吉林省生物研究所	王克平等	育成品种	适宜吉林、内蒙古、黑龙江等省半干旱草甸草原种植
129	吉林省生物研究所	王克平等	育成品种	吉林、黑龙江、内蒙古等省半干旱草甸草原较低洼地块，其中在图牧吉、镇赉、白城、双城等地区产量最高
147	吉林省生物研究所	王克平等	育成品种	吉林、内蒙古、陕西等省区，年降水量 300～400 毫米，无霜期 150 天左右、日照不足 3 000 小时的寒温带半干旱草原均可种植

2-58　1987—2005 年草品种

序号	科	属	品种名称	学　　名	登记年份
72	禾本科	赖草属	吉生 4 号羊草	*Leymus chinensis* (Trin.) Tzvel. cv. Jisheng No. 4	1991
73	禾本科	赖草属	农牧 1 号羊草	*Leymus chinensis* (Trin.) Tzvel. cv. Nongmu No. 1	1992
74	禾本科	黑麦草属	蓝天堂多花黑麦草	*Lolium multiflorum* Lam. cv. Blue Heaven	2005
75	禾本科	黑麦草属	长江 2 号多花黑麦草	*Lolium multiflorum* Lam. cv. Changjiang No. 2	2004
76	禾本科	黑麦草属	钻石 T 多花黑麦草	*Lolium multiflorum* Lam. cv. Diamond T	2005
77	禾本科	黑麦草属	赣饲 3 号多花黑麦草	*Lolium multiflorum* Lam. cv. Ganshi No. 3	1994
78	禾本科	黑麦草属	赣选 1 号多花黑麦草	*Lolium multiflorum* Lam. cv. Ganxuan No. 1	1994
79	禾本科	黑麦草属	勒普多花黑麦草	*Lolium multiflorum* Lam. cv. Lipo	1991
80	禾本科	黑麦草属	上农四倍体多花黑麦草	*Lolium multiflorum* Lam. cv. Shangnong Tetraploid	1995
81	禾本科	黑麦草属	杰威多花黑麦草	*Lolium multiflorum* Lam. cv. Spendor	2004

审定登记情况（续）

登记号	申报单位	申报者	品种类别	适应区域
79	吉林省生物研究所	王克平等	育成品种	适宜吉林、黑龙江、内蒙古半干旱草原种植
119	内蒙古农牧学院草原科学系	马鹤林等	育成品种	内蒙古东部、吉林、黑龙江均可种植
303	北京克劳沃草业技术开发中心、北京格拉斯草业技术研究所	刘自学等	引进品种	适宜在我国长江流域及其以南的大部分地区冬闲田种植
287	四川农业大学、四川长江草业研究中心	张新全等	育成品种	适宜长江中上游丘陵、平坝和山地海拔 600～1 500 米的温暖湿润地区种植
302	北京克劳沃草业技术开发中心、北京格拉斯草业技术研究所	刘自学等	引进品种	适宜在我国长江流域及其以南的大部分地区冬闲田种植
150	江西省饲料研究所	周泽敏等	育成品种	适宜长江流域以南及黄河流域部分地区种植
148	江西省畜牧技术推广站	李正民等	育成品种	适宜长江中下游及以南地区各种地形与土壤种植
104	四川省畜牧兽医研究所	曹成禹等	引进品种	适宜四川盆地、长江和黄河流域各省种植
152	上海农学院	邵游等	育成品种	长江、黄河流域及南方各省饲养草食性牲畜和鱼类的地区均可用作优质饲料。特别在土壤含盐分较高、不适于某些高产青饲栽培的地区，更能充分表现该草的增产优势
289	四川省金种燎原种业科技有限责任公司	谢永良等	引进品种	适宜我国长江中下游及其以南的大部分地区冬闲田种植

2-58 1987—2005 年草品种

序号	科	属	品种名称	学 名	登记年份
82	禾本科	黑麦草属	盐城多花黑麦草	*Lolium multiflorum* Lam. cv. Yancheng	1990
83	禾本科	黑麦草属	特高德（原译名特高）多花黑麦草	*Lolinm multiflorum* var. *Westerwoldicum* cv. Tetragold	2001
84	禾本科	黑麦草属	卓越多年生黑麦草	*Lolium perenne* L. cv. Eminent	2005
85	禾本科	黑麦草属	顶峰多年生黑麦草	*Lolium perenne* L. cv. Pinnacre	2002
86	禾本科	黑麦草属	托亚多年生黑麦草	*Lolium perenne* L. cv. Taya	2004
87	禾本科	黑麦草属	南农 1 号羊茅黑麦草	*Lolium perenne* L. ×*Festuca arundinacea* Schreb. cv. Nannong No. 1	1998
88	禾本科	糖蜜草属	粤引 1 号糖蜜草	*Melinis minutiflora* Beauv. cv. Yueyin No. 1	1991
89	禾本科	黍属	热研 8 号坚尼草	*Panicum maximum* Jacq. cv. Reyan No. 8	2000
90	禾本科	黍属	热研 9 号坚尼草	*Panicum maximum* Jacq cv. Reyan No. 9	2000
91	禾本科	雀稗属	热研 11 号黑籽雀稗	*Paspalum atuatum* cv. Reyan No. 11	2003

审定登记情况（续）

登记号	申报单位	申报者	品种类别	适应区域
64	江苏省沿海地区农业科学研究所	陆炳章等	地方品种	适宜长江中下游地区和部分沿海地区种植
227	广东省牧草饲料工作站	陈三有等	引进品种	适宜广东、四川、江西、福建、广西、江苏等种植，用作冬种青饲料
300	北京克劳沃草业技术开发中心、北京格拉斯草业技术研究所	刘自学等	引进品种	适宜我国长江流域及其以南的大部分山区种植
240	百绿（天津）国际草业有限公司	陈谷等	引进品种	适宜我国北方地区种植，兰州以西地区不能安全越冬
285	北京林业大学	韩烈保等	引进品种	我国东北平原南部、西北较湿润地区、华北、西南海拔较高地区以及北方沿海城市均可种植
194	南京农业大学	王槐三等	育成品种	我国西南山区、长江流域以及部分沿海地区均适宜种植
102	广东省畜牧局饲料牧草处、广东省农业科学院畜牧兽医研究所	李居正等	引进品种	适宜海南、广东、广西、福建南部水土流失严重的地区种植
213	中国热带农业科学院热带作物品种资源研究所	韦家少等	引进品种	适宜海拔1 000米以下，年降水量750毫米以上热带和南亚热带地区种植
214	中国热带农业科学院热带作物品种资源研究所	韦家少等	引进品种	适宜海拔1 000米以下，年降水量750毫米以上的热带和南亚热带地区种植
264	中国热带农业科学院热带作物品种资源研究所	刘国道等	引进品种	适宜我国热带和南亚热带高温多雨地区种植

2-58 1987—2005 年草品种

序号	科	属	品种名称	学　　名	登记年份
92	禾本科	雀稗属	福建圆果雀稗	*Paspalum orbiculare* G. Forst. cv. Fujian	1995
93	禾本科	雀稗属	桂引 2 号小花毛花雀稗	*Paspalum urvillei* Steud. cv. Guiyin No. 2	1990
94	禾本科	雀稗属	桂引 1 号宽叶雀稗	*Paspalum wettsteinii* Hackel cv. Guiyin No. 1	1989
95	禾本科	雀稗属	赣引百喜草（巴哈雀稗）	*Paspalum notatum* Flugge. cv. Ganyin	2001
96	禾本科	狼尾草属	宁牧 26-2 美洲狼尾草	*Pennisetum americanum*（L.）K. Schum. cv. Ningmu No. 26-2	1989
97	禾本科	狼尾草属	宁杂 3 号美洲狼尾草	*Pennisetum americanum*（L.）K. Schum. cv. Ningza No. 3	1998
98	禾本科	狼尾草属	宁杂 4 号美洲狼尾草	*Pennisetum americanum*（L.）K. Schum. cv. Ningza No. 4	2001
99	禾本科	狼尾草属	杂交狼尾草	*Pennisetum americanum* × *P. purpureum*	1989
100	禾本科	狼尾草属	邦得 1 号杂交狼尾草	*Pennisetum americanum* × *P. purpureum* cv. Bangde No. 1	2005

审定登记情况（续）

登记号	申报单位	申报者	品种类别	适应区域
159	福建农业大学牧草研究室	苏水金等	野生栽培品种	适宜我国长江以南诸省区种植
75	广西壮族自治区畜牧研究所	赖志强等	引进品种	我国华南地区。福建、江西、湖南、湖北、云南、贵州、浙江、安徽等省部分地区亦可种植
48	广西壮族自治区畜牧研究所、福建省农业科学院畜牧研究所	宋光谟等	引进品种	我国中亚热带以南地区。为广东、广西、福建、海南和云贵南部的当家草种。四川、湖南、江西、浙江等省南部气候温暖湿润地区亦可种植
228	江西农业大学	董闻达	引进品种	适宜淮河秦岭以南亚热带、热带地区种植，最适于江南低山丘陵地区
38	江苏省农业科学院土壤肥料研究所	杨运生等	育成品种	适宜长江流域及其类似气候区域种植
195	江苏省农业科学院土壤肥料研究所	白淑娟等	育成品种	适宜长江流域广大区域种植
220	江苏省农业科学院草牧业研究开发中心、南京富得草业开发研究所	白淑娟等	育成品种	适宜长江流域广大地区种植
47	江苏省农业科学院土壤肥料研究所	杨运生等	引进品种	适宜我国长江流域及其以南地区种植
315	广西北海绿邦生物景观发展有限公司、南京富得草业开发研究所	白淑娟等	育成品种	我国热带、亚热带和暖温带均可栽培利用，在热带和南亚热带可安全越冬的地区为多年生，在不能越冬的地区为一年生

2-58　1987—2005 年草品种

序号	科	属	品种名称	学　名	登记年份
101	禾本科	狼尾草属	桂牧 1 号杂交象草	(*Pennisetum americanum* × *P. purpureum*) × *P. purpureum* Schum. cv. Guimu No. 1	2000
102	禾本科	狼尾草属	威提特东非狼尾草	*Pennisetum clandestinum* Hochst. ex Chiov. cv. Whittet	2002
103	禾本科	狼尾草属	热研 4 号王草（杂交狼尾草）	*Pennisetum purpureum* × *P. tyhoideum* cv. Reyan No. 4	1998
104	禾本科	狼尾草属	海南多穗狼尾草	*Pennisetum polystachyon* (Linn) Schult. cv. Hainan	1993
105	禾本科	狼尾草属	华南象草	*Pennisetum purpureum* Schum. cv. Huanan	1990
106	禾本科	狼尾草属	摩特矮象草	*Pennisetum purpureum* Schum. cv. Mott	1994
107	禾本科	虉草属	通选 7 号草芦	*Phalaris arundinacea* L. cv. Tongxuan No. 7	1993
108	禾本科	猫尾草属	岷山猫尾草	*Phleum pratense* L. cv. Minshan	1990

审定登记情况（续）

登记号	申报单位	申报者	品种类别	适应区域
211	广西畜牧研究所	梁英彩等	育成品种	适宜我国热带和中南亚热带地区种植
241	云南省肉牛和牧草研究中心	匡崇义等	引进品种	在云南省适宜年降雨量600毫米以上，年均温13～20℃，海拔1 000～2 200米的地区均可生长。最适宜生长的气候带为中北亚热带≥10℃积温为4 200～6 000℃的地区种植
196	中国热带农业科学院热带牧草研究中心	刘国道等	引进品种	适宜广东、广西、海南、福建及江西、江苏、云南、四川、湖南的部分地区种植
122	广东省农业科学院畜牧研究所	温兰香等	野生栽培品种	在粤北地区生长表现良好，但不结实。而在广州、河源地区及其南部（北回归线以南）都能正常生长结实
66	广西壮族自治区畜牧研究所、华南热带作物研究院	宋光谟等	地方品种	适宜我国华南地区及部分中亚热带地区种植
134	广西壮族自治区畜牧研究所	赖志强等	引进品种	适宜我国南方地区种植
125	内蒙哲里木畜牧学院草原系	周碧华等	育成品种	适宜内蒙古东部、吉林 种植
67	甘肃省饲草饲料技术推广总站	王英等	地方品种	适应甘肃陇南、天水、临夏等地区温凉湿润气候区域及甘肃省外类似气候区域

2-58 1987—2005 年草品种

序号	科	属	品种名称	学　名	登记年份
109	禾本科	早熟禾属	青海冷地早熟禾	*Poa crymophila* Keng cv. Qinghai	2003
110	禾本科	早熟禾属	康尼草地早熟禾	*Poa pratensis* L. cv. Conni	2004
111	禾本科	早熟禾属	大青山草地早熟禾	*Poa pratensis* L. cv. Daqingshan	1995
112	禾本科	早熟禾属	菲尔金草地早熟禾	*Poa pratensis* L. cv. Fylking	1993
113	禾本科	早熟禾属	肯塔基草地早熟禾	*Poa pratensis* L. cv. Kentucky	1993
114	禾本科	早熟禾属	青海草地早熟禾	*Poa pratensis* L. cv. Qinghai	2005
115	禾本科	早熟禾属	瓦巴斯草地早熟禾	*Poa pratensis* L. cv. Wabash	1989
116	禾本科	早熟禾属	青海扁茎早熟禾	*Poa pratensis* L. var. *anceps* Gaud. cv. Qinghai	2004
117	禾本科	新麦草属	山丹新麦草	*Psathyrostachys perennis* Keng. cv. Shandan	1995
118	禾本科	新麦草属	紫泥泉新麦草	*Psathyrostachys perennis* Keng. cv. Ziniquan	1992

审定登记情况（续）

登记号	申报单位	申报者	品种类别	适应区域
263	青海省草原总站、青海省牧草良种繁殖场、青海省铁卜加草原改良试验站	巩爱岐等	野生栽培品种	适宜青藏高原海拔 2 000～4 200 米，年降水量 400 毫米的地区种植
284	北京林业大学	韩烈保等	引进品种	适宜我国东北、西北、华北大部分地区及西南高海拔地区种植
155	内蒙古畜牧科学院草原研究所	额木和等	野生栽培品种	适宜内蒙古、西北地区种植
139	甘肃农业大学	曹致中等	引进品种	为耐寒性强的草坪草品种，适宜于我国北方地区种植
140	甘肃农业大学	贾笃敬等	引进品种	为冷地型草坪草品种，适宜我国北方各省区种植，在云贵高原和西藏等地区表现亦好
304	青海省畜牧兽医科学院草原研究所	马玉寿等	野生栽培品种	适宜在青藏高原海拔 2 000～4 000米的高寒地区种植
45	中国农业科学院畜牧研究所、北京市园林局	李敏等	引进品种	适宜东北、华北、西北、华东、华中等大部分地区种植
278	青海省畜牧科学院草原研究所、青海省同德县良种繁殖场、青海省草原总站	颜红波等	野生栽培品种	适宜青海省海拔 4 000 米以下高寒地区种植
158	中国农业大学动物科技学院	史德宽等	野生栽培品种	在中国由东北沿长城向西至天山一线，年降水量 300～500 毫米地区均可种植
106	新疆农业大学草原系	李建龙等	地方品种	适宜我国广大干旱半干旱农牧区种植

2-58 1987—2005 年草品种

序号	科	属	品种名称	学 名	登记年份
119	禾本科	碱茅属	白城朝鲜碱草	*Puccinellia chinampoensis* Ohwi. cv. Baicheng	1996
120	禾本科	碱茅属	吉农朝鲜碱草	*Puccinellia chinampoensis* Ohwi. cv. Jinong	1999
121	禾本科	碱茅属	白城小花碱茅（星星草）	*Puccinellia tenuiflora* （Griseb.） Scribn. et. Merr. cv. Baicheng	1996
122	禾本科	鹅观草属	赣饲 1 号纤毛鹅观草	*Roegneria ciliaris*（Trin.）Nevski cv. Gansi No. 1	1990
123	禾本科	甘蔗属	闽牧 42 杂交甘蔗	（*Saccharum officinarum* L. cv. Co419）×（*S. robustum* Brandes. DCIPT43-52）cv. Minmu 42	1999
124	禾本科	黑麦属	奥克隆黑麦	*Secale cereabe* L. cv. Oklon	2002
125	禾本科	黑麦属	冬牧 70 黑麦	*Secale cereale* L. cv. Wintergrazer-70	1988
126	禾本科	黑麦属	中饲 507 黑麦	*Secale cereale* L. cv. Zhongsi 507	2004
127	禾本科	狗尾草属	纳罗克非洲狗尾草	*Setaria sphacelate* （Schum.） Stapf ex Massey cv. Narok	1997
128	禾本科	高粱属	大力士饲用高粱	*Sorghum bicolor* （L.） Moench. cv. Hunnigreen	2004

审定登记情况（续）

登记号	申报单位	申报者	品种类别	适应区域
170	吉林省农业科学院畜牧分院草地研究所	吴青年等	野生栽培品种	可在东北、西北、华北等不同类型盐碱地上栽培
201	吉林省农业科学院畜牧分院草地研究所	徐安凯等	育成品种	适宜我国东北、华北、西北地区，碳酸盐盐土、氯化物盐土和硫酸盐盐土等类型的盐碱地种植
169	吉林省农业科学院畜牧分院草地研究所	吴青年等	野生栽培品种	可在东北、西北、华北等不同类型盐碱地上栽培
52	江西省饲料科学研究所	周泽敏等	育成品种	我国北纬23°～50°，海拔3 000米以下的平原、丘陵和山地均可种植
204	福建省农业科学院甘蔗研究所	卢川北等	育成品种	适宜亚热带地区丘陵坡地及“十边”地种植
241	中国农业科学院作物育种栽培研究所、中国农业大学	胡跃高等	引进品种	黄淮海地区宜秋播，长江以南地区可在10～11月播种
24	江苏省太湖地区农业科学研究所	华仁林等	引进品种	我国各地均可种植，尤其在我国南方各省推广
290	中国农业科学院作物育种栽培研究所	孙元枢等	育成品种	黄淮海、西北及东北地区宜秋播，长江以南地区可在11月份播种
181	云南省肉牛和牧草研究中心	奎嘉祥等	引进品种	适宜云南省绝大多数地方，我国南方海拔800～2 000米的低中山区种植
292	百绿（天津）国际草业有限公司	牟芝兰等	引进品种	适宜东北、西北的南部，华东、华中和西南地区种植

2-58　1987—2005 年草品种

序号	科	属	品种名称	学　名	登记年份
129	禾本科	高粱属	辽饲杂 1 号高粱	*Sorghum bicolor* (L.) Moench. cv. Liaosiza No. 1	1990
130	禾本科	高粱属	辽饲杂 2 号高粱	*Sorghum bicolor* (L.) Moench. cv. Liaosiza No. 2	1996
131	禾本科	高粱属	辽饲杂 3 号高粱	*Sorghum bicolor* (L.) Moench. cv. Liaosiza No. 3	2000
132	禾本科	高粱属	沈农 2 号高粱	*Sorghum bicolor* (L.) Moench. cv. Shennong No. 2	1991
133	禾本科	高粱属	原甜 1 号甜高粱	*Sorghum bicolor* (L.) Moench. cv. Yuantian No. 1	2002
134	禾本科	高粱属	乐食高粱—苏丹草杂交种	*Sorghum bicolor* × *S. sudanense* cv. Everlush	2004
135	禾本科	高粱属	天农青饲 1 号高粱—苏丹草杂交种	*Sorghum bicolor* × *S. sudanense* (F1) cv. Tiannongqingsi No. 1	2000
136	禾本科	高粱属	皖草 2 号高粱—苏丹草杂交种	*Sorghum bicolor* × *S. sudanense* (F1) cv. Wancao No. 2	1998
137	禾本科	高粱属	皖草 3 号高粱—苏丹草杂交种	*Sorghum bicolor* × *S. sudanense* cv. Wancao No. 3	2005

审定登记情况（续）

登记号	申报单位	申报者	品种类别	适应区域
54	辽宁省农业科学院高粱研究所	潘世全等	育成品种	在我国深圳、云南、上海、河南、河北、北京、天津、辽宁、吉林、佳木斯均可种植
164	辽宁省农业科学院高粱研究所	潘世全等	育成品种	在我国辽宁、河北、河南、安徽、山东、广西、吉林、黑龙江、北京等地均可种植
209	辽宁省农业科学院高粱研究所	朱翠云等	育成品种	在我国的辽宁、河南、河北、湖北、湖南、广东、广西、山东、山西、安徽、四川、宁夏、甘肃、陕西等省区大部分地区均可种植
80	沈阳农业大学农学系	马鸿图等	育成品种	适宜沈阳地区和沈阳以南种植，特别适合北京、天津、河南、河北、广西种植。在山西、山东、湖南和贵州等省试种，也都获得成功
234	中国农业科学院原子能利用研究所	苏益民等	育成品种	适宜北京、天津、内蒙古、山东、山西、河北、河南等地种植
293	百绿（天津）国际草业有限公司	房丽宁等	引进品种	适宜北京、内蒙古、云南等地种植
208	天津农学院	孙守钧等	育成品种	全国各省区均可种植
192	安徽农业技术师范学院、安徽省明光市高新技术研究所	钱章强等	育成品种	适宜我国南方各省，以及适宜种植高粱和苏丹草的地区种植
316	安徽科技学院、安徽省畜牧技术推广总站	詹秋文等	育成品种	适宜北京、安徽、山西、江西、江苏、浙江等地种植

2-58 1987—2005年草品种

序号	科	属	品种名称	学　　名	登记年份
138	禾本科	高粱属	蒙农青饲2号苏丹草	*Sorghum bicolor* × *S. sudanense* cv. Mengnongqingsi No. 2	2004
139	禾本科	高粱属	内农1号苏丹草	*Sorghum sudanense* (Piper) Stapf. cv. Neinong No. 1	2003
140	禾本科	高粱属	宁农苏丹草	*Sorghum sudanense* (Piper) Stapf. cv. Ningnong	1996
141	禾本科	高粱属	奇台苏丹草	*Sorghum sudanense* (Piper) Stapf. cv. Qitai	1990
142	禾本科	高粱属	乌拉特1号苏丹草	*Sorghum sudanense* (Piper) Stapf. cv. Wulate No. 1	1996
143	禾本科	高粱属	乌拉特2号苏丹草	*Sorghum sudanense* (Piper) Stapf. cv. Wulate No. 2	1999
144	禾本科	高粱属	新苏2号苏丹草	*Sorghum sudanense* (Piper) Stapf. cv. Xinsu No. 2	1992
145	禾本科	高粱属	盐池苏丹草	*Sorghum sudanense* (Piper) Stapf. cv. Yanchi	1996
146	禾本科	小黑麦属	中饲237小黑麦	*Triticale Wittmack* cv. Zhongsi No. 237	1998

审定登记情况（续）

登记号	申报单位	申报者	品种类别	适应区域
294	内蒙古农业大学	于卓等	育成品种	在≥10℃积温达 2 400℃的地区均可种植。年降水量 400 毫米以上地区可旱作栽培
268	内蒙古农业大学	支中生等	育成品种	适宜内蒙古、河南、湖北及气候条件相类似地区种植
166	宁夏农学院草业研究所、宁夏盐池草原实验站	邵生荣等	育成品种	青刈全国均可种植，收种适于北方绝对无霜期 150 天的地区种植
68	新疆奇台县草原工作站	张鸿书等	地方品种	我国北方热量和水源较充足地区和南方各省都适宜种植
165	内蒙乌拉特前旗草籽繁殖场、巴彦淖尔盟草原工作站	王桢等	育成品种	适应在我国有灌溉条件的地区推广，其中在北方产籽需无霜期达到 130 天以上
202	内蒙古巴彦淖尔盟草原站、乌拉特前旗草籽繁殖场	樊强等	育成品种	适宜全国各地种植。干旱地区需有灌溉条件，采种田宜选北方无霜期 130 天以上的地区
116	新疆农业大学畜牧分院牧草生产育种教研室、奇台县草原站	闵继淳等	育成品种	凡无霜期在 130 天以上的有灌溉的条件下，或我国南方雨水充足的地区都能种植，是我国南方养鱼的优良青饲料新品种
167	宁夏盐地草原实验站、宁夏农学院草业研究所	耿本仁等	育成品种	≥10℃有效积温 1 100℃以上，年降水量≥300 毫米没有灌溉条件的地区均可种植
193	中国农业科学院作物育种栽培研究所	孙元枢等	育成品种	北方黄淮地区可粮草兼用，长江以南冬闲田作青饲、青贮

2-58 1987—2005 年草品种

序号	科	属	品种名称	学　名	登记年份
147	禾本科	小黑麦属	中饲 828 小黑麦	*Triticale* Wittmack cv. Zhongsi 828	2002
148	禾本科	小黑麦属	中新 1881 小黑麦	*Triticale* Wittmack cv. Zhongxin No. 1881	1995
149	禾本科	玉蜀黍属	黑饲 1 号玉米	*Zea mays* L. cv. Heisi No. 1	2003
150	禾本科	玉蜀黍属	吉青 7 号玉米	*Zea mays* L. cv. Jiqing No. 7	1991
151	禾本科	玉蜀黍属	吉饲 8 号玉米	*Zea mays* L. cv. Jisi No. 8	2003
152	禾本科	玉蜀黍属	辽青 85 玉米	*Zea mays* L. cv. Laoqing No. 85	1994
153	禾本科	玉蜀黍属	辽原 2 号玉米	*Zea mays* L. cv. Laoyuan No. 2	2000
154	禾本科	玉蜀黍属	龙辐单 208 玉米	*Zea mays* L. cv. Longfudan 208	2002
155	禾本科	玉蜀黍属	龙牧 1 号玉米	*Zea mays* L. cv. Longmu No. 1	1989

审定登记情况（续）

登记号	申报单位	申报者	品种类别	适应区域
235	中国农业科学院作物育种栽培研究所、中国农业大学	孙元枢等	育成品种	黄淮海地区和东北、西北部分地区宜秋播，长江以南地区宜冬播，常利用冬闲田种植，提供冬春季节青绿饲料
153	中国农业科学院作物育种栽培研究所	孙元枢等	育成品种	北方宜春播，南方宜秋播
266	黑龙江省农业科学院玉米研究中心	苏俊等	育成品种	黑龙江省第一、二、三积温带（代表地区为哈尔滨市、大庆市和齐齐哈尔市）各地作专用青贮玉米种植
81	吉林省农业科学院玉米研究所	冯芬芬等	育成品种	吉林、辽宁省大部分地区和黑龙江省部分地区均可种植
267	吉林省农业科学院玉米研究所	才卓等	育成品种	吉林省大部分地区、黑龙江省中、南部、辽宁省北部均可作专用青贮玉米种植；吉林省中西部地区可作为粮饲兼用型玉米
149	辽宁省农业科学院原子能所、玉米所	陈庆华等	育成品种	适宜辽宁省内偏南地区和关内无霜期较长地区种植
210	辽宁省农业科学院玉米研究所	陈庆华等	育成品种	适宜辽宁省内偏南地区和无霜期较长地区种植。如专用作青贮，全国各地均可种植
236	黑龙江省农业科学院玉米研究中心	李春秋等	育成品种	适宜黑龙江省第一至第三积温带（代表地区分别为哈尔滨、大庆、齐齐哈尔等地）种植
33	黑龙江省畜牧研究所	张执信等	育成品种	适宜黑龙江省北纬47°以南的齐齐哈尔、兰西、肇东、双城、肇源地区种植

2－58 1987—2005 年草品种

序号	科	属	品种名称	学 名	登记年份
156	禾本科	玉蜀黍属	龙牧 3 号玉米	*Zea mays* L. cv. Longmu No. 3	1991
157	禾本科	玉蜀黍属	龙牧 5 号玉米	*Zea mays* L. cv. Longmu No. 5	1992
158	禾本科	玉蜀黍属	龙牧 6 号玉米	*Zea mays* L. cv. Longmu No. 6	2002
159	禾本科	玉蜀黍属	龙巡 32 号玉米	*Zea mays* L. cv. Longxun No. 32	2005
160	禾本科	玉蜀黍属	龙优 1 号玉米	*Zea mays* L. Longyou No. 1	1989
161	禾本科	玉蜀黍属	龙育 1 号玉米	*Zea mays* L. cv. Longyu No. 1	2003
162	禾本科	玉蜀黍属	新多 2 号青贮玉米	*Zea mays* L. cv. Xinduo No. 2	1993
163	禾本科	玉蜀黍属	新青 1 号玉米	*Zea mays* L. cv. Xinqing No. 1	2002
164	禾本科	玉蜀黍属	新沃 1 号玉米	*Zea mays* L. cv. Xinwe No. 1	2004
165	禾本科	玉蜀黍属	耀青 2 号玉米	*Zea mays* L. cv. Yaoqing No. 2	2005

审定登记情况（续）

登记号	申报单位	申报者	品种类别	适应区域
82	黑龙江省畜牧研究所	张执信等	育成品种	适宜黑龙江省中南部和西部地区种植
114	黑龙江省畜牧研究所	张执信等	育成品种	适宜黑龙江省第二三作物积温带及西部干旱半干旱地区种植
237	黑龙江省畜牧研究所	王凤国等	育成品种	适宜黑龙江省大部分地区种植
317	黑龙江省龙饲草业开发有限公司	许金玲等	育成品种	适宜黑龙江第一、二积温带地区（代表地区为哈尔滨、大庆等地）种植
34	黑龙江省畜牧研究所	刘玉梅等	育成品种	适宜北纬47°以南的齐齐哈尔、肇东、肇源、双城等地区种植
265	黑龙江省农业科学院作物育种研究所	孙德全等	育成品种	黑龙江省第二、三积温带（大庆地区的杜蒙县和齐齐哈尔的林甸县、富裕县、克东县等地）均可种植
127	新疆畜牧科学院草原研究所	罗廉衣等	育成品种	适应新疆能够种植玉米的农区、半农半牧区及城郊畜牧业作青饲、青贮种植
238	新疆农业科学院粮食作物研究所	梁晓玲等	育成品种	适宜新疆、河北坝上、内蒙古、陕西、甘肃等地种植
291	新疆沃特草业公司（原新疆兵团草业中心）	蒋明等	育成品种	适宜无霜期110天以上的地区种植
318	广西南宁耀洲种子有限责任公司	赵维肖等	育成品种	适宜华东、华南和西北地区种植

2-58 1987—2005 年草品种

序号	科	属	品种名称	学名	登记年份
166	禾本科	玉蜀黍属	中原单32号玉米	*Zea mays* L. cv. Zhongyuandan No. 32	1997
167	禾本科	玉蜀黍属	华农1号青饲玉米	*Zea may* L. var. rugosa Bonaf × *Euchlaena mexicana* Schrad. cv. Huanong No. 1	1993
168	禾本科	结缕草属	兰引Ⅲ号结缕草	*Zoysia japonica* Steud. cv. Lanyin No. 3	1995
169	禾本科	结缕草属	辽东结缕草	*Zoysia japonica* Steut. cv. Liaodong	2001
170	禾本科	结缕草属	青岛结缕草	*Zoysia japonica* Steud. cv. Qingdao	1990
171	禾本科	结缕草属	华南半细叶结缕草	*Zoysia matrella* (L.) Merr. cv. Huanan	1999
172	豆科	田皂荚属	美国合萌	*Aeschynomene americana* L.	1995
173	豆科	落花生属	阿玛瑞罗平托落花生	*Arachis pintoi* Krap. & Greg. cv. Amarillo	2003

审定登记情况（续）

登记号	申报单位	申报者	品种类别	适应区域
178	中国农业科学院原子能利用研究所	唐秀芝等	育成品种	黄淮海地区宜夏播，华中、华南、中南、西南以及新疆宜春、夏、秋播，中南、西南等地宜冬播
126	华南农业大学	卢小良等	育成品种	北京以南地区均可种植
162	甘肃省草原生态研究所	张巨明等	引进品种	适宜长江以南地区种植
230	辽宁大学生态环境研究所	董厚德等	野生栽培品种	在南北纬 42°30′范围内的湿润和半湿润气候区可建成雨养型草坪。在中国除青藏高原、新疆和大兴安岭北部外，全国大部分地区均可种植
71	山东青岛市草坪建设开发公司、青岛市园林科学研究所	董令善等	野生栽培品种	全国各地均可种植
199	中国热带农业科学院	白昌军等	地方品种	适宜长江以南的热带、亚热带地区种植
163	广西壮族自治区畜牧研究所	赖志强等	引进品种	适宜我国华南地区种植，福建、江西、湖南、湖北、云南、贵州、浙江等省部分地区也可种植
256	福建省农业科学院农业生态研究所、福建省山地草业工程技术研究中心	黄毅斌等	引进品种	适宜海南、福建、广东等热带、南亚热带地区种植

2－58　1987—2005 年草品种

序号	科	属	品种名称	学　名	登记年份
174	豆科	落花生属	热研 12 号平托落花生	*Arachis pintoi* Krap. & Greg. cv. Reyan No. 12	2004
175	豆科	黄芪属	黄河 2 号沙打旺	*Astragalus adsurgens* Pall. cv. Huanghe No. 2	1990
176	豆科	黄芪属	龙牧 2 号沙打旺	*Astragalus adsurgens* Pall. cv. Longmu No. 2	1989
177	豆科	黄芪属	彭阳早熟沙打旺	*Astragalus adsurgens* Pall. cv. Pengyangzaoshu	1992
178	豆科	黄芪属	杂花沙打旺	*Astragalus adsurgens* Pall. cv. Zahua	1989
179	豆科	黄芪属	早熟沙打旺	*Astragalus adsurgens* Pall. cv. Zaoshu	1990
180	豆科	锦鸡儿属	内蒙古小叶锦鸡儿	*Caragana microphylla* Lam. cv. Neimenggu	1995

审定登记情况（续）

登记号	申报单位	申报者	品种类别	适应区域
277	中国热带农业科学院热带作物品种资源研究所	白昌军等	引进品种	适宜年降水 650 毫米以上的热带、南亚热带地区种植，在海南、广东、广西、云南、福建等省（区）表现最优
50	水利部黄河水利委员会天水水土保持科学试验站	雷元静等	育成品种	在甘肃省及其相邻省区，无霜期 150 天以上，≥10℃活动积温 2 000℃以上，海拔在 2 000 米以下的广大地区种植均可正常开花结实
31	黑龙江省畜牧研究所	王殿魁等	育成品种	无霜期 120～130 天的黑龙江省中、西部地区均可种植
118	中国科学院水利部西北水土保持研究所、宁夏自治区彭阳县科委、彭阳县草原站、固原地区草原站	伊虎英等	育成品种	可在我国≥10℃年积温 1 847℃，年平均气温 5.2℃等值线以上的地区开花结籽
32	内蒙古农牧学院	王春江	育成品种	适宜无霜期 120 天左右，≥10℃活动积温 2 500℃以上地区种植，如内蒙古的哲里木盟、赤峰市，乌兰察布盟中、南部等
49	辽宁农业科学院土壤肥料研究所、黑龙江省农业科学院嫩江农业科学研究所、黄河水利委员会绥德水土保持试验站	苏盛发等	育成品种	在无霜期>120 天，≥10℃活动积温 2 500℃以上地区均可繁衍后代。适于我国东北、华北、西北地区（部分高寒山区除外）种植
157	内蒙古赤峰市草原工作站	王润泉等	野生栽培品种	适宜于华北、西北等地区的丘陵沙地与干旱草原类型区种植

2-58 1987—2005 年草品种

序号	科	属	品种名称	学　　名	登记年份
181	豆科	锦鸡儿属	晋北小叶锦鸡儿	*Caragana microphylle* Lam. cv. Jinbei	2004
182	豆科	决明属	闽引羽叶决明	*Cassia nictitans* cv. Minyin	2001
183	豆科	决明属	闽引圆叶决明	*Cassia rotundifolia* Pers. cv. Minyin	2005
184	豆科	决明属	威恩圆叶决明	*Cassia rotundifolia* Pers cv. Wynn	2001
185	豆科	小冠花属	绿宝石多变小冠花	*Coronilla varia* L. cv. Emerald	1992
186	豆科	小冠花属	宁引多变小冠花	*Coronilla varia* L. cv. Ningyin	1990

审定登记情况（续）

登记号	申报单位	申报者	品种类别	适应区域
276	山西省农业科学院、中国农业科学院畜牧研究所	牛西午等	野生栽培品种	适宜西北、华北、东北的干旱、半干旱地区种植
224	福建省农业科学院农业生态研究所、福建省山地草业工程技术研究中心	黄毅斌等	引进品种	适宜海南、福建、广东、湖南、江西等热带、亚热带红壤地区种植，尤其适合中亚热带、南亚热带地区
314	福律省农业科学院农业生态研究所、福建省山地草业工程技术研究中心	应朝阳等	引进品种	适宜福建、广东、江西等热带、亚热带红壤地区种植
222	中国农业科学院土壤肥料研究所祁阳红壤实验站	文石林等	引进品种	适宜南方热带、亚热带红黄壤地区种植
112	山西农业大学、中国农业科学院畜牧研究所、山西省畜牧局草原站	万淑贞等	引进品种	黄土高原丘陵沟壑及水土流失严重地区，西北、华北、东北海拔2 000米以下至黄河沙滩轻盐碱地区，降水量300毫米左右的干旱土石山区以及长江以南pH 5.2以上的酸性土上均宜种植。还可在果园间作、护坡护路以及不宜种植其它作物的土石山区种植，也可供花卉栽培
72	南京中山植物园	朱光琪等	引进品种	适宜黄土高原、华北平原，以及长江中下游地区种植

2－58　1987—2005 年草品种

序号	科	属	品种名称	学　　名	登记年份
187	豆科	小冠花属	宾吉夫特多变小冠花	*Coronilla varia* L. cv. Penngift	1992
188	豆科	小冠花属	西辐多变小冠花	*Coronilla varia* L. cv. Xifu	1992
189	豆科	山蚂蝗属	热研 16 号卵叶山蚂蝗	*Desmodium ovalifolium* Wall. cv. Reyan No. 16	2005
190	豆科	山羊豆属	新引 1 号东方山羊豆	*Galega orientalis* Lam. cv. Xinyin No. 1	2004
191	豆科	大豆属	公农 535 茶秣食豆	*Glycine max* （L.） Merr. cv. Gongnong No. 535	1989
192	豆科	岩黄芪属	赤峰山竹岩黄芪	*Hedysarum fruticosum* Pall. cv. Chifeng	2005
193	豆科	岩黄芪属	内蒙塔落岩黄芪	*Hedysarum laeve* Maxim. cv. Neimeng	1991

审定登记情况（续）

登记号	申报单位	申报者	品种类别	适应区域
113	山西农业大学、中国农业科学院畜牧研究所、山西省畜牧局草原站	万淑贞等	引进品种	黄土高原丘陵沟壑及水土流失严重地区，西北、华北、东北海拔2 000米以下至黄河沙滩轻盐碱地区，降水量300毫米左右的干旱土石山区以及长江以南pH 5.2以上的酸性土上均宜种植
117	中国科学院水利部西北水土保持研究所、宁夏固原地区草原站	伊虎英等	育成品种	在我国西北，华北、西南、华南等地均可种植。该品种在这些地区均能开花结籽
313	中国热带农业科学院热带作物品种资源研究所	刘国道等	引进品种	适宜我国长江以南、年降水量1 000毫米以上的热带、南亚热带地区种植
275	新疆畜牧科学院草原研究所	张清斌等	引进品种	适宜我国干旱、半干旱地区有浇水条件的地方种植，也可在年降水量600毫米以上地区旱作
39	吉林省农业科学院畜牧分院	吴青年等	地方品种	在吉林、辽宁、黑龙江、内蒙古、河北等省（区）均可种植
311	赤峰润绿生态草业技术开发研究所、赤峰市草原工作站、巴林右旗草原工作站	王润泉等	野生栽培品种	适宜我国东北、华北和内蒙古等地区的沙地、黄土丘陵区种植
94	中国农业科学院草原研究所、内蒙古自治区草原工作站、内蒙古清水河县草原工作站	王国贤等	野生栽培品种	我国北纬38°45′～45°15′、东经106°45′～114°的广大地区，≥10℃活动积温2 300～2 900℃，年降水量250～450毫米的沙地或覆沙地均宜种植

2－58　1987—2005 年草品种

序号	科	属	品种名称	学　名	登记年份
194	豆科	岩黄芪属	中草1号塔落岩黄芪	*Hedysarum laeve* Maxim. cv. Zhongcao No. 1	1998
195	豆科	岩黄芪属	中草2号细枝岩黄芪	*Hedysarum scoparium* Fisch. Et. Mey cv. Zhongcao No. 2	1999
196	豆科	木蓝属	鄂西多花木蓝	*Indigofera amblyantha* Craib. cv. Exi	1991
197	豆科	胡枝子属	赤城二色胡枝子	*Lespedeza bicolor* Turcz. cv. Chicheng	1996
198	豆科	胡枝子属	延边二色胡枝子	*Lespedeza bicolor* Turcz. cv. Yanbian	1989
199	豆科	银合欢属	热研1号银合欢	*Leucaena leucocephala*（Lam.）De Wit. cv. Reyan No. 1	1991
200	豆科	罗顿豆属	迈尔斯罗顿豆	*Lotononis bainesii* Baker. cv. Miles	2001
201	豆科	大翼豆属	色拉特罗大翼豆	*Macroptilium atropurpureum*（DC.）Urb. cv. Siratro	2002

审定登记情况（续）

登记号	申报单位	申报者	品种类别	适应区域
190	中国农业科学院草原研究所	黄祖杰等	育成品种	适于我国华北、西北地区草原、半荒漠中板固定沙丘、流动沙丘和黄土丘陵浅覆沙地种植。兼有防风固沙、饲用、蜜源和灌木花卉等多种用途
205	中国农业科学院草原研究所	黄祖杰等	育成品种	适宜我国华北、西北地区半固定沙丘和覆沙地种植，也可以在其他地区的沙地、覆沙地试种
93	湖北省农业科学院畜牧兽医研究所	鲍健寅等	野生栽培品种	适宜长江中下游低山、丘陵地，江西、福建、浙江等省部分地区种植
171	中国农业大学动物科技学院、河北省赤城县畜牧局	陈默君等	野生栽培品种	适宜华北、西北、东北种植
44	吉林省延边朝鲜族自治州农业科学研究所、延边朝鲜族自治州草原管理站	崔日顺等	野生栽培品种	东北、华北、西北及长江流域各地的山区、丘陵、沙地上均可种植
100	华南热带作物科学研究院	蒋侯明等	育成品种	我国海南、广东、广西、云南、福建、浙江、台湾等热带和南亚热带地区均可种植
223	中国农业科学院土壤肥料研究所祁阳红壤实验站	文石林等	引进品种	适宜长江以南红黄壤地区种植
248	中国热带农业科学院热带牧草研究中心	易克贤等	引进品种	适宜我国热带、南亚热带地区种植

2-58 1987—2005 年草品种

序号	科	属	品种名称	学　名	登记年份
202	豆科	苜蓿属	呼伦贝尔黄花苜蓿	*Medicago falcate* L. cv. Hulunbeier	2004
203	豆科	苜蓿属	陇东天蓝苜蓿	*Medicago lupulina* L. cv. Longdong	2002
204	豆科	苜蓿属	牧歌 401＋Z 紫花苜蓿	*Medicago sativa* L. cv. AmeriGraze401＋Z	2004
205	豆科	苜蓿属	敖汉紫花苜蓿	*Medicago sativa* L. cv. Aohan	1990
206	豆科	苜蓿属	保定紫花苜蓿	*Medicago sativa* L. cv. Baoding	2002
207	豆科	苜蓿属	北疆紫花苜蓿	*Medicago sativa* L. cv. Beijiang	1987
208	豆科	苜蓿属	沧州紫花苜蓿	*Medicago sativa* L. cv. Cangzhou	1990

审定登记情况（续）

登记号	申报单位	申报者	品种类别	适应区域
269	内蒙古自治区呼伦贝尔市草原研究所、内蒙古农业大学、鄂温克旗大地草业公司	刘英俊等	野生栽培品种	适宜我国北方高寒及干旱地区种植
246	甘肃农业大学、甘肃创绿草业科技有限公司	曹致中等	野生栽培品种	适宜我国北方除高寒地区和荒漠半荒漠地区以外的大部分地区，尤宜在黄土高原种植
272	北京克劳沃草业技术开发中心、北京格拉斯草业技术研究所	刘自学等	引进品种	适宜华北大部分地区、西北、东北、华中部分地区种植
59	内蒙古农牧学院、内蒙古赤峰市草原站、敖汉旗草原站	吴永敷等	地方品种	凡年平均温度5～7℃、最高气温39℃、最低气温－35℃，≥10℃年活动积温2 400～3 600℃，年降水量260～460毫米的我国东北、华北和西北各省、区均宜栽培
245	中国农业科学院北京畜牧兽医研究所	张文淑等	地方品种	北京、天津、河北、山东、山西、甘肃、宁夏、青海东部、内蒙古中南部、辽宁、吉林中南部等地区均可种植
8	新疆农业大学畜牧分院	闵继淳等	地方品种	主要分布在北疆准噶尔盆地及天山北麓林区、伊犁河谷等农牧区，我国北方各省、区均可种植
56	河北省张家口市草原畜牧研究所、沧州市饲草饲料站	孟庆臣等	地方品种	适宜在河北省东南部，山东、河南、山西部分地区栽培

2-58 1987—2005 年草品种

序号	科	属	品种名称	学　名	登记年份
209	豆科	苜蓿属	德宝紫花苜蓿	*Medicago sativa* L. cv. Derby	2003
210	豆科	苜蓿属	甘农 3 号紫花苜蓿	*Medicago sativa* L. cv. Gannong No. 3	1996
211	豆科	苜蓿属	甘农 4 号紫花苜蓿	*Medicago sativa* L. cv. Gannong No. 4	2005
212	豆科	苜蓿属	金皇后紫花苜蓿	*Medicago sativa* L. cv. Golden Empress	2003
213	豆科	苜蓿属	公农 1 号紫花苜蓿	*Medicago sativa* L. cv. Gongnong No. 1	1987
214	豆科	苜蓿属	公农 2 号紫花苜蓿	*Medicago sativa* L. cv. Gongnong No. 2	1987
215	豆科	苜蓿属	关中紫花苜蓿	*Medicago sativa* L. cv. Guanzhong	1990
216	豆科	苜蓿属	河西紫花苜蓿	*Medicago sativa* L. cv. Hexi	1991
217	豆科	苜蓿属	淮阴紫花苜蓿	*Medicago sativa* L. cv. Huaiyin	1990

审定登记情况（续）

登记号	申报单位	申报者	品种类别	适应区域
253	百绿（天津）国际草业有限公司	陈谷等	引进品种	我国华北大部分地区及西北、华中部分地区均可种植
173	甘肃农业大学	曹致中等	育成品种	适应西北内陆灌溉农业区和黄土高原地区种植
310	甘肃农业大学、甘肃创绿草业科技有限公司	曹致中等	育成品种	西北内陆灌溉农业区和黄土高原地区均可种植
251	北京克劳沃草业技术开发中心、北京格拉斯草业技术研究所	刘自学等	引进品种	适宜我国北方有灌溉条件的干旱、半干旱地区种植
4	吉林省农业科学院畜牧分院	吴青年等	育成品种	适宜东北和华北各省、区种植
5	吉林省农业科学院畜牧分院	吴青年等	育成品种	适宜东北和华北各省、区种植
58	西北农业大学	杨惠文等	地方品种	陕西渭水流域、渭北旱塬及与关中、山西晋南气候类似的地区均可种植。也是南方种植苜蓿时可供选择的品种之一
86	甘肃农业大学、甘肃省畜牧厅、甘肃省饲草饲料技术推广总站	曹致中等	地方品种	适宜黄土高原地区及西北各省荒漠、半荒漠、干旱地区有灌水条件的地方种植
55	南京农业大学	梁祖铎等	地方品种	适宜黄淮海平原及其沿海地区，长江中下游地区种植，并有向南方其他省份推广的前景

2-58 1987—2005 年草品种

序号	科	属	品种名称	学 名	登记年份
218	豆科	苜蓿属	晋南紫花苜蓿	*Medicago sativa* L. cv. Jinnan	1987
219	豆科	苜蓿属	陇东紫花苜蓿	*Medicago sativa* L. cv. Longdong	1991
220	豆科	苜蓿属	陇中紫花苜蓿	*Medicago sativa* L. cv. Longzhong	1991
221	豆科	苜蓿属	内蒙准格尔紫花苜蓿	*Medicago sativa* L. cv. Neimeng Zhungeer	1991
222	豆科	苜蓿属	皇冠紫花苜蓿	*Medicago sativa* L. cv. Phabulous	2004
223	豆科	苜蓿属	偏关紫花苜蓿	*Medicago sativa* L. cv. Pianguan	1993
224	豆科	苜蓿属	三得利紫花苜蓿	*Medicago sativa* L. cv. Sanditi	2002

审定登记情况（续）

登记号	申报单位	申报者	品种类别	适应区域
6	山西省畜牧兽医研究所、山西省运城地区农牧局牧草站	陆廷璧等	地方品种	凡年平均气温在9～14℃，≥10℃活动积温2 300～3 400℃，绝对低温不低于－20℃，年降水量在300～550毫米的地区均能种植。如晋南、晋中、晋东南地区低山丘陵和平川农田，以及我国西北地区的南部均宜种植
89	甘肃草原生态研究所、甘肃农业大学、甘肃省畜牧厅、甘肃省饲草饲料技术推广总站	李琪等	地方品种	北方许多省区已引种并大面积种植，最适宜栽培区域为黄土高原地区
88	甘肃省饲草饲料技术推广总站、甘肃省畜牧厅、甘肃农业大学	申有忠等	地方品种	适应性广，在我国北方各省大都有引种栽培。最适区域为黄土高原地区，在长城沿线干旱风沙地区亦可种植
84	内蒙古农牧学院、内蒙古草原工作站	吴永敷等	地方品种	适应在内蒙古中、西部地区以及相邻的陕北、宁夏部分地区种植
271	北京克劳沃草业技术开发中心、北京格拉斯草业技术研究所	刘自学等	引进品种	适宜华北、西北、东北地区南部，华中及苏北等地区种植
123	山西省农业科学院畜牧研究所、偏关县畜牧局	陆廷璧等	地方品种	适应在黄土高原海拔高度为1 500～2 400米，年最低气温在－32℃左右的丘陵地区，与晋北、晋西地区推广种植
247	百绿（天津）国际草业有限公司	陈谷等	引进品种	适宜我国华北大部分地区及西北、华中部分地区种植

2-58 1987—2005 年草品种

序号	科	属	品种名称	学 名	登记年份
225	豆科	苜蓿属	陕北紫花苜蓿	*Medicago sativa* L. cv. Shanbei	1990
226	豆科	苜蓿属	赛特紫花苜蓿	*Medicago sativa* L. cv. Sitel	2003
227	豆科	苜蓿属	天水紫花苜蓿	*Medicago sativa* L. cv. Tianshui	1991
228	豆科	苜蓿属	图牧2号紫花苜蓿	*Medicago sativa* L. cv. Tumu No. 2	1991
229	豆科	苜蓿属	维克多紫花苜蓿	*Medicago sativa* L. cv. Vector	2003
230	豆科	苜蓿属	维多利亚紫花苜蓿	*Medicago sativa* L. cv. Victoria	2004
231	豆科	苜蓿属	WL232HQ紫花苜蓿	*Medicago sativa* L. cv. WL232HQ	2004
232	豆科	苜蓿属	WL323ML紫花苜蓿	*Medicago sativa* L. cv. WL323ML	2004
233	豆科	苜蓿属	无棣紫花苜蓿	*Medicago sativa* L. cv. Wudi	1993
234	豆科	苜蓿属	新疆大叶紫花苜蓿	*Medicago sativa* L. cv. Xinjiang Daye	1987

审定登记情况（续）

登记号	申报单位	申报者	品种类别	适应区域
57	西北农业大学	杨惠文等	地方品种	适宜陕西北部、甘肃陇东、宁夏盐池、内蒙古准格尔旗等黄土高原北部、长城沿线风沙地区种植
254	百绿（天津）国际草业有限公司	陈谷等	引进品种	适宜我国华北大部分地区，西北地区东部、新疆部分地区种植
87	甘肃省畜牧厅、天水市北道区种草站	王无怠等	地方品种	适宜黄土高原地区种植。我国北方冬季不甚严寒的地区均可种植
77	内蒙古图牧吉草地研究所	程渡等	育成品种	在内蒙古东部地区和吉林、黑龙江省适应种植。1993 年在新疆巴音布鲁克高寒地区试种成功
252	中国农业大学	周禾等	引进品种	适宜我国华北、华中地区种植
270	北京克劳沃草业技术开发中心、北京格拉斯草业技术研究所	刘自学等	引进品种	适宜华北、华中、苏北及西南部分地区种植
274	北京中种草业有限公司	浦心春等	引进品种	适宜我国北方干旱、半干旱地区种植
273	北京中种草业有限公司	浦心春等	引进品种	适宜河北、河南、山东和山西等省种植
124	中国农业科学院畜牧研究所、山东省无棣县畜牧局	耿华珠等	地方品种	适宜鲁西北渤海湾一带以及类似地区种植
7	新疆农业大学畜牧分院	闵继淳等	地方品种	适宜在南疆塔里木盆地、焉耆盆地各农区，甘肃省河西走廊、宁夏引黄灌区等地种植。在我国北方和南方一些地区试种表现较好

2－58 1987—2005 年草品种

序号	科	属	品种名称	学　名	登记年份
235	豆科	苜蓿属	新牧 2 号紫花苜蓿	*Medicago sativa* L. cv. Xinmu No. 2	1993
236	豆科	苜蓿属	蔚县紫花苜蓿	*Medicago sativa* L. cv. Yuxian	1991
237	豆科	苜蓿属	肇东紫花苜蓿	*Medicago sativa* L. cv. Zhaodong	1989
238	豆科	苜蓿属	中兰 1 号紫花苜蓿	*Medicago sativa* L. cv. Zhonglan No. 1	1998
239	豆科	苜蓿属	中苜 1 号紫花苜蓿	*Medicago sativa* L. cv. Zhongmu No. 1	1997
240	豆科	苜蓿属	中苜 2 号紫花苜蓿	*Medicago sativa* L. cv. Zhongmu No. 2	2003
241	豆科	苜蓿属	龙牧 801 紫花苜蓿	*Melilotoides ruthenicus* （L.） Sojak × *Medicago sativa* L. cv. Longmu No. 801	1993
242	豆科	苜蓿属	龙牧 803 紫花苜蓿	*Medicago sativa* L. × *Melilotoides ruthenicus* （L.） Sojak cv. Longmu No. 803	1993
243	豆科	苜蓿属	龙牧 806 紫花苜蓿	*Medicago sativa* L. × *Meliloides ruthenica* （L.） Sojak. cv. Longmu 806	2002

审定登记情况（续）

登记号	申报单位	申报者	品种类别	适应区域
131	新疆农业大学畜牧分院牧草生产育种教研室	闵继淳等	育成品种	凡新疆大叶苜蓿、北疆苜蓿能种植的省区均可种植
85	河北省张家口市草原畜牧研究所、河北省蔚县畜牧局、阳原县畜牧局	孟庆臣等	地方品种	河北省北部、西部，山西省北部和内蒙古自治区中、西部地区均宜种植
40	黑龙江省畜牧研究所	王殿魁等	地方品种	适宜北方寒冷湿润及半干旱地区种植，是黑龙江省豆科牧草中当家草种之一。在北方一些省、区引种普遍反映较好
188	中国农业科学院兰州畜牧与兽药研究所	马振宇等	育成品种	适宜在降水量400毫米左右，年均气温6～7℃，海拔990～2 300米的黄土高原半干旱地区种植
177	中国农业科学院畜牧研究所	耿华珠等	育成品种	适宜黄淮海平原及渤海一带的盐碱地种植，也可在其他类似的内陆盐碱地试种
255	中国农业科学院北京畜牧兽医研究所	杨青川等	育成品种	适宜黄淮海平原非盐碱地及华北平原相类似地区种植
132	黑龙江省畜牧研究所	王殿魁等	育成品种	适宜小兴安岭寒冷湿润区和松嫩平原温和半干旱区种植
133	黑龙江省畜牧研究所	王殿魁等	育成品种	适宜小兴安岭寒冷湿润区、松嫩平原温和半干旱区、牡丹江半山间温凉湿润区种植
244	黑龙江省畜牧研究所	李红等	育成品种	东北寒冷气候区、西部半干旱区及盐碱土区均可种植。亦可在我国西北、华北以及内蒙古等地种植

2-58 1987—2005 年草品种

序号	科	属	品种名称	学 名	登记年份
244	豆科	苜蓿属	阿勒泰杂花苜蓿	*Medicago varia* Martin. cv. Aletai	1993
245	豆科	苜蓿属	阿尔冈金杂花苜蓿	*Medicago varia* Martin. cv. Algonquin	2005
246	豆科	苜蓿属	草原 1 号杂花苜蓿	*Medicago varia* Martin. cv. Caoyuan No. 1	1987
247	豆科	苜蓿属	草原 2 号杂花苜蓿	*Medicago varia* Martin. cv. Caoyuan No. 2	1987
248	豆科	苜蓿属	草原 3 号杂花苜蓿	*Medicago varia* Martin. cv. Caoyuan No. 3	2002
249	豆科	苜蓿属	甘农 1 号杂花苜蓿	*Medicago varia* Martin. cv. Gannong No. 1	1991
250	豆科	苜蓿属	甘农 2 号杂花苜蓿	*Medicago varia* Martin. cv. Gannong No. 2	1996

审定登记情况（续）

登记号	申报单位	申报者	品种类别	适应区域
121	新疆维吾尔自治区畜牧厅、新疆八一农学院草原系、阿勒泰市草原工作站	李梦林等	野生栽培品种	适应年降水量250～300毫米的草原带旱作栽培，在灌溉条件下，也适应于干旱半干旱的平原农区种植
309	北京克劳沃草业技术开发中心、北京格拉斯草业技术研究所	刘自学等	引进品种	适宜我国西北、华北、中原、苏北以及东北南部种植
2	内蒙古农牧学院草原系	吴永敷等	育成品种	适宜内蒙古东部、我国东北和华北各省种植。由于耐热性差，越夏率低，不宜在北纬40°以南的平原地区大面积推广
3	内蒙古农牧学院草原系	吴永敷等	育成品种	适宜内蒙古，我国东北、华北和西北一些省区种植。由于抗热性差，越夏率低，在北纬40°以南的平原地区不宜大面积推广种植
243	内蒙古农业大学、内蒙古乌拉特草籽场	云锦凤等	育成品种	适宜我国北方寒冷干旱、半干旱地区种植。在内蒙古东部及黑龙江省的寒冷地区均可安全越冬
78	甘肃农业大学	曹致中等	育成品种	黄土高原北部、西部，青藏高原边缘海拔2 700米以下，年平均温度2℃以上地区均可种植
172	甘肃农业大学	贾笃敬等	育成品种	该品种是具有根蘖性状的放牧型苜蓿品种，适宜在黄土高原地区、西北荒漠沙质壤土地区和青藏高原北部边缘地区栽培作为混播放牧、刈收兼用品种。因其根系强大，扩展性强，更适宜于水土保持、防风固沙护坡固土

2－58 1987—2005 年草品种

序号	科	属	品种名称	学　　名	登记年份
251	豆科	苜蓿属	公农 3 号苜蓿	*Medicago varia* Martin. cv. Gongnong No. 3	1999
252	豆科	苜蓿属	润布勒杂花苜蓿	*Medicago varia* Martin. cv. Rambler	1988
253	豆科	苜蓿属	图牧 1 号杂花苜蓿	*Medicago varia* Martin. cv. Tumu No. 1	1992
254	豆科	苜蓿属	新牧 1 号杂花苜蓿	*Medicago varia* Martin. cv. Xinmu No. 1	1988
255	豆科	苜蓿属	新牧 3 号杂花苜蓿	*Medicago varia* Martin. cv. Xinmu No. 3	1998
256	豆科	草木樨属	天水白花草木樨	*Melilotus albus* Desr. cv. Tianshui	1990
257	豆科	草木樨属	斯列金 1 号黄花草木樨	*Melilotus officinalis*（L.）Desr. cv. Siliejin No. 1	2005
258	豆科	草木樨属	天水黄花草木樨	*Melilotus officinalis*（L.）Desr. cv. Tianshui	1990

审定登记情况（续）

登记号	申报单位	申报者	品种类别	适应区域
207	吉林省农业科学院畜牧分院草地研究所	吴义顺等	育成品种	适宜东北、西北、华北北纬46℃以南、年降水量350～550毫米的地区种植
30	中国农业科学院草原研究所	白静仁等	引进品种	适宜黑龙江省、吉林东北部、内蒙古东部、山西省雁北地区、甘肃、青海等高寒地区栽培
115	内蒙古图牧吉草地研究所	程渡等	育成品种	北方半干旱气候均可种植。1993年在新疆著名高寒地区巴音布鲁克试种成功
14	新疆农业大学畜牧分院	闵继淳等	育成品种	新疆北部准噶尔盆地，伊犁、哈密地区，以及新疆大叶苜蓿、北疆苜蓿适宜栽培的地区均可种植
187	新疆农业大学	闵继淳等	育成品种	凡种植新疆大叶苜蓿及北疆苜蓿适合的省内外地区均可种植，是冬季严寒地区的优良品种
61	水利部黄河水利委员会天水水土保持科学实验站	叶培忠等	地方品种	适应性强，全国南北方凡降水量＞300毫米、最低温度高于－40℃、无霜期≥90天、土壤pH 6.2～9.0地区均可种植
312	吉林大学	林年丰等	引进品种	适宜我国北方年降水量250～500毫米的地区种植
62	水利部黄河水利委员会天水水土保持科学实验站	叶培忠等	地方品种	适应性强，全国南北方凡降水量＞300毫米、最低温度高于－40℃、无霜期≥90天、土壤pH 6.2～9.0地区均可种植

2－58 1987—2005 年草品种

序号	科	属	品种名称	学　　名	登记年份
259	豆科	草木樨属	直立型扁蓿豆	*Melilotoides ruthenicus*（L.）Sojak cv. ZhiLixing	1993
260	豆科	驴食豆属	甘肃红豆草	*Onobrychis viciaefolia* Scop. cv. Gansu	1990
261	豆科	驴食豆属	蒙农红豆草	*Onobrychis viciaefolia* Scop. cv. Mengnong	1995
262	豆科	棘豆属	山西蓝花棘豆	*Oxytropis coerulea*（Pall.）DC. subsp. *subfalcata*（Hance）Cheng. F. et H. C. Fu cv. Shanxi	1991
263	豆科	豌豆属	察北豌豆	*Pisum sativa* L. cv. Chabei	1989
264	豆科	豌豆属	中豌 1 号豌豆	*Pisum sativa* L. cv. Zhongwan No. 1	1987
265	豆科	豌豆属	中豌 3 号豌豆	*Pisum sativa* L. cv. Zhongwan No. 3	1988
266	豆科	豌豆属	中豌 4 号豌豆	*Pisum sativa* L. cv. Zhongwan No. 4	1988

审定登记情况（续）

登记号	申报单位	申报者	品种类别	适应区域
130	内蒙古农牧学院草原科学系	乌云飞等	育成品种	适宜内蒙古、青海、新疆、吉林、黑龙江等地区种植
63	甘肃农业大学、甘肃省饲草饲料技术推广总站	陈宝书等	地方品种	河北北部、内蒙古南部、山西北部和中部，陕西榆林、延安、洛川，宁夏固原、甘肃庆阳、平凉、定西、临夏和天水的一部分，青海的东部和西宁以南的地区均在种植。在气候温凉而有灌溉条件的地区也适宜种植
151	内蒙古农牧学院草原科学系	乌云飞等	育成品种	适宜内蒙古中、西部干旱、半干旱地区及相近陕西、宁夏等地区种植
92	山西省牧草工作站、山西省畜牧兽医研究所	白原生等	野生栽培品种	在海拔1 400～2 700米的冷凉湿润山区均可种植
41	河北省张家口市草原畜牧研究所	孟庆臣等	地方品种	适宜河北省北部、山西省雁北地区、内蒙古大部分地区种植
1	中国农业科学院畜牧研究所	孙云越	育成品种	适宜北京、河北、河南、陕西、山西、湖北、安徽、辽宁、青海等地种植
16	中国农业科学院畜牧研究所	孙云越	育成品种	适应于北京、黑龙江、辽宁、河北、河南、陕西、山西、湖北、安徽和四川等地种植
17	中国农业科学院畜牧研究所	孙云越	育成品种	适应于北京、河北、河南、山西、陕西、湖北、湖南、安徽、浙江、山东、广东、广西、四川、青海、内蒙古、辽宁、新疆等省（区）种植

2-58 1987—2005 年草品种

序号	科	属	品种名称	学 名	登记年份
267	豆科	葛属	赣饲 5 号葛	*Pueraria lobata* （Willd） Ohwi. cv. Gansi No. 5	2000
268	豆科	葛属	井陉葛藤	*Pueraria lobata* （Willd. ） Ohwi. cv. Jingjing	1994
269	豆科	柱花草属	格拉姆圭亚那柱花草	*Stylosanthes guianensis* Sw. cv. Graham	1988
270	豆科	柱花草属	热研 2 号圭亚那柱花草	*Stylosanthes guianensis* Sw. cv. Reyan No. 2	1991
271	豆科	柱花草属	热研 5 号圭亚那柱花草	*Stylosanthes guianensis* Sw. cv. Reyan No. 5	1999
272	豆科	柱花草属	热研 7 号圭亚那柱花草	*Stylosanthes guianensis* Sw. cv. Reyan No. 7	2001
273	豆科	柱花草属	热研 10 号圭亚那柱花草	*Stylosanthes guianenisis* SW. cv. Reyan No. 10	2000
274	豆科	柱花草属	热研 13 号圭亚那柱花草	*Stylosanthes guianenisis* Sw. cv. Reyan No. 13	2003
275	豆科	柱花草属	907 柱花草	*Stylosanthes guianensis* Sw. cv. 907	1998

审定登记情况（续）

登记号	申报单位	申报者	品种类别	适应区域
218	江西省饲料科学研究所	周泽敏	育成品种	适应在秦岭至黄河以南的江西、湖南、湖北、四川、云南、广西、广东、海南、福建和河南、河北、山东等省（区）栽培
141	河北省畜牧兽医站、河北井陉县畜牧局、河北赞皇县畜牧局	张琦等	野生栽培品种	适宜河北、山西、河南等省片麻岩山区种植
26	广西壮族自治区畜牧研究所	宋光漠等	引进品种	海南省，广西西南部，广东、福建、云南等省南部，贵州东南部等热带和南亚热带地区均可种植
99	华南热带作物研究院、广东省畜牧局饲料饲草处	蒋侯明等	引进品种	海南、广东、广西、台湾、福建、云南等热带、南亚热带地区均可种植
206	中国热带农业科学院热带牧草研究中心	刘国道等	引进品种	适宜我国热带、南亚热带地区种植
226	中国热带农业科学院热带牧草研究中心	蒋昌顺等	引进品种	适宜我国热带、南亚热带地区种植
217	中国热带农业科学院热带牧草研究中心	何华玄等	引进品种	适宜我国热带、南亚热带地区种植
257	中国热带农业科学院热带牧草研究中心	何华玄等	引进品种	适宜我国热带、南亚热带地区种植
189	广西壮族自治区畜牧研究所	梁英彩等	育成品种	适合在我国热带、亚热带地区推广

2-58 1987—2005 年草品种

序号	科	属	品种名称	学 名	登记年份
277	豆科	柱花草属	维拉诺有钩柱花草	*Stylosanthes hamata* (L.) Taub. cv. Verano	1991
278	豆科	柱花草属	西卡灌木状柱花草	*Stylosanthes scabra* Vog. cv. Seca	2001
279	豆科	三叶草属	延边野火球	*Trifolium lupinaster* L. cv. Yanbian	1989
280	豆科	三叶草属	巴东红三叶	*Trifolium pratense* L. cv. Badong	1990
281	豆科	三叶草属	岷山红三叶	*Trifolium pratense* L. cv. Minshan	1988
282	豆科	三叶草属	巫溪红三叶	*Trifolium pratense* L. cv. Wuxi	1994
283	豆科	三叶草属	川引拉丁诺白三叶	*Trifolium repens* L. cv. Chuanyin Ladino	1997
284	豆科	三叶草属	鄂牧1号白三叶	*Trifolium repens* L. cv. Emu No. 1	1997

审定登记情况（续）

登记号	申报单位	申报者	品种类别	适应区域
98	广东省畜牧局饲草饲料处、华南农业大学	李居正等	引进品种	海南、广东、广西、福建、云南等省（区）的热带和南亚热带地区均可种植
225	中国热带农业科学院热带牧草研究中心	白昌军等	引进品种	适宜我国热带、南亚热带地区种植，在海南、广东、广西、云南等省区表现最优
43	吉林省延边朝鲜族自治州农业科学研究所、吉林省延边朝鲜族自治州草原管理站	崔月顺等	野生栽培品种	适宜我国东北三省，以及内蒙古东部、河北北部、甘肃、新疆等地区种植
60	湖北省农业科学科院畜牧兽医研究所、湖北省农业厅畜牧局、湖北省襄樊市东津畜牧场	鲍健寅等	地方品种	适宜长江中下游海拔800米以上山地，以及云贵高原地区种植。气候湿润的丘陵、岗地、平原亦宜种植，供作短期利用
19	甘肃省饲草饲料技术推广总站	王英等	地方品种	适于甘肃省温暖湿润、夏季不十分炎热的地区种植
145	中国科学院自然资源综合考察委员会、四川省草原工作总站、四川省巫溪县畜牧局	刘玉红等	地方品种	适宜在亚热带、海拔1 800～2 100米的中高山地区生长
180	四川雅安地区畜牧局、四川农业大学	蒲朝龙等	引进品种	适应于长江中上游丘陵、平坝、山地种植。海拔1 000～2 500米为最适区
176	湖北省农业科学院畜牧兽医研究所	鲍健寅等	育成品种	适应于长江中下游及其以北的广大暖温带和北亚热带地区种植，在夏季高温伏旱区其抗旱耐热性优于其它同类品种

2－58 1987—2005 年草品种

序号	科	属	品种名称	学　名	登记年份
285	豆科	三叶草属	贵州白三叶	*Trifolium repens* L. cv. Guizhou	1994
286	豆科	三叶草属	海法白三叶	*Trifolium repens* L. cv. Haifa	2002
287	豆科	三叶草属	胡依阿白三叶	*Trifolium repens* L. cv. Huia	1988
288	豆科	三叶草属	沙弗蕾肯尼亚白三叶	*Trifolium semipilosum* Fres. var. *glabrescens* Gillet cv. Safari	2002
289	豆科	野豌豆属	333/A 狭叶野豌豆	*Vicia angustifolia* L. *var. japonica* A. Gray cv. 333/A	1988
290	豆科	野豌豆属	乌拉特肋脉野豌豆	*Vicia costata* Ledeb. cv. Wulate	1994
291	豆科	野豌豆属	宁引 2 号大荚箭筈豌豆	*Vicia macrocarpa* Bertol. cv. Ningyin No. 2	1990

审定登记情况（续）

登记号	申报单位	申报者	品种类别	适应区域
144	贵州省农业厅饲草饲料站	陈绍萍等	野生栽培品种	适宜我国南方的高海拔地区、长江中下游的低湿丘陵、平原地区种植
249	云南省肉牛和牧草研究中心	奎嘉祥等	引进品种	最适宜云南北亚热带和中亚热带，海拔1 400～3 000米，≥10℃年积温1 500～5 500℃，年降水量650～1 500毫米的广大地区种植
25	湖北省农业科学院畜牧兽医研究所	鲍健寅等	引进品种	适宜我国南方的高海拔山地、长江中下游的低湿丘陵、平原地区种植
250	云南省肉牛和牧草研究中心	周自玮等	引进品种	云南省海拔1 000～2 500米，≥10℃的年积温1 600～6 000℃，年降水650～1 500毫米的广大地区，南方中亚热带到暖温带地区均可种植
81	中国农业科学院兰州畜牧研究所	陈哲忠等	育成品种	适宜甘肃省河西和河东各地区种植，甘肃的南部可与燕麦混种生产优质饲草
142	内蒙古畜牧科学院草原研究所	温都苏等	野生栽培品种	内蒙古自治区境内的荒漠草原及草原化荒漠和宁夏、甘肃、新疆等地区的草原化荒漠中可以种植推广
76	南京中山植物园、江苏省农业科学院	朱光琪等	引进品种	华东各省及河南、陕西、辽宁、甘肃等省均可种植

2-58 1987—2005 年草品种

序号	科	属	品种名称	学　　名	登记年份
292	豆科	野豌豆属	6625 箭筈豌豆	*Vicia sativa* L. cv. 6625	1996
293	豆科	野豌豆属	苏箭 3 号箭筈豌豆	*Vicia sativa* L. cv. Sujian No. 3	1996
294	豆科	野豌豆属	凉山光叶紫花苕	*Vicia villosa* Roth var. *glabrescens* cv. Liangshan	1995
295	苋科	苋属	D88-1 红苋	*Amaranthus cruentus* L. cv. D88-1	1997
296	苋科	苋属	K112 红苋	*Amaranthus cruentus* L. cv. K112	1993
297	苋科	苋属	K472 红苋	*Amaranthus cruentus* L. cv. K472	1997
298	苋科	苋属	M7 红苋	*Amaranthus cruentus* L. cv. M7	1997

审定登记情况（续）

登记号	申报单位	申报者	品种类别	适应区域
175	江苏省农业科学院土壤肥料研究所	洪汝兴	育成品种	对气候和土壤有较广的适应性，在云、贵、川，在江淮以南至闽北山区和湘、赣的双季稻的旱地、稻田、丘陵茶果园均适宜种植
174	江苏省农业科学院土壤肥料研究所	洪汝兴	育成品种	江苏、云南、贵州、江西、安徽、四川、湖北、湖南、福建等地均可种植
160	四川省凉山州草原工作站	王洪炯等	地方品种	适宜我国西南、西北、华南山区推广种植
184	中国农业科学院作物育种栽培研究所	孙鸿良等	引进品种	适宜四川盆地、云贵高原、江西、东北平原及内蒙古东部等地区种植
137	中国农业科学院作物育种栽培研究所	岳绍先等	引进品种	适宜旱作条件下适于在年降水量450～700毫米的广大北方地区种植；在多雨的南方地区只要排水条件良好，根系不在浸淹情况下皆生长良好
185	中国农业科学院作物育种栽培研究所	岳绍先等	引进品种	在我国南北皆可种植，内蒙古赤峰、华北、华中、西南等地区尤适宜
186	中国农业科学院作物育种栽培研究所	孙鸿良等	引进品种	全国南北皆适应，特别是云贵高原与华北、东北地区，其他地区也基本适宜

2－58 1987—2005 年草品种

序号	科	属	品种名称	学名	登记年份
299	苋科	苋属	R104 红苋	*Amaranthus cruentus* L. cv. R104	1991
300	苋科	苋属	3 号绿穗苋	*Amaranthus hybridus* L. cv. No. 3	1993
301	苋科	苋属	2 号千穗谷	*Amaranthus hypochondriacus* L. cv. No. 2	1993
302	苋科	苋属	万安繁穗苋	*Amaranthus panicutatus* L. cv. Wanan	1994
303	菊科	蒿属	新疆伊犁蒿	*Artemisia transilensis* Poljak. cv. Xinjiang	1991
304	菊科	菊苣属	普那菊苣	*Cichorium intybus* L. cv. Puna	1997

审定登记情况（续）

登记号	申报单位	申报者	品种类别	适应区域
103	中国农业科学院作物育种栽培研究所	岳绍先等	引进品种	年降水量400～700毫米的东北松嫩平原，冀北山地，黄土高原、黄淮海平原、内蒙古高原东部、沿海滩涂、云贵高原以及武陵山区旱坡地上均宜种植。以上在一般旱作条件下皆能正常生长。在多雨的南方平原地区只要排水良好也适于种植。如四川盆地、华东、华南、海南地区等。不宜在地下水位过高或涝洼地种植
138	中国农业科学院作物育种栽培研究所	岳绍先等	引进品种	适宜东北平原、内蒙古高原东部、冀北山地、太行山区、黄淮海平原等地区种植
136	中国农业科学院作物育种栽培研究所	岳绍先等	引进品种	适宜北方山区、内蒙古高原东部、四川凉山地区、云贵高原、黄土高原、武陵山区等种植
146	江西省万安县畜牧兽医站	胡模教等	地方品种	适宜东北、华北、西北、华东、华中等大部分地区种植
97	新疆八一农学院、新疆维吾尔族自治区畜牧厅草原处、新疆维吾尔族自治区草原总站、新疆生产建设兵团农业局	石定燧等	野生栽培品种	在新疆北部年降水量180～250毫米、冬季有积雪的干旱、半干旱退化草场、弃耕地、无灌溉地区均可种植
182	山西省农业科学院畜牧兽医研究所	高洪文等	引进品种	华北、西北及长江中下游地区均可栽培，华北地区种子产量较高，长江中下游地区生物产量较高，种子产量较低

2-58 1987—2005 年草品种

序号	科	属	品种名称	学　　名	登记年份
305	菊科	莴苣属	公农苦荬菜	*Lactuca indica* L. cv. Gongnong	1989
306	菊科	莴苣属	龙牧苦荬菜	*Lactuca indica* L. cv. Longmu	1989
307	菊科	莴苣属	蒙早苦荬菜	*Lactuca indica* L. cv. Mengzao	1989
308	菊科	松香草属	79-233 串叶松香草	*Silphium perfoliatum* L. cv. 79-233	1989
309	藜科	甜菜属	中饲甜 201 饲用甜菜	*Beta vulgaris* var. *macrorhiza* L. Zhongsitian No. 201	2005
310	藜科	驼绒藜属	科尔沁华北驼绒藜	*Ceratoides arborescens* (Losinsk.) Tsien et. C. G. Ma cv. Keerqinxing	1992
311	藜科	地肤属	巩乃斯木地肤	*Kochia prostrata* (L.) Schrad. cv. Gongnaisi	1987
312	藜科	地肤属	内蒙古木地肤	*Kochia prostrata* (L.) Schrad. cv. Neimenggu	1994

审定登记情况（续）

登记号	申报单位	申报者	品种类别	适应区域
35	吉林农业科学院畜牧分院	吴义顺等	育成品种	在吉林省内各地均适宜种植。相邻省、区也能种植
36	黑龙江省畜牧研究所	刘玉梅等	育成品种	作青饲料用，适于在黑龙江全省种植；作采种用仅适于黑龙江省南部各市、县种植
37	内蒙古农牧学院草原系	张秀芬等	育成品种	在无霜期130天左右，≥10℃活动积温2 700～3 000℃的地区，种子能够成熟。如内蒙古大部分地区、山西、河北北部以及宁夏、山东等地区
46	中国农业科学院畜牧研究所	商作璞等	引进品种	适应地区极广，我国北方除盐碱、干旱地区外，绝大部分地区均可种植利用
319	中国农业科学院甜菜研究所、黑龙江大学农学院	王红旗等	育成品种	适宜黑龙江、吉林、辽宁和内蒙古东部等地区种植
107	内蒙古畜牧科学院草原研究所	赵书元等	野生栽培品种	适应在我国北方年降雨量为100～200毫米的干旱与半干旱地区推广
9	新疆维吾尔自治区草原研究所	贾广寿等	野生栽培品种	适宜在降水量150毫米以上的荒漠、半荒漠、干旱草原地区栽培，在新疆、甘肃河西、宁夏、陕北、内蒙古西部类似地区均适宜种植
154	内蒙古畜牧科学院草原所	阿拉塔等	野生栽培品种	适宜吉林、黑龙江、内蒙古、宁夏、甘肃、新疆、青海等省区种植

2-58 1987—2005 年草品种

序号	科	属	品种名称	学 名	登记年份
313	蓼科	沙拐枣属	腾格里沙拐枣	*Calligonum mongolicum* Turcz. cv. Tenggeli	1995
314	蓼科	酸模属	鲁梅克斯 K-1 杂交酸模	*Rumex patientia* × *R. tianschanicus* cv. Rumex K-1	1997
315	十字花科	芸苔属	玉树莞根（芜菁）	*Brassica rapa* L. cv. Yushu	2004
316	大戟科	木薯属	华南 5 号木薯	*Manihot esculenta* Crantz cv. Huanan No. 5	2000
317	大戟科	木薯属	华南 6 号木薯	*Manihot esculenta* Crantz cv. Huanan No. 6	2001
318	大戟科	木薯属	华南 7 号木薯	*Manihot esculenta* Crantz cv. Huanan No. 7	2004
319	大戟科	木薯属	华南 8 号木薯	*Manihot esculenta* Crantz cv. Huanan No. 8	2004
320	大戟科	木薯属	华南 9 号木薯	*Manihot esculenta* Crantz cv. Huanan No. 9	2005
321	葫芦科	南瓜属	龙牧 18 号南瓜	*Cucurbita moschata*（Duch.）Poir. cv. Longmu No. 18	1988

审定登记情况（续）

登记号	申报单位	申报者	品种类别	适应区域
156	内蒙古草原工作站、阿拉善盟草原工作站	刘志遥等	野生栽培品种	在内蒙古中、西部地区乃至我国西北部地区都有广泛的推广价值
183	新疆鲁梅克斯绿色产业有限公司、新疆农业大学畜牧分院	熊军功等	引进品种	适宜在我国北方大部分以及长江以北推广，更喜湿润、温暖、光照充足的环境。南方亦可种植
297	青海省铁卜加草原改良试验站	杜玉红等	地方品种	青藏高原海拔 3 000～4 200 米，年均温－5～4℃的高寒地区均可种植
219	中国热带农业科学院热带作物品种资源研究所	林雄等	育成品种	年均气温 16℃以上，无霜期 8 个月以上的南亚热带地区均可种植
232	中国热带农业科学院热带作物品种资源研究所	李开绵等	育成品种	在年均气温 16℃以上，无霜期 8 个月以上的南亚热带地区均可种植
295	中国热带农业科学院热带作物品种资源研究所	李开绵等	育成品种	在年均气温 16℃以上，无霜期 8 个月以上的南亚热带地区均可种植
296	中国热带农业科学院热带作物品种资源研究所	叶剑秋等	育成品种	在年均气温 16℃以上，无霜期 8 个月以上的南亚热带地区均可种植
320	中国热带农业科学院热带作物品种资源研究所	黄洁等	育成品种	在年平均温度在 16℃以上，无霜期 8 个月以上的南亚热带地区均可种植
15	黑龙江省畜牧研究所	张执信等	育成品种	黑龙江省西部地区、松江平原地区均可栽培

第三部分

草原生物灾害统计

一、各地区草原鼠害发生与防治情况

3-1 2001 各地区草原

地区	发生面积（万亩）	严重危害面积（万亩）	防治措施（万亩）						
			合计	化学防治	生物防治				
					小计	C型肉毒素	D型肉毒素	招鹰灭鼠	其他
河北	1 120	690	220	80	140	30		50	60
山西	1 940	1 370	787	248	539	32		175	332
内蒙古	9 856	5 786	2 193	1 933	260	260			
辽宁	230	140	122	30	67	47			20
吉林	750	500	260	110	150	15		135	
黑龙江	2 200	950	195	90	85	70		15	
四川	4 020	3 680	700	100	600	400		100	100
西藏	18 000	9 000	1 000	500	500	500			
陕西	1 270	610	205	195	10				10
甘肃	6 488	3 140	337	68	269	6		199	64
青海	14 576	11 043	1 718		1 518	1 458		60	
宁夏	4 500	1 300	37	35	2				2
新疆	3 500	2 195	1 430	200	1 230	630		600	
兵团	800	400	120	100	20	10		10	
合计	68 130	40 114	9 103	3 609	5 249	3 427		1 294	528

鼠害发生与防治情况

物理防治			生态治理（万亩）	防治投入					技术培训	
小计	人工捕捉	器械灭鼠		技术人员（人・天）	出工（人、天）	飞机（架次）	防治器械（台、天）	车辆（辆、天）	技术人员（人）	农牧民测报员（人）
			45							
			412							
25	25		38							
1	1		100							
20	20		60							
			15							
			100							
200	200		150							
			11							
			110							
246	246		996							

3－2 2002 年各地区草原

地 区	危害面积（万亩）	危害情况		
		危害面积（万亩）	损失鲜草（公斤）	折合经济损失（万元）
河 北	1 185	780	351 000	70 200
山 西	2 018	928	417 555	83 511
内蒙古	10 031	5 726	2 576 678	515 336
辽 宁	225	195	87 750	17 550
吉 林	705	405	182 250	36 450
黑龙江	2 000	950	427 545	85 509
四 川	4 400	3 818	1 717 875	343 575
西 藏	14 000	7 000	3 150 023	630 005
陕 西	1 800	446	200 475	40 095
甘 肃	4 999	2 189	985 230	197 046
宁 夏	3 750	1 500	675 000	135 000
青 海	14 576	11 043	4 969 276	993 855
新 疆	3 990	2 053	923 873	184 775
新疆兵团	801	450	202 500	40 500
合 计	64 479	37 482	16 867 028	225 275

注：折合损失鲜草与折合经济损失按 30 公斤/亩、0.20 元/公斤计算。

3－3 2003 各地区草原

地 区	危害面积（万亩）	严重危害面积（万亩）	防治措施（万亩）						
			合计	化学防治	生物防治				其他
					小计	C 型肉毒素	D 型肉毒素	招鹰灭鼠	
河 北	1 158	870	497	237	260	200		60	
山 西	1 772	1 042	561	433	44	33		4	7
内蒙古	11 355	5 553	2 308	1 266	930	805	125		
辽 宁	547	427	358	138	220	200		20	
吉 林	970	196	530	165	365	250		90	25
黑龙江	1 102	714	400	20	340	300		40	
四 川	4 413	3 392	505	70	315	190		120	5
西 藏	7 042	1 599							
陕 西	1 310	420	206	38	30			30	
甘 肃	8 585	4 548	455	105	285	55	5	225	
青 海	11 043	5 660	1 290		1 119	1 119			
宁 夏	2 700	1 620	290	120	80	65	15		
新 疆	7 500	3 000	2 424	100	2 017	2 017			
新疆兵团	583	276	285	190	83		70	13	
合 计	60 080	29 315	10 108	2 882	6 088	5 234	215	601	37

鼠害发生与防治情况

防治情况		挽回损失	
防治面积（万亩）	占危害面积比例（%）	鲜草（公斤）	折合经济（万元）
302	25	135 675	27 135
401	20	180 495	36 099
1946	19	875 543	175 109
120	53	54 000	10 800
405	57	182 250	36 450
470	24	211 545	42 309
800	18	359 775	71 955
924	7	415 800	83 160
204	11	91 800	18 360
918	18	412 965	82 593
255	7	114 750	22 950
3386	23	1 523 610	304 722
1447	36	651 173	130 235
297	37	133 650	26 730
11 873	18	5 343 030	156 965

鼠害发生与防治情况

			生态治理（万亩）	防治投入					技术培训	
物理防治										
小计	人工捕捉	器械灭鼠		技术人员（人·天）	出工（人、天）	飞机（架次）	防治器械（台、天）	车辆（辆、天）	技术人员（人）	农牧民测报员（人）
			158		80 000				7 786	
85		85	115		187 000		32 820		6 660	
112		112	1 012		27 553		10 421		39 711	
							543		550	
1		1	150		210 218				1 250	
40		40	400		28 697		800		30	
120		120	135				268		14 505	
					69 600		8 620		2 748	
138		138	120		190 800		208		611	
65		65					62		395	
170		170	450		322 627				17 432	
90		90			1 165				69 600	
307		307			79 850		2 940			
12		12	27		233 575		946		2 895	
1139		1 139	2 567		1 431 085		57 628		164 173	

3－4 2004 各地区草原

地区	危害面积（万亩）	严重危害面积（万亩）	防治措施（万亩）						
			合计	化学防治	生物防治				
					小计	C型肉毒素	D型肉毒素	招鹰灭鼠	狐狸控制
河北	828	465	347	100	246	217		29	
山西	1 560	871	468	356	40	36		4	
内蒙古	12 429	7 214	2 458	1 861	470	470			
辽宁	610	450	280	35	230	215		15	
吉林	750	207	600	200	400	200		200	
黑龙江	740	560	300		280	280			
四川	4 418	2 993	655	102	469	401		68	
西藏	7 000	1 500	500		500	500			
陕西	1 850	620	350	215	55			55	
甘肃	5 951	1 662	230	120	60	60			
青海	15 064	9 295	1 021		863	863			
宁夏	856	579	295	45	210		180		30
新疆	5 812	3 439	2 106	51	1 985	409		1 576	
新疆兵团	527	249	218	167	31			31	
合计	58 395	30 103	9 828	3 252	5 838	3 650	180	1 977	30

3－5 2005 各地区草原

地区	危害面积（万亩）	严重危害面积（万亩）	防治措施（万亩）						
			合计	化学防治	生物防治				
					小计	C型肉毒素	D型肉毒素	招鹰灭鼠	狐狸控制
河北	880	540	297	112	164	100		64	
山西	1 580	961	556	379	60	50	10		
内蒙古	13 517	6 588	2 880	2 163	542	1	575	15	10
辽宁	624	335	131	16	62	48		14	
吉林	640	210							
黑龙江	1 300	580	300		250	250			
四川	4 309	2 927	330	55	205	175		30	
西藏	4 000	1 500	500		500	500			
陕西	1 625	570	210	132	50	30		20	
甘肃	4 295	4 030	218	41	150	76		74	
青海	14 271	9 158	1 050		920	920			
宁夏	2 300	1 600	390	150	240	100	100	10	30
新疆	6 933	3 920	2 067	53	1 973	445	516	992	20
新疆兵团	726	344	203	15	164	33	68	63	
合计	57 000	33 262	9 131	3 117	5 279	2 729	1 269	1 281	60

鼠害发生与防治情况

物理防治			生态治理面积（万亩）	防治手段					
小计	人工捕捉	器械灭鼠		技术干部（人）	培训人次	出工（人·天）	飞机（架次）	器械（套）	车辆（辆）
1	1		245	131	7 713	134 869			181
28		28	135		4 580	54 420		21 800	
127		127	1 232	409	16 911	141 542		12 397	2 759
15		15	70		3 450	29 120		10 550	
1		1	200		1 105	59 500		41	
20	20		300		30	60 000		60	
84		84	18	299	48 395	89 479		25 948	692
					3 840	1 400		500	
80	15	65	150	80	780	5 200			
50		50			44	240			
158		158		370	13 719			36 100	250
40		40			7 000	20 000			
70	30	40	94	1 527	33 326	25 653		56	1 299
21		21	36		1 922	28 481		432	
694	66	628	2 480	2 816	142 815	649 904		107 884	5 000

鼠害发生与防治情况

物理防治			生态治理面积（万亩）	防治手段					
小计	人工捕捉	器械灭鼠		技术干部（人）	培训人次	出工（人·天）	飞机（架次）	器械（套）	车辆（辆）
21	4	17	157	193	4 718	70 770			212
117	27	82	46	480	3 790	44 780		15 850	58
175	148	27	1 392	639	30 708	126 125	38	10 346	680
53	36	16	480	605	4 395	28 009		37	67
			140	600	1 250	110 600		3 920	44
50	50		300	31	23 000	60 000			
70	20	50	58	559	25 968	67 777		207	72
						1 400		500	
28	4	24	65	82	1 010	22 940			50
27	27			294	1 443	17 100		6 400	83
130	130			273	9 828	197 882		9 376	409
				15	500	3 500			10
41	15	26	257	1 368	7 911	51 012	30	2 000	1 380
24	11	13	157	189	1 423	20 313		3 493	72
735	473	255	3 052	5 328	119 784	822 208	68	52 129	3 137

二、各地区草原虫害发生与防治情况

3－6 2001 年各地区草原

地 区	发生面积（万亩）	严重危害面积（万亩）	防治措施（万亩）							
			合计	化学防治	生物防治					
					小计	牧鸡	牧鸭	绿僵菌	招引椋鸟	类产碱
河 北	1 200	580	195	165	30	30				
山 西	1 820	910	402	330	72	7			6	
内蒙古	20 978	11 947	2 776	2 731	45	10		35		
辽 宁	320	200	145	95	50		27			
吉 林	750	285	240	120	120	120				
黑龙江	1 210	790	170	140	30	30				
四 川	860	470	50		50					10
西 藏	1 390	680	64		64					
陕 西	980	330	70	60	10					
甘 肃	2 475	1 283	331	325	6			6		
青 海	3 009	1 600	160	103	57			7		
宁 夏	440	320								
新 疆	2 991	1 814	1 365	427	938	598		2	339	
兵 团	900	400	71	70	0.5	0.3			0.2	
合 计	39 323	21 608	6 039	4 566	1 473	795	27	50	345	10

3－7 2002 年各地区草原

地 区	发生面积（万亩）	危害情况		
		危害面积（万亩）	损失鲜草	折合经济损失
河 北	1 151	731	328 725	65 745
山 西	1 932	1 168	525 690	105 138
内蒙古	17 933	8 931	4 019 153	803 831
辽 宁	450	330	148 500	29 700
吉 林	750	240	108 000	21 600
黑龙江	2 330	2 010	904 500	180 900
四 川	897	612	275 400	55 080
西 藏	1 001	849	382 050	76 410
陕 西	270	144	64 800	12 960
甘 肃	1 835	995	447 525	89 505
宁 夏	510	240	108 000	21 600
青 海	2 084	1 175	528 883	105 777
新 疆	3 132	1 330	598 590	119 718
新疆兵团	600	240	108 000	21 600
合 计	34 873	18 995	8 547 815	141 318

注：折合损失鲜草与折合经济损失按 30 公斤/亩、0.20 元/公斤计算。

虫害发生与防治情况

			生态治理面积（万亩）	防治投入						技术培训	
多角体病毒	植物农药	其他		管理技术干部（人）	出工（人·次）	飞机（架次）	大型喷雾器（台）	背负式喷雾器（台）	车辆（辆）	技术人员（人）	农牧民（人）
			60								
	59		100								
	10	13	30								
			100								
40											
	64										
	10										
30		20	60								
70	143	33	350								

虫害发生与防治情况

防治情况		挽回损失	
面积（万亩）	占危害面积比例（%）	鲜草（公斤）	折合经济（万元）
270	37	121 500	24 300
678	58	305 100	61 020
3 548	40	1 596 780	319 356
180	55	81 000	16 200
240	100	108 000	21 600
280	14	126 023	25 205
50	8	22 275	4 455
42	5	18 900	3 780
99	69	44 550	8 910
233	23	104 895	20 979
11	4	4 725	945
221	19	99 630	19 926
911	68	409 793	81 959
81	34	36 450	7 290
6 844	36	3 079 620	89 249

3－8 2003年各地区草原

地区	危害面积（万亩）	严重危害面积（万亩）	防治措施（万亩）							
			合计	化学防治	生物防治					
					小计	牧鸡	牧鸭	绿僵菌	招引椋鸟	类产碱
河北	1 315	1 136	974	922	53	33		20		
山西	2002	1 269	561	546	15	11		4		
内蒙古	20 731	9 040	2 811	2 716	95	43	3	50		
辽宁	312	222	222	201	21	14	7	0.5		
吉林	895	500	495	470	25	15	8	2.5		
黑龙江	2 000	1 078	188	148	40	40				
四川	1 182	748	50		50					
西藏	900	555								
陕西	448	167	95	84	11	8				
甘肃	2 277	1 087	120	110	10			10		
青海	3 606	2 866	195	110	85	15		20		20
宁夏	370	220	19	19						
新疆	3 322	1 406	930	268	662	181	80	10	391	
兵团	610	385	270	224	46	13	5		26	2
合计	39 970	20 678	6 929	5 816	1 113	373	102	117	417	22

3－9 2004年各地区草原

地区	危害面积（万亩）	严重危害面积（万亩）	防治措施（万亩）							
			合计	化学防治	生物防治					
					小计	牧鸡	牧鸭	绿僵菌	招引椋鸟	类产碱
河北	783	334	690	601	89	44	5	40		
山西	1 329	601	22	22						
内蒙古	22 943	13 177	3 187	3 047	140			87		
辽宁	617	313	209	166	43	16	8	1		
吉林	1 565	953	555	500	55	50				
黑龙江	3 585	1 262	290	210	80	40				
四川	1 188	424	51		51					10
西藏	2 036	13	35	35						
陕西	560	250	205	180	25	4				
甘肃	2 395	1 380	113	113						
青海	2 207	1 316	490	386	104	24		10		
宁夏	1 335	680	142	70	72					
新疆	2 906	1 594	1 233	463	770	248	120	18	384	
兵团	546	220	150	113	37	22			16	
合计	43 995	22 516	7 371	5 905	1 466	448	133	156	399	10

虫害发生与防治情况

			生态治理面积（万亩）	防治投入					技术培训		
多角体病毒	植物农药	其他		管理技术干部（人）	出工（人·次）	飞机（架次）	大型喷雾器（台）	背负式喷雾器（台）	车辆（辆）	技术人员（人）	农牧民（人）
				184	14 920		8 330		124		
				377	58 350		38 540		1 777		
				1 545	53 696	832	3 023		4 339		
				540	100 000	3	266				
				32	109 000		1 280		135		
			20	170	40 000		19		1 900		
10	40			137	1 456		462		24		
				50	1 550						
		3		96	1 200		210		11		
				60	1 200		50		25		
	30			189	7 805		2 419		219		
				27	8 000		50		76		
				589	250 000		5				
					19 778		1 581				
10	70	3	20	3 996	666 955	835	56 235		8 630		

虫害发生与防治情况

				生态治理面积	防治手段						
多角体	植物农药	微孢子虫	其他		技术干部（人）	培训人次	出工（人·天）	飞机（架次）	大型喷雾器（台）	背负式喷雾器（台）	车辆（辆）
				195	1 900	12 520	327 254		405	81 206	47 000
						2 550	12 450			7 805	
			53		2 014	27 507	82 889	1 720	3 912	8 966	6 588
		1	17	58		1 620	31 350			17 140	
			5	150		1 115	131 000			4 710	
			40			40	60 000			30 000	
41				3	55	1 665	10 405		3	475	12
							12 730			10 570	
	6		15	100	75	1 450	6 260		33	230	
						230	260			180	
60		10			288	4 753			273	2 872	144
			72				112 000			905	
				55	1 278	13 965	78 311	12	71	4 479	5 339
				21		578	8 915			1 397	
101	6	11	202	582	5 610	67 993	873 824	1 732	4 697	170 935	59 083

3－10　2005 年各地区草原

地　区	危害面积（万亩）	严重危害面积（万亩）	防治措施（万亩）							
			合计	化学防治	生物防治					
					小计	牧鸡	牧鸭	绿僵菌	招引椋鸟	类产碱
河　北	432	279	224	176	48	18		20		
山　西	1 307	681	22	22						
内蒙古	11 688	6 666	1 433	1 362	71			71		
辽　宁	420	196	240	175	65	50	15			
吉　林	151	92	92	67	25	25				
黑龙江	1 220	559	102	82	20	20				
四　川	1 248	401	185	47	137	10		10		76
西　藏	436	28	30		30					
陕　西	420	130	137	132	5	5				
甘　肃	2 950	1 466	215	215						
青　海	2 963	1 899	411	341	70	30				
宁　夏	700	257	65	65						
新　疆	3 425	1 609	1 220	516	704	197	141	5	333	
兵　团	645	264	333	244	89	31	2		42	
合　计	28 005	14 526	4 710	3 445	1 265	387	158	106	375	76

虫害发生与防治情况

				生态治理面积	防治手段							
多角体	植物农药	微孢子虫	其他		技术干部（人）	培训人次	出工（人·天）	飞机（架次）	大型喷雾器（台）	背负式喷雾器（台）	车辆（辆）	防治天数
	10			110	3 010	7 898	206 301	7	131	10 701	3 351	
						2 550	12 450			7 805		
				667	1 589	9 655	3 516	291	997	8 231	3 503	
				272	771	1 660	14 193		15	265	5	
				70	117	450	17 430		75	950	75	
					45	500	5 900		6	50	60	
42				27	170	7 213	104 178		42	305	35	
	30											
				90	100	850	29 900			1 230	46	
					116	437	20 750		13	940	66	
30		10			277	4 125	69 475		83	3 592	150	
					30	700	3 350			180	27	
	28			65	809	1 584	29 092	37	36	1 563	1 236	
	14			394	199	2 041	26 077		62	1 218	163	
72	82	10		1 696	7 233	39 663	542 612	335	1 460	37 030	8 717	

第四部分

其他统计

4-1　全国草原工作站基本情况

年　份		2001	2002	2003	2004	2005
一、省级草原工作站总数		23	21	22	24	23
在编干部职工总数		787	746	760	734	756
按职称分	高级职称	130	139	151	164	178
	中级职称	195	187	195	222	221
	初级职称	162	140	151	140	135
离退休人员		273	276	295	309	302
二、地级草原工作站总数		119	143	128	134	158
在编干部职工总数		1 555	1 963	1 877	1 926	1 983
按职称分	高级职称	162	212	209	226	263
	中级职称	466	593	582	567	545
	初级职称	402	500	435	394	383
离退休人员		326	399	362	446	497
三、县级草原工作站总数		746	765	824	792	798
在编干部职工总数		8 828	8 080	8 642	8 810	8 717
按职称分	高级职称	210	262	246	264	307
	中级职称	1 691	1 726	1 946	2 028	2 080
	初级职称	3 287	3 158	3 406	3 191	3 073
离退休人员		1 796	1 721	1 824	2 051	2 042

备注：引自《中国畜牧业统计》。

4-2 2001年各地区草原

地 区	一、省级草原工作站总数	在编干部职工总数	按职称分			离退休人员	二、地级草原工作站总数	在编干部职工总数
			高级职称	中级职称	初级职称			
全 国	23	787	130	195	162	273	119	1 555
北 京	1	29	2	4	2	6		
天 津	1	4						
河 北	1	10	1	2	2		16	70
山 西	1	22	11	5	2	3	11	143
内蒙古	2	64	25	32	5	28	12	455
辽 宁	1	15	11	1		8	6	27
吉 林	1	28	11	9	3	6	8	74
黑龙江	1	19	11	3		5	7	56
上 海								
江 苏								
浙 江								
安 徽								
福 建								
江 西	1							
山 东							1	7
河 南							2	21
湖 北	1	11	4	2	1		1	1
湖 南	1	6	2	3	1		2	11
广 东								
广 西	1	68		5	5	20	2	5
海 南								
重 庆	1	21	7	2	1	7		
四 川	1	23	7	10	1	5	6	78
贵 州	1	14	2	4		6	9	64
云 南	1	18	8	4	1	8	2	14
西 藏							5	86
陕 西	1						4	65
甘 肃	1	93	10	27	21	42	9	101
青 海	1	120	3	43	55	73	6	142
宁 夏	1	19	8	6	2	5	2	11
新 疆	2	203	7	33	60	51	8	124

工作站基本情况

按职称分			离退休人员	三、县级草原工作站总数	在编干部职工总数	按职称分			离退休人员
高级职称	中级职称	初级职称				高级职称	中级职称	初级职称	
162	466	402	326	746	8 828	210	1 691	3 287	1 796
12	33	8	17	22	172	5	35	67	6
19	61	26	34	90	686	18	203	250	101
46	127	108	105	90	1 668	63	288	568	512
5	8	6	7	25	242	15	37	83	55
14	28	18	18	35	497	15	67	164	72
14	12	11	9	64	361	22	93	196	55
				1	2		2		
4	1		1	9	55	1	8	11	10
3	6	6	1	7	128	1	9	13	37
		1		10	62	3	16	20	8
1		3		4	23	1	5	16	
1	2		1	8	21	1	9	5	3
				2	14		2	1	
				13	111	8	43	43	5
11	29	18	5	58	612	10	138	248	90
	30	22	15	80	423	1	124	212	75
2	4	4	5	23	245	4	77	109	28
1	13	23	7	2	10				
5	19	18	3	18	374	6	40	138	148
5	33	42	31	41	477	12	87	154	87
9	25	39	19	39	628	3	91	299	98
2	6	1	1	20	335	5	72	110	33
8	29	48	47	85	1 682	16	245	580	373

4－3 2002 年各地区草原

地 区	一、省级草原工作站总数	在编干部职工总数	按职称分			离退休人员	二、地级草原工作站总数	在编干部职工总数
			高级职称	中级职称	初级职称			
全 国	21	746	139	187	140	276	143	1 963
北 京	1	10	2	4	1	10		
天 津								
河 北	1	10	3	2	2	1	5	67
山 西	1	23	9	5	4	4	11	113
内蒙古	2	75	25	32	5	28	13	454
辽 宁	1	13	6	1		9	4	23
吉 林	1	27	11	9	3	6	8	78
黑龙江	1	30	18	2	4	6	8	46
上 海								
江 苏								
浙 江								
安 徽								
福 建								
江 西	1							
山 东							2	9
河 南	1	18	9	8	1	4	4	72
湖 北	1	13	4	2	2			
湖 南	1	6	3	1	2		2	11
广 东								
广 西	1	62		5	8	23	3	7
海 南								
重 庆							20	97
四 川	1	25	7	10	1	3	8	94
贵 州	1	12	5	3	2	5	9	69
云 南	1	17	8	5	1	8		
西 藏							5	86
陕 西	1						6	67
甘 肃	1	84	7	27	18	45	8	94
青 海	1	117	16	40	25	72	8	152
宁 夏	1	19	8	6	2	5	2	11
新 疆	2	203	7	33	60	51	17	413

工作站基本情况

按职称分			离退休人员	三、县级草原工作站总数	在编干部职工总数	按职称分			离退休人员
高级职称	中级职称	初级职称				高级职称	中级职称	初级职称	
212	593	500	399	765	8 080	262	1 726	3 158	1 721
13	37	7	15	21	193	8	44	49	46
15	49	18	27	83	526	11	178	209	96
49	128	106	124	88	1 519	64	326	544	555
6	6	8	3	25	233	18	36	94	60
17	20	18	23	41	472	24	75	198	97
11	22	10	8	69	347	26	116	160	63
				2	4		3		
3	2			6	36		5	12	10
7	7	10	29	7	20	1	3	8	1
				16	106	8	41	38	7
	1	3		5	23		3	11	
1		3		15	45	1	16	7	6
				1	3			1	
17	40	31	14						
14	33	22	13	80	524	11	151	231	75
3	32	21	14	80	437	6	132	234	87
1	15	24	14	1	11		1	1	1
5	19	17	10	25	385	9	47	139	70
9	29	41	31	46	479	8	99	171	90
12	26	39	21	39	602	8	114	259	42
2	6	1	1	18	305	4	73	99	30
27	121	121	52	97	1 810	55	263	693	385

4－4 2003 年各地区草原

地 区	一、省级草原工作站总数	在编干部职工总数	按职称分			离退休人员	二、地级草原工作站总数	在编干部职工总数
			高级职称	中级职称	初级职称			
全 国	22	760	151	195	151	295	128	1 877
北 京	1	7	2	3	2	11		
天 津	1	4		1	2			
河 北	1	12	3	2	2	2	5	62
山 西	1	24	11	5	2	3	11	129
内蒙古	2	77	25	31	9	29	12	438
辽 宁	1	14	8	1	1	9	4	35
吉 林	1	28	10	10	6	7	8	77
黑龙江	1	15	10	3	1	5	9	37
上 海								
江 苏							2	4
浙 江								
安 徽								
福 建	1	2	2			3		
江 西							1	4
山 东							2	9
河 南	1	18	9	8	1	4	1	6
湖 北	1	13	5	1	3		2	7
湖 南	1	6	3	1	2		2	19
广 东							2	9
广 西	1	64		5	8	24	3	4
海 南								
重 庆							1	5
四 川	1	25	7	10	1	3	8	80
贵 州	1	12	5	3	2	5	9	66
云 南	1	17	7	4	1	9	2	13
西 藏							3	78
陕 西							6	68
甘 肃	1	84	12	27	14	44	9	100
青 海	1	116	14	41	22	72	8	152
宁 夏	1	19	8	6	2	5	3	11
新 疆	2	203	10	33	70	60	15	464

工作站基本情况

按职称分			离退休人员	三、县级草原工作站总数	在编干部职工总数	按职称分			离退休人员
高级职称	中级职称	初级职称				高级职称	中级职称	初级职称	
209	582	435	362	824	8 642	246	1 946	3 406	1 824
11	26	7	5	23	205	10	41	57	4
19	50	27	29	96	745	14	195	264	131
43	153	106	124	90	1 536	68	315	637	558
8	15	7	18	23	220	17	45	100	73
16	20	16	22	41	428	25	89	197	89
13	13	7	9	85	335	9	112	182	87
	2								
				1	2		1		
2	1		1	4	47	8	13	10	8
3	4	2		7	103	1	14	26	29
3	2	1	1	5	17	1	5	3	
		2		15	70	5	23	36	7
1	2	3		5	22		3	7	1
								1	1
1	1	1	1	8	46	1	10	10	7
				1					
3				8	60	3	37	16	6
13	37	20	6	62	566	13	169	220	70
4	31	18	14	78	435	5	141	236	86
2	6	2	10	25	240	6	83	96	37
1	12	23	11	1	10		1	1	1
7	20	17	11	19	404	9	59	126	69
13	31	31	21	58	521	22	106	184	94
12	26	39	21	39	602	8	114	259	42
3	5	1	2	18	324	5	77	100	28
31	125	105	56	112	1 704	16	293	638	396

4-5 2004年各地区草原

地区	一、省级草原工作站总数	在编干部职工总数	按职称分			离退休人员	二、地级草原工作站总数	在编干部职工总数
			高级职称	中级职称	初级职称			
全国	24	734	164	222	140	309	134	1 926
北京	1	7	2	3	2	11		
天津	1	4	1	1	2			
河北	1	12	3	2	2	2	5	69
山西	1	25	11	6	2	3	13	152
内蒙古	2	77	25	31	9	29	12	443
辽宁	1	13	7	1	1	9	6	47
吉林	1	28	11	10	5	7	8	78
黑龙江	1	21	12	2	1	5	7	34
上海								
江苏							2	5
浙江								
安徽								
福建	1	1	1			4		
江西							1	5
山东							2	9
河南	1	18	9	8	1	4	4	25
湖北							3	4
湖南	1	6	3	1	2		2	19
广东								
广西	1	58		6	11	24	2	5
海南								
重庆	1							
四川	1	25	7	10	1	3	8	88
贵州	1	13	4	3	4	5	9	60
云南	1	17	7	4	1	9	4	24
西藏							3	78
陕西	1						6	68
甘肃	1	84	12	27	14	44	10	163
青海	1	116	13	38	34	79	8	142
宁夏	1	19	8	6	2	5	4	24
新疆	3	190	28	63	46	66	15	384

工作站基本情况

按职称分			离退休人员	三、县级草原工作站总数	在编干部职工总数	按职称分			离退休人员
高级职称	中级职称	初级职称				高级职称	中级职称	初级职称	
226	567	394	446	792	8 810	264	2 028	3 191	2 051
13	32	7	4	24	223	17	46	64	4
18	51	25	36	100	695	17	222	247	173
54	137	85	161	93	1 502	73	334	510	676
11	17	9	22	22	189	15	39	102	66
22	19	16	18	43	503	22	78	270	82
13	10	10	8	72	272	7	140	122	72
2	1			1					
2	3			3	15		6		
3	4	2		7	103	1	14	26	29
7	10	4	3	7	76	1	7	9	20
1	1	1		17	78	7	28	32	5
	1			8	27		5	7	13
1	2	1	1	8	45	1	10	8	9
				1	3			1	
				8	60	3	37	16	6
14	34	24	11	60	515	14	157	194	88
5	29	14	15	77	433	4	165	226	82
4	11	4	11	28	263	6	94	116	38
1	12	23	11	1	10		1	1	1
7	22	15	8	14	370	16	45	122	71
17	45	38	39	43	524	19	119	175	103
5	32	34	31	39	597	7	120	259	47
3	8	10	6	17	632	11	77	120	19
23	86	72	61	99	1 675	23	284	564	447

4－6 2005年各地区草原

地区	一、省级草原工作站总数	在编干部职工总数	按职称分			离退休人员	二、地级草原工作站总数	在编干部职工总数
			高级职称	中级职称	初级职称			
全国	23	756	178	221	135	302	158	1 983
北京								
天津	1	4	1		2			
河北	1	12	3	2	2	2	4	65
山西	1	27	11	6	2	3	13	135
内蒙古	2	77	25	31	9	23	13	427
辽宁	1	14	9		1	10	7	30
吉林	1	27	10	10	2	7	8	77
黑龙江	1	21	12	2	1	5	13	65
上海								
江苏							1	4
浙江								
安徽								
福建	1	1	1			4		
江西							1	5
山东							2	9
河南	1	18	9	8	1	4	3	22
湖北							4	84
湖南	1	6	3	1	2		2	19
广东								
广西	1	58		8	10	25	2	5
海南								
重庆								
四川	2	35	10	9	8	6	11	117
贵州	1	16	4	3	4		9	59
云南	1	18	8	4	2	9	4	23
西藏							7	85
陕西	1						6	57
甘肃	1	100	21	34	15	53	10	93
青海	1	113	15	34	26	80	8	116
宁夏	1	19	8	6	2	5	5	24
新疆	3	190	28	63	46	66	28	492

工作站基本情况

按职称分			离退休人员	三、县级草原工作站总数	在编干部职工总数	按职称分			离退休人员
高级职称	中级职称	初级职称				高级职称	中级职称	初级职称	
263	545	383	497	798	8 717	307	2 080	3 073	2 042
16	19	13	16	25	220	13	45	70	5
18	49	24	34	111	724	15	196	247	168
64	125	73	164	90	1 534	97	363	476	681
9	13	5	17	24	228	15	36	109	48
24	15	15	25	41	450	20	84	185	99
8	10	15	17	65	239	13	80	103	61
	2	1							
				1					
2	3			4	54	2	10	13	15
3	4	2		7	103	1	14	26	29
6	9	3	3	7	76	1	5	23	44
1	10	1	29	17	75	7	21	37	9
	1			8	40	1	8	11	13
1	2	2		8	46	1	10	10	9
				1	3			1	
				8	89	16	34	3	40
19	44	28	11	65	489	20	160	163	79
9	23	16	18	79	426	8	167	215	74
1	6	3	5	31	270	6	103	111	37
2	14	17	17	1	7		1		1
6	23	5	11	14	415	10	38	147	70
19	23	22	14	47	545	13	113	190	104
9	37	53	27	39	587	13	162	288	22
3	8	10	6	18	318	16	100	108	25
38	106	88	83	111	1 779	23	283	537	409

4-7 草业标准名录

序号	标准编号	标准名称
国家标准		
1	GB 19377—2003	天然草地退化、沙化、盐渍化的分级指标
2	GB 6 142—1985	禾本科主要栽培牧草种子质量分级
3	GB/T 2930.1—2001	牧草种子检验规程 扦样
4	GB/T 2930.2—2001	牧草种子检验规程 净度分析
5	GB/T 2930.3—2001	牧草种子检验规程 其他植物种子数测定
6	GB/T 2930.4—2001	牧草种子检验规程 发芽试验
7	GB/T 2930.5—2001	牧草种子检验规程 生活力的生物化学（四唑）测定
8	GB/T 2930.6—2001	牧草种子检验规程 健康测定
9	GB/T 2930.7—2001	牧草种子检验规程 种及品种鉴定
10	GB/T 2930.8—2001	牧草种子检验规程 水分测定
11	GB/T 2930.9—2001	牧草种子检验规程 重量测定
12	GB/T 2930.10—2001	牧草种子检验规程 包衣种子测定
13	GB/T 2930.11—2001	牧草种子检验规程 检验报告
14	GB/T 19618—2004	甘草
15	GB/T 19368—2003	草坪草种子生产技术规程
16	GB/T 18247.7—2000	主要花卉产品等级第 7 部分：草坪
17	GB/T 19369—2003	草皮生产技术规程
18	GB/T 19535.1—2004	城市绿地草坪建植与管理技术规程 第 1 部分
19	GB/T 19535.2—2004	城市绿地草坪建植与管理技术规程 第 2 部分
20	GB/T 17980.148—2004	第 148 部分：除草剂防治草坪杂草
21	GB/T 14224—1993	牧草和青饲料收获机械分类及术语
22	GB/T 14247—1993	搂草机试验方法
行业标准		
1	NY/T 635—2002	天然草地合理载畜量的计算
2	NY/T 351—1999	热带牧草 种子

4-7　草业标准名录（续）

序号	标准编号	标准名称
行业标准		
3	NY/T 352—1999	热带牧草 种苗
4	NY/T 141—1989	饲料用白三叶草粉
5	NY/T 140—2002	苜蓿干草粉质量分级
6	NY/T 728—2003	禾本科牧草干草质量分级
7	NY/T 634—2002	草坪质量分级
8	SN/T 0325—1994	出口甘草检验方法
9	SN/T 1458—2004	出境蔺草制品检验检疫操作规程
10	LY 1201—1997	草坪割草机 安全规程
11	LY/T 1202.3—2001	草坪割草机　技术条件
12	LY/T 1202.4—2001	草坪割草机　试验方法
13	LY/T 1605—2002	随进式草坪打孔通气机
14	LY/T 1608—2003	手推式草坪梳草机
15	LY/T 1609—2003	随进式起草皮机
16	LY/T 1620—2004	电动草坪割草机
17	JB/T 7137—1993	镀锌钢丝围栏网　基本参数
18	JB/T 7138.1—1993	编结网围栏　编结网技术条件
19	JB/T 7138.2—1993	编结网围栏　刺钢丝技术条件
20	JB/T 7138.3—1993	编结网围栏　支撑件和连接件技术条件
21	JB/T 7138.4—1993	编结网围栏　试验方法
22	JB/T 9705—1999	围栏　术语
23	JB/T 10129—1999	编结网围栏　架设规范
地方标准		
1	DB51/T 672—2007	黑麦草袋装青贮技术规程
2	DB51/T 687—2007	紫花苜蓿草粉加工技术规程
3	DB51/T 684—2007	紫花苜蓿草颗粒加工技术规程

4-7 草业标准名录（续）

序号	标准编号	标准名称
地方标准		
4	DB51/T 671—2007	粮—草轮作牧草种植技术规程
5	DB51/T 669—2007	垂穗披碱草 种子生产技术规程
6	DB51/T 666—2007	牧草区域试验技术规程
7	DB34/T 927—2009	皖草 3 号高粱—苏丹草杂交种 繁育技术规程
已废止标准		
1	GB 6143—1985	白沙蒿、伏地肤种子质量分级

主要指标解释

草原保护建设情况表

1. 草原总面积指天然草原与人工草地面积之和。

2. 可利用草原面积：从草原面积中扣除难以在图上勾画和量算的居民点、道路、裸地、小溪等后剩余的草地面积。实际计算中，各地依据具体情况由草地面积乘以可利用面积系数求得。

3. 基本草原面积：行政区域内各类基本草原面积之和。基本草原包括：重要放牧场；割草地；用于畜牧业生产的人工草地、退耕还草地以及改良草地、草种基地；对调节气候、涵养水源、保持水土、防风固沙具有特殊作用的草原；作为国家重点保护野生动植物生存环境的草原；草原科研、教学试验基地；国务院规定应当划为基本草原的其他草原。

4. 改良草地面积：指在天然草地上，在不破坏原有植被的条件下，通过撒种、补播或进行灌溉、松土、施肥、围栏封育等措施，使天然草地得到改善的面积，但在同一草地上补种两次或采取两种以上措施的面积，不能重复计量。

5. 草原围栏面积：指采用铁丝、木桩、石头、灌木等围圈措施的草地面积。

6. 鼠害危害面积：达到鼠害防治指标的草原面积。

7. 虫害危害面积：达到虫害防治指标的草原面积。

8. 财政投入：不含上级财政转移支付投入。

9. 当年打贮草总量：无论在什么草地打贮的青干草全部统计在内。

10. 退耕还草面积：指在耕地、撂荒地和被开垦草原上采用种植牧草或封育等措施恢复植被的面积，不包括农闲田种草面积。

11. 当年耕地种草面积：指在耕地上种植牧草的面积。

12. 冬闲田种草面积：指利用冬季和春季休闲的耕地种植一年生或越年生牧草面积。

牧草与草种生产情况表

1. 年末保留种草面积：往年种植牧草且在当年生产的面积与当年新增的牧草种植面积之和，即多年生牧草年末保留面积与当年新增一年生牧草种植面积之和。

2. 人工种草面积：是指经过翻耕、播种，人工种植牧草（草本、半灌木和灌木）的草地面积，但不包括压肥的草田面积，但在同一块草场上播种两次或采取两种以上措施的面积，不能重复计算。

3. 飞播种草面积：用飞机播种牧草的天然草地面积，不含模拟飞播面积。模拟飞播面积计入人工种草面积中。

4. 改良种草面积：人工补播改良的天然草地面积，但在同一块草场上补播两次以上的面积，不能重复计算。

5. 人工种草、飞播种草、改良种草之间没有包含关系。

6. 种子田面积：人工建植专门用于生产草籽的面积。

多年生牧草种植情况表

1. 混播面积仅按主要一种牧草种类填报。

2. 多年生牧草指生长两年及两年以上的牧草，不含越年生牧草。

3. 单位面积产量和总产量计干重。

4. 青贮量计实际青贮重量，不折合干重。

一年生牧草种植情况表

1. 一年生牧草中包含越年生种类，当年播种的越年生牧草面积计入次年种植面积。

2. 饲用作物是以生产饲草为目标，不用于生产籽实的作物，包括青贮专用玉米、青饲或青贮高粱等，也包括草食反刍家畜饲用的块根块茎作物。

3. 混播面积仅按主要一种牧草种类填报。

牧草种子生产情况统计表

1. 草场采种量：在天然或改良草地采集的牧草种子量。

2. 草种生产量＝草种田面积×种子田单位面积产量＋草场采种量。

3. 牧草指主要用于喂养反刍牲畜的一年生和多年生牧草，不包括饲料作物。